115

新知
文库

XINZHI

Leaving the Wild:
The Unnatural History of
Dogs, Cats, Cows,
and Horses

Copyright © 2017 by Gavin Ehringer

This edition arranged with Tessler Literary Agency

Through Andrew Nurnberg Associates International Limited

离开荒野

狗猫牛马的驯养史

[美]加林·艾林格 著　赵越 译

生活·讀書·新知 三联书店

Simplified Chinese Copyright © 2020 by SDX Joint Publishing Company.
All Rights Reserved.
本作品简体中文版权由生活·读书·新知三联书店所有。
未经许可，不得翻印。

图书在版编目（CIP）数据

离开荒野：狗猫牛马的驯养史／（美）加林·艾林格著；赵越译．—北京：生活·读书·新知三联书店，2020.6
（新知文库）
ISBN 978-7-108-06794-4

Ⅰ.①离… Ⅱ.①加… ②赵… Ⅲ.①动物-驯养-历史-世界 Ⅳ.① S864-091

中国版本图书馆 CIP 数据核字（2020）第 027589 号

责任编辑	曹明明
装帧设计	陆智昌　康　健
责任校对	龚黔兰
责任印制	徐　方
出版发行	生活·讀書·新知 三联书店
	（北京市东城区美术馆东街 22 号 100010）
网　　址	www.sdxjpc.com
图　　字	01-2018-6215
经　　销	新华书店
印　　刷	三河市天润建兴印务有限公司
版　　次	2020 年 6 月北京第 1 版
	2020 年 6 月北京第 1 次印刷
开　　本	635 毫米 × 965 毫米　1/16　印张 22
字　　数	261 千字
印　　数	00,001-10,000 册
定　　价	48.00 元

（印装查询：01064002715；邮购查询：01084010542）

新知文库

出版说明

在今天三联书店的前身——生活书店、读书出版社和新知书店的出版史上，介绍新知识和新观念的图书曾占有很大比重。熟悉三联的读者也都会记得，20世纪80年代后期，我们曾以"新知文库"的名义，出版过一批译介西方现代人文社会科学知识的图书。今年是生活·读书·新知三联书店恢复独立建制20周年，我们再次推出"新知文库"，正是为了接续这一传统。

近半个世纪以来，无论在自然科学方面，还是在人文社会科学方面，知识都在以前所未有的速度更新。涉及自然环境、社会文化等领域的新发现、新探索和新成果层出不穷，并以同样前所未有的深度和广度影响人类的社会和生活。了解这种知识成果的内容，思考其与我们生活的关系，固然是明了社会变迁趋势的必需，但更为重要的，乃是通过知识演进的背景和过程，领悟和体会隐藏其中的理性精神和科学规律。

"新知文库"拟选编一些介绍人文社会科学和自然科学新知识及其如何被发现和传播的图书，陆续出版。希望读者能在愉悦的阅读中获取新知，开阔视野，启迪思维，激发好奇心和想象力。

生活·讀書·新知 三联书店
2006年3月

谨以本书纪念我的母亲艾莉森,还有她的爱犬泰格。
感谢您。
我们想念您!

目 录

Contents

1　前　言

第一部　狗

9　第一章　混迹人群的狼
19　第二章　普通的狗
31　第三章　首批育种人
41　第四章　风靡英格兰
59　第五章　新品种的诞生
79　第六章　可怜的斗牛犬
101　第七章　莫惹是非

第二部　猫

121　第八章　鼠与人（还有猫）
127　第九章　古埃及的猫崇拜
137　第十章　中世纪的邪恶化身
151　第十一章　时来运转

157　第十二章　登堂入室

167　第十三章　流浪猫的忧郁

185　第十四章　惹人怜爱

第三部　牛

195　第十五章　芝士汉堡：一段自然史

201　第十六章　无性奶牛和超级公牛

211　第十七章　科学怪牛？——克隆和转基因

225　第十八章　三家奶场之一：生奶和巴氏奶

237　第十九章　三家奶场之二：机器奶牛

249　第二十章　三家奶场之三：翡翠牧场

263　第二十一章　哞星人的世界

第四部　马

275　第二十二章　马场时光

281　第二十三章　人马初识

287　第二十四章　策马扬鞭

291　第二十五章　骑兵征服世界

299　第二十六章　阿拉伯，从繁育到贪欲

311　第二十七章　典型美国马

327　结　语　它们和我们

335　致　谢

前　言

狗、猫、牛，还有马，在我那已经流逝的成人岁月中，没有一天不是在和它们打交道，写关于它们的东西。还是个大学生的时候，我就在科罗拉多牧场做马术指导。此后，我成为一名牛仔，帮助照料350多头奶牛和小牛。我的工作伙伴是一群狗，大部分是澳大利亚牧羊犬，我还会带它们去参加赛狗会和飞盘大赛。至于谷仓猫嘛，它们的存在更是天经地义的。

我将转行成为一名记者，为这些家畜，还有那些繁育、饲养、照料、买卖，带着它们竞速、骑乘、训练、参赛的人，写下千篇杂志文章。这些人中的大部分都同我一样，也喜爱它们。但我从未停止深入思考，这些动物起初是如何以及为何来到我们的家里和庭院中生活的。我以为，驯养只是我们石器时代的祖先为了个人利益而发生的行为。但是，当我与驯马师巴克·布伦纳曼

（Buck Brannaman）有了交集，我的想法改变了。

我是在丹佛国家西部牛仔节上遇到的巴克，来参加这个节的人和家畜都多得惊人。在16天的日程中，6500多只动物将在超过68万的游客面前亮相。

看过纪录片《巴克》（Buck）的人都知道，他是个典型的牛仔：身材高大，饱经风霜，面色苍白，面部瘦削，戴一顶平檐、汗渍斑斑的牛仔帽。如果还记不起，那么再提示一下，罗伯特·雷德福德（Robert Redford）执导的电影《马语者》（The Horse Whisperer）中汤姆·布克这个虚构人物的原型就是巴克。与剧中的布克一样，巴克也有一双布满老茧的手，但一谈到马，整个人就温柔起来。还未在怀俄明州经营农场之时，巴克在全国游历、问诊并示范自然驯马术——一种类似禅宗的培训理念，即从马的角度考虑生活。就我个人而言，我觉得称他为"马语者"并不恰当。他远不止是一个善于与马交流的人。他关注马，用人和马之间可互通的语言，即肢体语言对马进行回应。

在丹佛，我观察了巴克与一匹栗色马在一个小小的圆形围栏中共事。这是匹小马驹，只有几岁大，刚从开阔草原被圈入围栏。这匹马属于我们都认识的一个人，直到被围捕并卸在家畜展览场地，它还没有近距离接触过人类。

巴克冷静耐心地在围栏中绕圈，放任小马驹一边跑一边喷鼻。每当小马驹面对他时，巴克就向后退一两步，缓解它的压力，给予鼓励。不到十分钟，小马驹转过身，面对巴克，站定了。眼见它的身体放松了下来，面部表情也缓和了，朝着驯马师迈出了试探性的一步。巴克认为这表示"联手"，但我们可能会称其为"羁绊"[1]。

---

[1] 这两字本义即用皮革制成的网把马络住，或行走时被挡住或缠住，引申为束缚、牵制等。用在这里形容人类对马的感觉。——译者注

研讨会结束前，巴克已经能驱使小马驹套着松散的绳索在围栏里跑圈，背上只披了一条毯子和一副鞍，他甚至骑在马背上跑圈，并没有配缰绳。他信任小马驹；或者毋宁说，小马驹信任他，把一个人作为伙伴和向导来信任。这是一则实实在在的寓言故事。那一天，巴克的话根植于我的脑海中。他说："当这些动物离开野外来到我们的篝火旁时，它们就放弃了自由，也不再惧怕我们。它们在各个方面服务于我们。作为回报，我们理应给予它们关心与理解。"借着这一席醍醐灌顶的话，我构思了本书的主题。

《离开荒野》（Leaving the Wild）是关于四种常见家养动物的书，它们都舍弃了野外生活，换取我们的照料、供给和保护，也都以本身特有的方式奉献着自己。之所以叫"离开荒野"，是因为书中动物的行为暗含着"有意为之"的成分。正如巴克所指出的那样，驯化不是单行道，人类不止是司机或单方面的获益者。

生物学家、普利策奖获得者、作家E. O. 威尔逊（E.O.Wilson）曾恰如其分地说："据我所知，没有任何一种植物或动物会出于自愿的、完全不求回报地只讲奉献。"本书的核心问题就在于："在选择驯化之时，动物放弃了什么，又得到了什么？"为了寻找答案，我花了一年的时间走访动物栖息、人类和动物共享生活的地区。

我的旅程开始于感恩节，在著名的科罗拉多犬饲养人，也是我人生挚友的家中。在享用了一顿优雅的火鸡大餐和馅饼后，我向我的朋友挥挥手，爬进我最近刚买的房车的驾驶室。随着钥匙转动，引擎发出嘎嘎声，我们上路了。

终于开上高速公路时，我的澳大利亚牧羊犬昂达（Onda）跳上座椅，向外张望着大片农田和狭长条带状的高速公路。在它眼中，我们要去自驾游美国了。

去俄克拉荷马城这一路，咆哮的暴风雨都快把我们吹离高速公路了。安全抵达后，我们见识到了比豪华汽车造价还高、标价媲美房子的马匹。从穿着考究的饲养者那里我们学到了第一课——人类价值观是如何塑造动物生命的，无论好坏。然后，我们沿着著名的66号公路[1]一路西行。在得克萨斯的阿马里洛（Amarillo），我们停留下来，爱抚了克隆出来的小牛——人们从这里开始了动物繁殖技术教育。接着，我们见到了仅凭捐赠精子，一个下午就赚了16万美金的种马。在新墨西哥和亚利桑那的沙漠，我们途经了规模堪比科斯科连锁商超的奶场。

在加利福尼亚，我们在安纳海姆（Anaheim）停留，拜访米老鼠，还学到了关于迪士尼乐园里猫的相关知识。在华盛顿州的奶牛场（Carnation），我们置身于世界上最多产的奶牛圣殿之前。接着来到丹佛的乡村集市，此地的名言警句是"简直诡异"（那里确实这样），我们从这儿开始折返科罗拉多。沿途，我们观赏了狗、马、牛、猫的表演。我们拜访了宠物饲养者的家，在别的动物可能被杀的时候，这些动物在那里出生并得到庇护。我们与不同的人交谈，他们或者与狗（猫）打斗，或者为狗（猫）而战。我们与兽医一道巡视，与动物管理局的官员一起骑马。我们拜访大学里的流浪猫群落。休息时，我阅读研究报告，昂达在仪表盘下我的脚边沉睡。它很能睡。以上这些活动，成就了你们面前的这本书。

本书叙述的四种动物结合了自然史、人类史、个人经历和科学知识。了解野生动物曾经是怎样来到我们的农庄里生活下来，在我们的屋檐下协助我们，我认为，这将有助于我们更好地理解自己在

---

[1] Route 66，被美国人称作"母亲之路"，始建于1926年，1938年完工。全长3939公里，从伊利诺伊州芝加哥，斜贯美国版图直至加利福尼亚洛杉矶（后延至圣蒙尼卡）。它见证了美国20世纪初的发展状况和文化风貌，有人称它"象征着美国人民一路走来的艰辛历程"。——译者注

世界上所处的位置。它们的故事也是我们的故事。从小处着眼，当这些生命步出荒野参与我们的生活时，我希望这本书有助于我们避免斤斤计较的态度，而心怀尊重。正因为它们给予了我们很多，我们也应该回馈它们以关怀，特别是理解。

第一部

狗

在一个阳光灿烂的午后，同一只狗坐在山坡上，就仿佛回到伊甸园，在那里无所事事也不会无趣——一切都那么平静。

———— 米兰·昆德拉

第一章

混迹人群的狼

> 即使已经经过了数百年的选育,除了培养出能和人类共处的黑猩猩外,再难有其他物种能像狗一样与人类拥有这样良好的关系。
>
> ——灵长类动物学家珍妮·古道尔
> (Jane Goodall)

无论我们去哪儿,狗都会相随。有时,它们还会先我们一步到达。

1957年11月3日,苏联宣布了一个震惊世界的消息:一条名叫莱卡的流浪狗已经成为第一个绕地球飞行的"宇航员"。不幸的是,莱卡再也没能回到地球,它将生命献给了载人探索太空的事业。

狗是第一批用自由来交换人类照顾、保护和食物的动物。虽然这种约定并没有落到每一只狗身上（比如莱卡），但对狗这个群体，总的来说是一桩划算的交易。

要想衡量狗作为一个物种是否成功，不妨想想看：灰狼与狗的亲缘关系最近，在野外其数量大约为18万只；但是有5亿只狗在地球上游荡。

狼现在的栖息地只是曾经的居住范围的一部分，狭小且还在不断收缩，它们曾经遍布几乎整个北半球。但是，无论去亚马孙最偏远的部落村庄，访问北极圈里驯鹿牧民的社区，还是信步在周日的纽约中央公园，你肯定会与急促喘息的、狂吠的、拖着口水的狗打照面。虽然狗不居住在南极，但说到第一个到达南极的探险家——挪威人罗德·阿蒙森（Roald Amundsen），他要是没有雪橇狗，可没法完成这一壮举。

狗是文明的代名词，甚至很可能是人类文化演变中的驱动力。人类豢养狗也令自身获得了生存优势。狗提醒他们警惕捕食性动物，保护他们免受敌人的骚扰，帮助他们发现、搜索和寻回猎物。有时，狗本身就是一种食物。夏威夷人就养一种胖乎乎的波易狗（poi dog）来吃。进入历史的新纪元，在文化的更高层面上，狗还激发了人类艺术和文学的灵感。

接着说说人类，我们也是一种文明的力量。如果没有人类，狼就不会过渡到狗（*Canis familiaris*），也就是我们熟悉的家犬。

那么，是什么令狗开始分化？答案很简单：是我们。狗凭借自身的能力获得我们的喜爱，它能理解我们的沟通方式，能成为我们的助手，这些都是它们拥有非凡好运的关键。拥有这些能力并非巧合，这些生存策略早就刻在狗的DNA里，一代一代传了下来。我们称该策略为"驯化"。"驯化"（domestication）一词源自拉丁语"domesticus"，意为"某间房子的所属"。操拉丁语的古罗马人痴迷于狗，收集和交易在帝国统治范围内能遇见的各种狗，用于狩猎和放牧、保护羊群和农场，亦用于角斗游戏和战争。罗马统治者甚至为表奖赏，给狗腿套上皇室的长手套。（皇帝克劳迪乌斯，公元41—54年在位，据说特别喜欢白色的马耳他狗，这种狗即使在当时也是一个古老的品种。）

至于狗在罗马老家的地位，只需看看意大利庞贝城的悲剧诗人之家就知道了，这里在公元1世纪被火山灰掩埋。在坍塌的建筑物入口处，考古学家发现了一块马赛克瓷砖，上面用成串奇形怪状的犬牙排列成一句后世熟知的铭文：当心恶犬（cave canem）。

庞贝毁灭之时，作为第一批被驯化的动物，狗已经在人类的壁炉边取暖、在餐桌上捡拾残羹剩饭一万年甚至更久了。很难确定狗来自哪里，以及它们是怎么来和我们居住在一起的。

当代动物学家认为，狼是狗最近的亲属和唯一的祖先。他们是如何得出这个结论的呢？花一天时间去看一场驯狗表演，或是逛一个到处是狗的公园，你就会遇到各种体态、外形、颜色、花纹的狗，从时尚玩具贵宾犬到滴着口水但可爱的、笨笨的圣伯纳犬，应有尽有。任何一个头脑清晰的人可能都会认为，这么多品种是不可能拥有同一个祖先的。

进化论之父查尔斯·达尔文推断，狗一定是几个不同的野生犬科混合的后裔，这些犬科尚存或已灭绝。19世纪，他的一些同行甚至提出，每个类型的家养犬都必然对应一个野生祖先，虽然达尔文认为这个想法很荒谬。

"谁能相信，像意大利灵缇犬、猎犬、牛头犬或布伦海姆猎犬……曾经在自然状态下自由存在吗？"他轻蔑地写道。

然而，同时代的许多人相信，狗必然是从一个单一野生犬类动物进化而来，具体是哪个还在争论中。可能来自几种豺里的一种，或狼，或野生犬，甚至是现在已经灭绝的一些野生犬？

一个世纪之后，争论还在继续。1953年，诺贝尔奖获得者、动物学家康拉德·洛伦兹（Konrad Lorenz）出版了他的畅销书《人遇狗》(*Man Meets Dog*)。他表达了自己强烈（但科学性薄弱）的观点，即狗是金豺（*Canis aureus*）的后裔，这种豺外表很像森林狼，是欧亚大陆和北非土生土长的动物。

无论如何，到了20世纪后期，大多数生物学家把赌注完全押在狼身上，因为狼在解剖学和行为上最类似于狗。当自己的研究表明，豺似乎与狗、狼没有任何交集，最后连洛伦兹也改变了他最初的论调。

但要得出一个关于狗的早期起源的绝对结论似乎仍然是不可能的。犬属中所有的十个种都拥有相同数量的染色体，这样才能够杂交。事实上，DNA几乎相同就表明犬属最近才有了分支，所有成员——狼、土狼、家犬、野狗和豺，都是"乱伦"后产生的表亲。

20世纪下半叶，一个新的生物学领域的出现解决了纷争。1997年，一组科学家在一种相对较新的工具——分子生物学的帮助下，着手确定狗的进化起源。

由加州大学洛杉矶分校的生物学家卡莱斯·维拉（Carles Vilà）和罗伯特·K.韦恩（Robert K. Wayne）领衔的研究小组收集了数以百计的基因样本，包括狗、狼、土狼和豺狼。映射至基因组后，他们发现，与任何其他犬类相比，狗和狼的线粒体DNA更相似，差别小至不到1%。相比之下，土狼与狼的差别约为4%。由此他们得出结论，狼和狗关系密切，很可能在过去的10万年里拥有共同的祖先。

在相当长一段时间里的某些时间点上，至少有一个甚至可能几个野外的狼群来到人类身边持续进化。通过自然选择和人为选择，狼演变出新的形式并采取新的行为，直到今天，它们的后代之一成为Lady Gaga的法国斗牛犬Miss Asia Kinney。

维拉和韦恩的研究证明，狼是现代家犬的祖先。但经过了千年的共同生活，狗已经成为一个与之截然不同的物种。什么时候，在哪里，二者第一次分道扬镳？科学家认为，人类首次迁移到欧亚大陆是在4万—5万年前。在那里，他们遇到了自己灵长类的表兄弟——尼安德特人。

我们惯于认为尼安德特人智力低下，笨手笨脚，但最近的研究显示，尼安德特人佩戴首饰，创造了艺术和建筑，制造了复杂的工具，还会制订周密的打猎策略。这一切表明，他们有象征性的思考和社会合作能力——高超的长远规划能力是人类专属的特性。30万年来，这些文化促进了尼安德特人走在狼群中，虽然没有证据表明他们确实驯化了某一只狼。

此后的三四万年间，似乎我们也没什么长进。然后，突然在1万年前，从东亚到不列颠群岛，从非洲到美洲，狗开始出现，且无处不在。有些事情必须发生，才能来个彻底的改变。但这件事情是什么呢？

冰川融化。

人类史前生活方式仅有的一次，也是最大的一次变化发生在最后一个冰河时代的终结。覆盖了大部分北半球的冰消退回北极，人类做了一些史无前例的事。他们开始定居形成村落。已故的生物学家雷蒙德·考宾格（Raymond Coppinger）认为，聚落为狼成为狗创造了必要的环境。

考宾格在马萨诸塞州的汉普郡学院（Hampshire College）教生物。对于他和他的妻子洛娜（Lorna）来说，研究狗一直是其终生职业和个人兴趣。2001年，他们出版了畅销书《狗：犬类血统、行为和进化的全新解读》(*Dogs: A Startling New Understanding of Canine Origin,*

Behavior and Evolution），该书颠覆了几十年来关于狗的驯化理念。

在考宾格夫妇的著作横空出世之前，科学家和普通人普遍持有的观点是，史前穴居人游荡时发现了一些狼崽，像匹诺曹的故事那样，他们收养了它们，并将它们改造成狩猎时的同伴。然后，几千年来，他们明智地选择了优良品种，这个过程被查尔斯·达尔文称为"人工选择"，结果产生了广泛多样的生物，我们称之为狗。

考宾格夫妇设想了一个完全不同的驯化故事。故事始于固定村落的发展，"固定村落"一词大约在1.2万年前或更早第一次出现在考古记录中。随着构建和居住在村落里，人们制造了成堆的废弃物，这自然吸引了饥饿的狼群。当人们往废弃坑里丢吃剩的动物或其他食物残渣时，有些狼就跑来了。但这些狼已经不再令人类焦虑，它们只要围着人类打转就能得到上好的美味小食。

这些冻得哆哆嗦嗦的狼在这个新村落的生态位（生态龛）中获得了生存优势。捡拾食物比狩猎消耗的能量要少，人的存在保护了村落的狼群免受其他狼群的威胁。因为人类会杀掉或赶走过于激进的个别狼，于是驯服的行为被村落的狼群遵为规范。

在这个场景中，村落创建了一种环境，即在狼群中选择温顺的饲养。驯服不是教导，而是一种内在的需求。没有被驯服的就失去了生存机会，而被驯服的则蓬勃发展。起初，狗只是自然驯服的狼，是它们驯化了自己。

考宾格夫妇的书问世后，越来越多的科学家开始接受村落驯化假说，这与众所周知的"奥卡姆剃刀"（Occam's Razor）原理不谋而合：最简单的解释往往是最好的解释。

"人工选择理论需要早期人类有意从事长期的狼群驯服和育种，这难度很大，"考宾格写道，"自然选择理论除了在村落生活之外，不需要人类做任何事。"

英格兰布里斯托大学人类研究所（Authrozoology Institute at the Universirty of Bristol）的基金会主任，同时也是《狗的感官》（*Dog Sense*）一书的作者约翰·布拉德肖（John Bradshaw）同意此观点：

"我坚定地认为现代狗的演变过程的先锋是狼，它们只是找到了新的生态位，"他解释道，"随着人类开始定居村落而不再持续迁移，由人类提供的一个新的食物堆就成了这个新的生态位。"

彼时，村落狼群应已进化出社会习性或生理特性，在自身和其他狼之间制造了一种繁育障碍。如果该动物是分离出来的物种，那么不愿或不能饲养与其相关的动物是由人类决定的。一旦分裂产生，狼将不再是狼，而成为狗。

生物学家们以不同的方式定义物种，选择过程很像选择战斗武器。武器将影响争端的结果。最常见的一种对物种的定义是"由能够交换基因或杂交的相似个体构成的一组活跃的有机组织"。但在狗身上，该定义不是那么确切。

所有现代犬科——狗、狼、郊狼、豺（胡狼）、澳洲野犬、野狗，都适用于此定义。它们能互相杂交，骨骼在形状和功能上非常相似，连专家们都很难分辨。考宾格告诉我："在新墨西哥州埋葬的非洲侧纹豺（side-striped jackal），生物学家可能会把它描述成一种狼。"

考宾格夫妇这样的生态学家，以不同的方式定义物种，他们认为一种动物的关系与其所处的环境有关。例如北方灰狼，已进化到能够狩猎像驼鹿、鹿、驯鹿和马这样的大型动物。这是灰狼形成集团的一个原因，群起而攻之总比单打独斗容易得手。

这个定义为犬科的争论伪造了一个不错的武器，因为所有的"现存犬科"——狗、狼、郊狼、豺、澳洲野犬、野狗，都有属于各自的生态位。比如黑背豺和条纹豺，在旧世界的草原上猎捕小型和中型猎物。同样，郊狼（有时也称"美国豺"）在北美已进化到可以捕猎中小型猎物。

根据考宾格夫妇的观点，狗既不是狼，也不是狼的一个亚种，只是因为它们不适合狼的生态位。家养狗的确切定义取决于人类日常喂什么给它们。正像罗马人所说，狗从属于房子。这有助于解释为什么12000年前至今的狗化石证据是如此缺乏且非常值得怀疑。在狗作为一个全新的犬属成员出现之前，就预留出了它的生态位——势必是所房子。简言之，狗在哪里，哪里就有房子……所以，"小心恶犬"。

并不是每个人都乐意听到狗结伴从野外走来吃我们的剩饭这类想法——对许多西方人来说它们像孩子一样可亲可爱。在我心里，我很想赞同大部分人的感觉：二者的关系始于一个男孩或女孩在小径边遇到了一只小狼崽，于是一见钟情。但随着时间的推移，我越来越相信考宾格夫妇是对的。

狗就是想要我们的"垃圾"。情感什么的还在其次。

即使在今天，在欠发达国家，人类家园中的大多数狗并不能舒适地生存，比如睡在床上，或用不锈钢碗嘎嘣嘎嘣吃东西。相反，它们生命中的一半时间都在以捡拾为生，食物以剩菜和腐烂的垃圾为主。考宾格指出，狗进化并填补了捡拾这一生态位。而且并不是只有考宾格相信垃圾是狗驯化的关键。

"我认为考宾格抓住了重点，"生物学家本·萨克斯（Ben Sacks）告诉我，"他对垃圾堆的设想，较短的逃跑距离的想法……一定是正确的见解。我认为这是一张狼如何到狗的总图。"

萨克斯是加州大学戴维斯分校遗传学实验室犬类多样性中心（Center for Canine Diversity）的负责人，我曾致电询问他对狗驯化问题争论的意见。萨克斯是一名年轻的教授，专业是野狗保护。但他一直对狗的起源有着浓厚的兴趣。他一直密切关注科学界对我们这第一个宠物的起源的争论。

"现在,"他告诉我,"争论最激烈的两个观点是狗起源于东南亚还是中东。"

他继续说道,许多动物学家相信现代狗可能的祖先并非在欧洲和北美的寒冷地区发现的大型北方狼;反而是产于北非、南亚和阿拉伯半岛的更小型、更像狗的南方狼。与北方灰狼相比,这些小型的阿拉伯狼和亚洲狼并不比郊狼和澳洲野犬大多少,而且头部和牙齿也相应较小。

为此观点新添了证据的是最近既没有将狗的起源放在中东也没有放在远东的基因研究。研究人员利用基因数据试图确定这两个地区更有可能是狗的发源地,却得出了不同的结论。

由加州大学洛杉矶分校的罗伯特·韦恩及其同事们进行的一项研究声称,中东是当地狗变异性最大的地区。这个假说支持传统理论,即狗在肥沃的新月地带进化,在这里几乎所有的大型驯养动物和许多驯化植物第一次被人类掌控。

"韦恩的团队完成了整个基因组研究,结论认为中东的狼与狗处处都有关系。"萨克斯告诉我,"他们认为,一般来说,比起其他地方的狼,狗与中东的狼关系更加密切。"

支持中东假说的考古证据存在于世界上最早的定居者——纳图夫人(Natufians)[1]的遗物中。其中最具说服力的是一位老人的遗骸,他抱着一只小狗。

然而,中东假说与另一项研究形成了鲜明对比,这项研究来自

---

[1] 纳图夫人,生活在距今1.5万—1万年地中海以南中东地区的史前人类,被认为已经从事农业生产,还会酿造发酵饮料,过着定居生活,并举行宴会仪式活动,还驯养狗和猫。——译者注

韦恩的同行，瑞典的彼得·萨沃莱恩（Peter Savolainen）。他的研究结论是，狗可以盖上"中国制造"的印章。根据萨沃莱恩对遗传证据的解读，狗起源于16300年前的中国长江以南，祖先是几只母狼。

在支持萨沃莱恩的亚洲假说的论据中，萨克斯指出，狗的下颚有个钩连接头骨。目前只有亚洲狼身上存在这个钩，灰狼或中东狼都没有。此外，有证据表明，早在1.4万年前，中国长江流域的农民就种植水稻，为村庄（当然还有狗）提供了先决条件。这也促使狗更接近白令海峡陆桥，普遍认为第一个北美人经此处从西伯利亚到达阿拉斯加——带着他们的狗。那座陆桥于1.1万年前随着最后一个冰河时代的终结而封闭。

通过科学筛选，我们仍然不能确定狗来到人类篝火旁的时间和地点。有理由认为驯化可能几乎同时发生在东亚和中东，甚至也会在欧洲，因为所需的条件无外乎村庄、狼和垃圾堆。

皇家不列颠哥伦比亚博物馆（Royal British Columbia Museum）的科学家、动物学家苏珊·克罗克福德（Susan Crockford）的观点则有点火上浇油的意味：有证据表明，单独起源的美洲本地狗，明显不同于欧亚大陆的家犬。所以，也许它们根本不需要陆桥。

"这确证了至少有两个'出生地'的观点，"她说，"我认为我们需要考虑它们在不同的时间、不同的地点分别进化。"

如果考宾格的论点是正确的，从狼过渡到狗并非发生在某时某地——旧石器时代的穴居人在途中遇见了狼，而是发生在人类定居下来并开始种植食物而不再追逐食物之时。和小麦大米一样，狗是发生在上一个冰河时代结束时的农业革命的产物，同一时期，我们迎来了沿用至今的几乎所有重要的驯化作物和动物。

无论狗何时何地出现，它对人类都有巨大的价值。因为无论人类去哪里，狗都如影随形。

第二章

普通的狗

> 人总是害怕狼,所以狗认为最好显出很害怕人类的样子,所以它放低尾巴和头部,睁大眼仰视人类,表现出惧怕,然后匍匐到火堆边趴下。
>
> ——"狗就是这样开始与人类生活的。"梅诺米尼(Menominee)印第安酋长奥什科什(Oshkosh)说

第一批狗是什么样子的?很可能非常像"道格"(Dog)。道格是环球旅行摄影师、作家洛林·契托克(Lorraine Chittock)的同伴。她在搬到位于离肯尼亚内罗毕不远的一个村庄的新家途中邂逅了这只狗。当时这只满身跳蚤的不速之客就那样待在院子里,像一件被丢弃的玩具。契托克正在寻找一个徒步旅行的伙伴,而道格一眼就看出她是个心软的西方人。于是,他们立即达成了纽带关系。

大多数北美和欧洲人只要看一眼道格，都会以为它是混血"杂种"，然后可能会试图猜测是哪些纯种父母的结合赋予了它这样的外表。但道格不是个杂种。它也是一种狗。

根据美国养犬俱乐部（American Kennel Club，AKC）统计，拉布拉多寻回犬是今天美国第一犬种。但像道格这样的乡村犬（土狗）也是最常见的"品种"。据世界卫生组织估计，地球上五亿以上的狗中，大约有五分之二是自由放养的驯化狗，它们的繁殖是人类无法控制的。这些狗绝大部分生活在农村，一辈子很少离开那里。因此得名"乡村犬"。

许多乡村犬由本地狗繁殖，其根源可追溯到数百甚至数千年前。最近的研究表明，至少有一些血统可以追溯到最早驯养的狗，那是未混入现代品种的"纯"血统。

乡村犬也是发展中国家大量城市中街头流浪狗的组成部分，在东欧和巴尔干半岛亦如此。这些流浪狗像青少年团伙一样在城市游荡，聚集在公园里，睡在大街小巷，掀翻垃圾桶，在城市垃圾场中捡拾残渣。（据说莫斯科的流浪狗都会坐地铁了。）

洛林的"道格"的血统可能要追溯到已经在非洲生活了数千年的土著犬。康奈尔大学的研究人员对非洲狗进行的一项基因研究显示，来自非洲大部分地区的乡村犬、非本地犬以及混血犬在遗传学上是截然不同的。它们的起源地可追溯到4500年前第一批狗居住的（约现在的）撒哈拉以南的非洲。这项研究证实了洛林·契托克的心中所想。

"如果我们退回1万年前，坐在我们祖先的火堆旁，我们会看到一只与现在的乡村犬类似的狗。"她说。

道格是典型的非洲犬（Africanis），瘦得皮包骨，重约30磅（不到14公斤），与边境牧羊犬差不多大小；三角形的立耳（尽管奔拉耳尖在乡村犬中也很常见）像雷达天线一样快速来回捕捉大自然的声音、车辆交通的声音，以及洛林的声音。

狼和狗之间的颜色变化很大，非洲犬的颜色也很多样。道格碰巧是淡黄色的，像一只金色的拉布拉多。它的头部呈窄楔形，有着长度适中的锥形吻部和杏仁状的棕色眼睛，眼周的黑色像是画着眼线，浓密的尾巴像月牙一样弯在背上。坐着的时候，它的后腿向两边叉着，活像那些瑜伽垫上专心的冥想者。

洛林与道格，还有她的另一只乡村犬旅伴"布鲁泽"（Bruiser）一起，足迹遍及包括埃及在内的整个非洲以及美洲北部、中部和南部的一些地区。曾经令洛林惊喜的是，她能频繁遇到喜欢自己的狗，而现在她则更加主动地期待这件事了。这样的邂逅可能发生在中美洲热带雨林的村中飞地，也可能遍及肯尼亚大草原的村庄。

在落后地区和发展中国家，乡村犬随处可见，它们在人类社会的边缘捡拾、乞讨、抢夺食物，在夹缝里求生存。在美国，甚至在丢弃的口袋中也会发现它们的存在。据信，20世纪70年代发现的卡罗来纳狗，生活在东南部松树林和柏树沼泽，是一种古老的土著狗。根据世界卫生组织统计，亚洲和非洲，特别是印度的土著犬数量最多。

大多数乡村犬存在于下层社会，介于现代家狗和真正的野狗（如澳洲野犬）之间。一方面，它们依赖于人类，因为那是它们食物的主要来源。另一方面，它们的社会行为和自由繁殖中没有受到直接的人为干预，所以通常不受人工选择的支配。由于在育种选择上没有强加限制，所以乡村犬的生理特征和行为特征几乎完全是它们所出生的环境的产物。

如果穿越回1万年前，我们可能会目睹自然的力量如何将狼打造为普通的乡村犬。相对于狼，狗的脑容量较小，大约要小20%。

大脑，比如我们人类的大脑，要消耗大量的能量，我们每天消耗热量的25%都去供养我们的大脑了。（饥饿就是你的大脑告诉你，它想要更多的糖分！）乡村犬在村镇捡拾，不需要狼捕猎所用的脑力。在早期驯化中，乡村生活给予脑容量小的狗选择性优势。

同样，狼需要大型牙齿和有力的下颚，来抓住、咬住、放倒它们所猎捕的有蹄动物，然后撕裂和吞噬猎物，咬碎大骨头，榨出里面的骨髓。进化到村中生态位后，狗的牙齿缩得更小，形状更细长，下巴力量减弱，在某种程度上更适合捡拾这种简单的要求。今天，即便是身型大如狼的罗威纳犬，也没有能与狼媲美的咬合力。

中等身量最适合最初的一批乡村犬，也同样适用于现代乡村犬。在村里，一只狗过大的身材及其日常所需卡路里很难得到满足；而身材太小，就会难以在日常生活中对抗大而强的狗。

还有，居住在北部的乡村犬比它们南部的表兄弟身材大——为了更适应寒冷的环境，更大的体形意味着拥有更多的热量。而且，作为向北迁移的一支，乡村犬从光滑、单层（没有下层绒毛）的皮毛过渡成厚重的双层皮毛，像我的澳大利亚牧羊犬一样，不断脱落的毛沾在地毯上和我的衣服上。北极雪橇犬就是乡村犬很好地适应特定生态位的极端实例——它们生活在单调的北极冰原和苔原上。

简而言之，适应性需要融入村中生态位来解释我们如何将一个大型的、强大的顶端食肉动物——狼（它捕食比自己大许多倍的有蹄哺乳动物）变成中等大小的"多面手清道夫"——乡村犬。它们之间的差异也解释了在现代犬种中发现的许多特征。

例如，在阿拉伯的炎热沙漠，游牧民族贝都因部落中的乡村犬进化成身量轻盈、能玩追踪游戏的短（灰）毛奔跑犬。在北极，乡村犬则变成了皮毛厚实、矮壮的狗（想象一下阿拉斯加犬），因纽特人几千年来都用它们拉雪橇。

除了乡村生活和气候差异减少了对能量的需求之外，其他工作中的压力把狼变成了狗，又把狗变为不同的品种。其中的关键就是它们如何与人类互动。

考宾格的驯化假说提出，驯化的一个基本特征是一段短的"飞行距离"，即动物选择哪个方式从可能伤害或吃掉自己的捕食者那里逃跑。飞行距离较短的动物，天性上最不容易恐惧和最易被驯服。

但在从狼到狗的转化中，驯化是如何发挥作用的呢？20世纪50年代末，大多数科学家已经开始接受狗起源于狼的观点，但发生转换的机制仍然是一个谜。大多数人认为，通过几千年有意识的人为选择，人类将狼变成了狗。但在俄罗斯，一个科学实验正在进行中，将为这个难题提供一个全新的解决方案。

20世纪50年代，俄罗斯生物学家迪米特里·贝尔亚耶夫（Dmitri Belyaev）开始养殖商用狐狸用于驯服。其结果被证明是20世纪所进行的最重要的演化生物学实验。

贝尔亚耶夫是斯大林时期典型的共产党人。他是一个长着宽厚肩膀和红润脸庞的男人，总是眉头紧锁。在战后时期，他的许多科学家同事被监禁或被禁止进行实验。贝尔亚耶夫的兄弟就被斯大林主义者杀害，而他在高压环境下机智地躲避（当时很多人强烈反对进化论和孟德尔的遗传学）。他在西伯利亚设法得到了一个职位，默默无闻地推进商用毛皮的育种工作。

1959年，贝尔亚耶夫悄悄地开始设计一个实验，重现野生动物可能被驯服的条件。他确信，如果他一个特征一个特征地选择动物——也就是驯服的过程，那么一整套生物变化就可能发生。利用自己在毛皮动物方面所拥有的背景，他选择俄罗斯银狐作为测试对象。

贝尔亚耶夫设计了严格的选择育种程序，从每一批后代中选择最驯服的狐狸。经过40多年的实验，繁育了4.5万只驯化的狐狸。随着实验的进行，研究人员开始看到动物身上根本的变化。第一个变化发生在狐狸的皮毛颜色上——色素流失导致出现白色斑点。有些个体的脸上发育出了星形花纹，这是在野生狐狸身上见不到的特征，在已驯化的动物，如马、狗、牛身上也很不常见。

还有一些特征如软趴趴的耳朵和卷曲或弯曲的尾巴，也是许多驯化动物的特点，特别是狗和猪。繁殖了15代后，实验者开始看到狐狸的尾巴和腿变短了。今天，贝尔亚耶夫的驯养狐狸和边境牧羊犬有着惊人的相似之处。

经过许多代，驯养的狐狸变得与狗类似，不仅在外表上，而且表现在一些行为上。它们不仅容忍人类，还会寻求人类的注意力。简而言之，贝尔拉耶夫的实验表明，这些巨大生理和行为变化只会导致驯服。

对此我们如何解释呢？在一个生物学层面上，一代又一代的狐狸仅仅是因为驯服而被选择，它们的身体开始生产不同级别的激素。众所周知，激素是细胞或腺体分泌的一种化学物质，给有机体的其他细胞传送消息。激素可以刺激或抑制生长，影响精神状态，刺激性欲和控制生殖周期，使身体做好准备以便交配、战斗、逃离、进食及其他活动。为驯服而做的选择会影响激素的量和节奏，它们在狐狸身上引发一连串的变化。这些变化可以用来描述人类的许多驯化品种，特别是狗。

如果查尔斯·达尔文还活着，他一定会目瞪口呆，也有可能为贝尔亚耶夫的结果感到高兴。在书中，这位进化论之父认为，物种形成和驯化是经过成千上万年增量变化的过程。但贝尔亚耶夫的研究证明驯化和物种形成可能发生在很短的时间，比如银狐，寿命不到人类的一半。

达尔文曾说，进化并非跳跃着发展。贝尔亚耶夫证明他是错的。正如养殖狐狸实验所示，从狼转换到狗可以发生在眨眼间的一个进化中。在100万—200万年前，郊狼与狼被认为拥有共同的祖先；相比之下，出现在1万—1.5万年前的狗可谓犬类大军中冉冉升起的新星。

然而，在经历了最初的和可能的快速转换之后，狗在几千年来再没有什么变化。今天我们可以识别出品种的狗大约才登上历史舞台3200年。只有与人类文明相伴，化石记录才能开始提供狗在大小和形态上广泛差异的证据，第一步即指向品种的区分。很有可能直到这个时候，人类还很少对狗的繁殖施加控制。

作为西方人，我们很少思考过去人类和狗是如何彼此相关的，也不了解它们如何继续在宠物市场占据一席之地，那时特制狗粮，甚至皮带和项圈都是闻所未闻。洛林·契托克在第三世界国家的村民和他们的狗身上花了很多时间，相信他们会提供一个窗口，让我们看看乡村犬在3000年前甚至更久以前可能是怎样生活的。

在访问肯尼亚北部名为麦克纳（Maikona）的沙漠村落时，洛林花了些时间观察村民和他们的狗。那里的狗从没听过肯尼亚语的"坐""趴下"或"别动"，它们也从未感受过狗绳的拖拽。没有交通工具威胁到它们的生命，它们可以随意来去。它们身上没有被强加的人类要求，花大量时间睡觉、社交和寻找食物。契托克把村落比作一个大型的狗公园，但这个老派比喻里温情的舒适感很快便被抽离了出去。

对于一只麦克纳村的狗来说，生活是艰苦的。大多数狗从未感受过任何一种疫苗针的刺痛。兽疥癣、寄生虫和虫害是几乎所有乡村犬的地方性流行病。因此，它们的生命往往是短暂的，捎带着也不可避免地给那些费心与狗交好的人类带来了心痛。由于这个以及其他的文化原因，麦克纳的村民很少像西方人惯常的那样深情地对待"他们的"狗。

通过观察麦克纳的人和狗，我们可以将他们对彼此的存在描述为"漠不关心"。他们都以自己的方式，在自己的时间表内做着自己的事情。但是几乎每一个村民都拥有一只狗（或者至少声称有一只狗以其住所附近为领地）。在一天结束的时候，狗重返家园站岗，也许会得到一些食物残渣或者极偶然地被它们的饲主拍拍头——一般看不见其他村民。

但即使在冷漠的麦克纳村民中，洛林仍然设法找到了喜爱和依恋狗的人。一个穿着鲜红色衣裳的女人，似乎总是有一群狗（四条）跟着她。洛林决定跟着这个女人到她简陋的小卖店里去探个究竟。

"在麦克纳每个人都有狗，"洛林对这位名叫瓦图的女子说，"但他们的狗只是保卫家园。为什么你的狗要跟着你？"

"它们知道我照顾它们，"这个非洲女人沉思后说道，"没有我它们会孤独，没有它们我也会感到孤独。而且我会好好对待它们，给它们专门的食物，有时候还会喂肉。别人对待他们的狗很吝啬，狗不喜欢那样。"

洛林解释说，在自己的国家，人们经常触碰和抚摸他们的狗。瓦图告诉这个西方人，在她所在的村落，她从没见过这样。虽然她承认她喜欢自己的宠物狗。

对我们来说，麦克纳村是冷酷无情的。但是人们有充分的理由对土狗冷淡。在独立生存的狗大量集中的地区，它们经常携带和传播疾病。全世界每年有5.5万人死于狂犬病，另有1500万人每年接受感染狂犬病的治疗。在发展中国家，狂犬病致死病例中的99%由狗引起。

大多数狂犬病死亡发生在印度、亚洲和非洲——这些都是土狗最普及的地方。即使是那些没有被野狗咬伤的人也面临着被狗携带的扁虱和跳蚤，或被地面散布的狗粪便感染的可能性，这种情况会发生在像曼谷这样的大城市里，那里的动物控制机构估计，每平方公里的区域内游荡着200只狗。

印度特别受野狗传染病所困，再没有一个国家有比印度更多的流浪狗了。直到最近，印度的狂犬病死亡人数约占全世界的三分之一。很可能狂犬病已经困扰印度社会很长一段时间了。根据佐治亚州亚特兰大的美国疾病控制中心狂犬病计划首席专家查尔斯·鲁普莱特（Charles Rupprecht）博士的研究，狂犬病几千年前起源于印度次大陆。

1997年，印度的动物福利委员会开始控制繁殖，并实行反狂犬病计划。该计划得到印度联邦政府资助，在消除该国"狂犬病的威胁"上取得了巨大成功，在欠发达国家中可以作为一个范例。

在19世纪和20世纪初，狂犬病爆发，流浪狗成灾，包括美国在内遍地都是流浪狗。也就是最近40年左右，欧洲人、美国人和加拿大人建造了足够多的避难所，并制定了动物控制解决方案（如宠物的大范围绝育手术），才清掉街上的流浪狗。

在发展中国家，通过大规模杀戮从根本上解决流浪狗问题仍然是最流行的方法。但并不是每个人都认为杀戮是最佳解决方案。洛林担心在世界的许多地方武断杀害流浪狗会危及值得拯救的土狗。

以自然状态居住了几百年甚至几千年的土狗也受到纯种狗到来的威胁，因为纯种狗常因受到忽视而走失成为流浪狗。当狗被围捕，纯种狗通常能幸免并被放置在救助机构，而土狗则被杀死。洛林观察到，在大多数情况下，村民和城市人一样欣赏地位高的"品种"狗，并会牺牲本地土著狗。这预示着土著狗的未来并不怎么乐观，比如道格。

"人类的爱有很多种。我们爱能够叫得出品种的名犬，就像人们爱说'我拥有一辆丰田'或'一辆宝马'。"洛林告诉我，"除了来自北极那样的寒冷地区的长毛土狗，所有土狗可能只有几种不同的基本'外观'——与立耳相对的软趴趴的耳朵，某种吻部结构，不同体型的差异。一辈子看惯这些'特征'的村民们一看到狮子狗，自然就会着迷。"

她想将更多的资源用于捕获土狗，给它们摘掉卵巢、接种疫苗，再放回本土环境，在野猫身上进行的这类实践获得了广泛认可。但在努力控制人口和本国公民接种疫苗对抗疾病的许多第三世界国家，这类关于狗的解决方案可能仍处于次等级。

这在狗的角度来看是个遗憾，尤其是土狗很可能会回答的许多问题恰恰是关于最初狗是怎么"来到篝火旁的"。从半野生生活转变为与某人（如洛林）共享生活的能力，正表明了这些狗是如何有选择性地倾向于与人类一起生活，而不是仅仅活在人类当中。

土狗是顽强的。几千年在具有挑战性的条件下练就的适应性使它们更不易患遗传疾病，而几乎所有与我们密切相关的纯种狗，甚至杂种狗都易受到瘟疫的侵袭。土狗对热带和亚热带疾病有更强的抵抗力，对皮肤病和其他疾病比纯种狗有更好的天生抵抗力。

为生存挣扎的土狗通过自然选择，想方设法适应当地条件和气候巨变。它们可以靠多余的食物营养茁壮成长，而且生殖健康度较高。村里可没有人用奶瓶喂弱小的狗，这致使其后代有强壮的体质和求生的意愿。

只有适应性最好、应变能力最强的土狗可以将它们的基因传递给下一代。它们曾经，现在也仍然在犬类大家族中。所有的狗都属于这个大家族，因此土狗应该得到我们的保护和尊重。然而，在全球范围内，人类正致力于继续消灭它们，代之以纯种狗。

在结束讨论之前，洛林给我讲述了一个辛酸的故事。她驻扎在的的喀喀湖（Lake Titicaca）的时候，一个约十岁大的玻利维亚女孩走过她旁边。这时出现了一只毛茸茸的、戴着白色项圈的狗，可能属于另一个外国露营者。这个女孩，"有点傻乎乎地笑着柔声细语地与那狗说话"。但当一只四个月大的流浪狗走向那女孩，她冲它吼着，叫它走远点。

"我无法说出什么来改变她对这只小狗的看法，我觉得它长得还挺可爱的。但显然，她从她的同学和家人那里分享到的观点是，狗分三六九等。"

洛林希望看到发展中国家做出更大的努力去控制来自西方的纯种狗进入、繁殖并取代土狗。她说，在像中国这样的国家，许多人像美国人和欧洲人那样，为了彰显地位或完全出于新奇而购买西方狗。

"但结果是这些狗和它们的后代出现在不应该出现的地方——大街上。没有什么比看到德国牧羊犬、马尔济斯犬或其他品种的厚长毛犬生活在炎热、潮湿的气候中，或是看到毛发稀薄的灵缇犬生活在平均海拔4000多米的安第斯山脉更令人感到悲哀的了。"她说。最终，土狗应该减少痛苦，更幸福地生活，在所适应的生态位中栖息，没有西方狗威胁要取代它们。

综上所述，我们应该让更多的狗活得像道格一样。

第三章

首批育种人

> 鼎盛时期的罗马,是个名副其实的家养动物和人类的大熔炉。
>
> ——历史学家玛丽·伊丽莎白·瑟斯顿(Mary Elizabeth Thurston)

几年前访问西雅图时,我去看了国王图坦卡蒙的展览。我对这个古老埃及人的黄金石棺、形状优美的装药膏和油的雪花石膏罐、黄金和天青石制成的珠宝顿生敬畏。但对我来说,一个特殊物件,拉近了我和这个神一般的年轻统治者的距离:一个狗项圈。它由皮革和青铜制成,搭配小狗形状的小挂件。3300年后的我们仍然可以发现狗的后代懒洋洋地躺在金字塔的阴凉儿下。

想到图坦卡蒙有一只狗,便让他看起来更真实了。产生这种联想是因为,我乐意去想象如果有来世，我会发现我的狗昂达在等我给它套上项圈，然后我们出门去玩儿扔飞盘的游戏。

从埃及的伟大崛起到在罗马人的统治下文明的衰落，无论在艺术、语言还是宗教上，狗在埃及人的日常生活中都扮演了重要的角色。具有九千年历史的洞穴绘画表明，居住在尼罗河河谷的人类已经带狗去狩猎。在接下来的数千年间，狗不仅在日常生活中，而且在宗教、艺术、战争和贸易中都变得重要起来。

人们常说，在古埃及猫是最受重视的动物，但只在埃及强盛的一千年里是真的。狗享有很高地位，而且时间更长。公元前450年左右，希腊历史学家希罗多德提到，当家中的猫自然死亡，埃及人会剃掉眉毛以示哀悼。但当家里的狗死后，他们会剃光全身的体毛——与失去家庭成员的哀悼方式一样。

埃及人也给自己的狗取名字，他们对其他动物并不会这样。在富裕家庭，狗戴着宽大且华丽的项圈，就像图坦卡蒙墓穴中发现的那个。项圈上仍留有像"可靠""黑子""好牧人"这样的名字，有一个名字可能会引发现今很多宠物主人的同情——"无能"。

古埃及人的邻居们并不喜欢狗。《圣经·旧约》是希伯来人、穆斯林和基督徒的宗教基础，其中31次提到狗都是负面的。但是作者也有他们的理由。瘟疫时期，中东"贱犬"（pariah dog，土狗的贬义名称）以人类的尸体为食。所以无怪乎古代中东地区的文化会认为狗是不洁净的和不可触碰的。

但对古埃及人来说，甚至街头流浪狗的"派死者"这样龌龊的工作也带有精神意义。狗与死亡的密切联系催生了古埃及最受尊敬的神之一——阿努比斯，他有着人类的身体和黑狗的头。黑色不仅是死亡的象征，还代表尼罗河及其土壤的肥力。所以，阿努比斯代表死亡和重生，以及生命的循环。

1897年，在探索黑暗的埃及墓穴时，法国探险家雅克·德摩根（Jacques de Morgan）听到脚下开裂的声音。原来他置身于齐膝深的狗骨头堆中，按字面意思解释，就是他偶然发现了世界上最大的宠物公墓。该墓地位于塞加拉（Saqqara）的阿努比斯神庙的地下，是属于古都孟菲斯的一个大型墓地。

当今，研究阿努比斯神庙狗骨骼的是保罗·尼科尔森（Paul Nicholson），他是威尔士卡迪夫大学的考古学教授，他的研究小组希望了解更多公元前8世纪狗在埃及的生活情形。

"塞加拉应该是一个繁华的地方，"尼科尔森说，"那里是一个人类居住的固定社区，拥有动物崇拜习俗。"去神殿的游客会漫步于集市，在那里商人售卖狗形象的护身符，用莎草纸画的狗在狩猎或放牧的图，用青铜、陶瓷、象牙和木材制作的狗雕像，以及其他纪念品。

显然，神殿地下发掘出来的800万具狗骨骼中肯定不全是宠物狗。如此大量的存放表明埃及人用狗祭祀。为博取阿努比斯的青睐，信徒会把神庙制作的木乃伊狗沿着墓地围墙上小的凹陷处放置。十有八九，阿努比斯神殿的神官是最早的"小狗生产线"饲养员，大量养狗做祭品。他们一直喜欢小狗可能是有目的的，比如它们可以守卫寺庙，从而也使人类自己成为人工选择的从业人员，类似今天的饲养员。

并不是只有他们在做这个工作。尽管这些狗可能不会满足现今对育种的严格定义，但很明显，埃及人进行了选择育种，寻找"改善"狗和其他动物（如山羊、绵羊、牛）的方法，创造独特的类型来满足他们的需求和幻想。

我们对这些动物的了解往往不是来自于遗骸，而是来自于艺术。从壁画、雕塑和浮雕中，我们会发现，犬的种类繁多——像达尔马提亚狗一样的斑点狗，有着肥胖身体和卷曲尾巴的狐狸犬，类似柯基犬的短腿狗。埃及皇室的骄傲是一种敏捷、腿长的狗，有点像现在视力很好的猎犬，比如萨路基猎犬、伊维萨猎犬、灵缇犬，以及所谓的法老猎犬（尽管这个名字并非来自于古老的品种，而是最近的培育品种，但看起来就像古埃及艺术中出现的狗）。

埃及人是如何令这些普通土狗具有了特殊的外形和不同的类型？彼时，埃及已经开始合并成一个强大的国家，而古代世界的许多文明已经施行选择性繁殖植物和动物。在这些文明中，埃及人最重视动物，并用最大的努力去驯化、饲养和繁殖。

埃及农民试图驯化许多野生动物，包括鬣狗、瞪羚、鹤，但在古王国后期，也就是大约公元前2180年之后，他们放弃了努力。后来，他们倾向于从用动物做实验向驯化物种的集约饲养转移，几乎所有驯化物种都是从新石器时代传下来的。

埃及人对基因一无所知，他们不过是靠规律指导实践。比如生养下一代，如果你用短腿狗与短腿狗繁殖，那生出来的很可能还是短腿狗。通过选择某些行为和生理特征，他们学会了放大所需的性状。借助在繁殖过程中的直接干预，埃及人发展了家畜新品种。但是埃及人并非从头开始创立这些新的品种，他们培养和改进的是现存的地方品种。

地方品种是指地理或文化意义上的各类驯化植物或动物。培育几乎完全由人类控制选择；地方品种与培育不同，其大部分在自然中产生，有时求助于有意选择。

设得兰羊就是一个例子。与世隔绝的苏格兰群岛放牧条件恶劣，此地绵羊比大多数其他驯化品种成年晚，长得也比较小。因此，岛民选择了更有商业价值的、拥有特别优良羊毛的羊，并将这种羊从地方品种中隔离出来。为了照顾小羊，岛民选择了苏格兰本地的一种牧羊犬,即柯利牧羊犬,并将其培育成矮小型的设得兰牧羊犬(可能与某个宠物品种杂交,比如查尔斯国王骑士獚)。这也是一个由本地品种转变为培育品种的例子。

1934年,犹太夫妇鲁道夫·门泽尔和鲁道菲娜·门泽尔(Rudolph and Rudolphina Menzel)前往中东研究当地土狗。通过详尽的调查,他们辨别出四种当地原生狗,以及十几个亚种。这些中东原生狗包括用于保护羊群的大型牧羊犬、外形类似野狗的中型犬;还有一种中型犬,经过轻微改造并有更精致的口鼻,它成为现代迦南犬(Canaan dog)繁殖的基础,即现在以色列的国犬。

在沙漠地区,门泽尔偶遇到纤细、长腿的短毛猎犬——狩望猎犬(sight hound)。这些生长在干旱环境、在开放地形中追逐猎物的猎犬有着出类拔萃的反应、视觉敏锐度和瞬间加速和快速奔跑能力,再加上敏捷性。埃及皇室(比如图坦卡蒙)喜欢这种肢体柔韧的狗,并有选择地培育其用于狩猎。

我们并不能确切地知道埃及贵族是否严格控制并近亲繁殖这类狗(就像现代育种者做的设定或"修复"某个品种类型),就像是他们自己的行为,这正是他们"复制"自己的方式。在埃及皇室中,乱伦的情形远比正常婚姻要多得多。(例如埃及艳后克利奥帕特拉就和她的两个兄弟结了婚。)

在早期的壁画墓中,帝王的狩望猎犬的形象比其他犬类出现得更频繁。皇家犬住在泥砖犬舍。应皇室要求,会为它安排狩猎。狗被带出去追逐猎物,猎物可能是任意一种动物,从一只野兔到一头羚羊,甚至是珍奇的进口动物,目的只是让它运动。

在埃及第十八王朝(公元前1567—前1320年)时,狩望猎犬和本地被遗弃的狗中也加入了各种其他类型。当时,埃及帝国向东北扩张至幼发拉底河,向南跨过尼罗河扩张至今天的喀土穆

（Khartoum）。伴随扩张的是跨越地中海、非洲和亚洲的贸易与文化，参与者包括希腊人、赫梯人、巴比伦人、巴勒斯坦人、叙利亚人、努比亚人等。

随着贸易活动，如黄金、香料、异国犬的买卖，商人开始利用埃及人对狗的崇拜。最引人注目的犬种是从努比亚和利比亚来的叭儿狗（lap dog），最初是给法老的供奉。当今，它仍然受到全世界皇家的喜爱。

随着希克索斯人（Hyksos）的入侵，大型的类似獒犬的狗在公元前1600年进入埃及，这些亚洲的游牧民族勇士还带来了马、战车和复合弓。（人们认为在狗项圈上装钉状物是希克索斯王朝的创新。）这些都会对古代战争产生深远影响。

军事领导人把希克索斯战斗犬纳入埃及军队。一名驯犬师配备一条狗，这样每只狗仅信任一个人，攻击其他人。在和平时期，驯犬师安排狗去保护羊群、参与大型狩猎活动、守卫皇室领地。用现在犬赛里的说法，这些都属于"工作犬"在不同时期的业务范畴。

在埃及犬类社会的最底层，身份低于高贵的狩望猎犬和叭儿狗、低于工作犬、低于神殿狗，甚至低于神殿用于祭祀牺牲的狗崽的，是流浪街头的被遗弃的土狗。贱狗睡在城镇的边缘，浪迹街头，翻垃圾，一如它们今天的样子。

在传染病流行时期，贱狗通过吃死去动物的肉传播疾病。有时它们会袭击从集市回来的行人，还攻击牲畜和被绳子拴住的宠物。据犬历史学家玛丽·伊丽莎白·瑟斯顿的研究，埃及人很少帮助这些狗，因为害怕它们携带狂犬病等疾病。和埃及社会最底层的人一样，贱狗没有地位。作为一个阶级，贱狗完全站在贵族狗的对立面，而贵族狗在当时受到的悉心照料堪比今日的赛犬。

瑟斯顿做了一番发人深思的观察，相同的犬类社会分层在当今全球范围内仍然存在。今天的一些狗过着放纵的悠闲生活，每个需要都得到满足，就像法老的宠物。另一些构成现代的工作阶层——执行警察和军队的任务，作为导盲犬工作，并继续放牧和狩猎。接下来是被遗弃的和无家可归的狗，被丢进公共避难所，每年仅美国就有近一百万只这类狗被安乐死。它们的骨头可轻易填满阿努比斯的墓。最后，是村里的贱狗，被全世界所唾弃。

辉煌古埃及的没落始于外来征服者的到来，尤其是古希腊和古罗马人。就像征服、统治埃及人一样，罗马人对动物保持着深厚而持久的兴趣，远远超出对农业的控制——虽然结果有时是剥削和残忍。看到电影《角斗士》（*The Gladiator*）中罗素·克劳与野兽打斗的场景，你就会明白我的意思。

随着罗马帝国扩张到整个地中海，最终向北到达中欧和英国，罗马人对沿途遇到的狗产生了浓厚的兴趣。在其鼎盛时期，罗马成为古代世界所有人种的大熔炉。各种狗也一如既往地跟随着他们的主人。

罗马士兵和商人在其庞大的帝国版图内遇到各地各种品类的狗，并把它们带回罗马，培养成猎手、牧民、士兵、战士、护卫和宠物。比起罗马人在其他方面的影响，由于对狗的出奇喜爱，以及为获得尽可能多的存在于古代的不同品种的狗而付出的努力，罗马人奠定了现代犬种形成的基础。

在玛丽·伊丽莎白·瑟斯顿的著作《犬类比赛佚史》（*The Lost History of the Canine Race*）中，她讲述了罗马人在扩张中搜集到的各种各样的狗。

……"异国情调"狗持续从北欧、非洲和中东地区输入。和仍然居住在欧洲南部农村地区的更原始的新石器时代的狗一样，犬种之间混血，产生了大量的新品种：巨大的"獒犬"、狐狸犬、胖乎乎的像比格犬的狗、浑身卷毛的"贵宾犬"、袖珍玩赏犬、体型庞大且温文尔雅的犬，还有中型猎犬，它们有着立耳或垂耳，方阔的口鼻，短的面部，长着不同颜色、长度和手感的皮毛。

在现代养犬俱乐部的犬赛中，我们能找到几种由上述罗马狗繁衍并得到认可的犬种。但这样的狗大多数与罗马一直豢养希腊人带过来的獒犬有关，这种巨大的狗可能得追溯至希克索斯攻打埃及时。

大型肌肉发达的獒犬体重超过45公斤，方形头部由强大的肌肉紧密组成，可控制有力的嘴，所以獒犬被恰当地描述为"死亡的化身"。除了身型，这些狗还是快速敏捷的，能够将一个全副武装的骑士从他的马鞍上拽倒或拖下来，并把他撕咬得支离破碎。

獒犬构成了罗马人主要的军事资产。它们以牛肉饲养，在那个时代，老百姓都过不上这样的奢侈生活。犬军团被派往罗马帝国各处，从北非到中东，用以恐吓敌人，帮助罗马征服者占领新地盘。

罗马持久的獒犬遗产，源于对这种可怕的战斗犬的培养。今天，超过一百个犬种可以追溯到这种古老的狗，其中包括"山犬"，如圣伯纳德和伯恩山犬；拳师犬种，包括拳师犬和斗牛犬；大型护卫犬，如安那托利亚牧羊犬、罗特韦尔犬、大丹犬；还有一种狗可能是大家想不到的，那就是金毛猎犬。在后面，我将专门介绍继承了獒犬凶猛本性的最典型的一种狗：斗牛犬。

4世纪，罗马帝国由于战线拉得过长，开始崩溃。由于不再能够支持巨大的军事开销来维护领土，罗马在日耳曼部落的冲击下开始衰落。帝国最终在不同的教规下分裂为东部和西部两个地区。

众所周知，压垮帝国的最后一根稻草是一种常见的寄生虫：跳蚤。借助黑色舱鼠越过地中海偷渡到公元540年的埃及，跳蚤携带致命的黑死病迅速蔓延了整个东罗马帝国。几乎没有人能幸免于难，在一些地区，死亡率高达95%。

曾经紧密联结的社会瓦解。整个村庄成了鬼城。短短两年内，大约有2500万人死亡，差不多占全世界人口的13%。狗虽然对黑死病的破坏效应免疫，却仍然成为受害者。它们的免疫力造成民众迷信的恐惧，催生了认为狗拥有邪恶灵魂的观念。

在危机高度蔓延时期，大批狗失去主人，无家可归。晚上，这些狗成群结队在村庄游荡，像地狱使者，令人联想到世界末日已经来临。恐惧和无知使世界陷入黑暗时代，一个新的政治体制建立，由与罗马天主教会日渐增长的势力存在不安定关系的贪婪国王所统治。

罗马帝国崩溃，罗马人作为狗的"耕耘者"的角色也分崩离析。犬类的育种进程跌回至蛮族统治者在食物稀缺时捐赠财物喂狗的时代。整个黑暗时代，只有处于富人、拥有土地的贵族和神职人员这样地位的人才能去培养和发展独特品种的狗，作为狩猎同伴、护卫和珍贵宠物。

一直热衷于用狗狩猎和战斗的英国人，最终为狗下一步的进化做出了重要的贡献。以英国人为中心，人们开始热衷一种到目前为止都很少见到的狗：纯种狗。

第四章

风靡英格兰

> 猎犬是一种最通情达理的野兽,也是神所创造的野兽中最能领会人类意图的。
>
> ——玩主,15世纪

早在1859年的夏天,英国枪支制造商佩普(W. R. Pape)和他一些富有的狩猎伙伴一起出现在纽卡斯尔举办的犬赛上。只有波音达猎犬和塞特猎犬参加比赛,因为只有这两种狗归男人所有。获胜者将得到佩普霰弹枪而不是蓝色丝带——这种奖品无疑令胜者更愉悦。

这是一个低调的开始,却很快演变为维多利亚时代狂热的消遣活动。

在英格兰,犬类爱好者开始创立自己的犬赛。早期地方上的比赛比较随意,通常在酒吧举行。站在铺满锯末的地板上,女性会撩起裙子避免被溅到狗尿。在曼彻斯特的一个比赛上，鸡也当上了主角。

这些集会遭到了儒雅的评论家们的奚落，其中一位描绘到，来自上流社会的参与者带着他们的运动犬，像"花花公子"，而下层阶级的参展商带着他们的小猎狗，像"匪徒"——这两类人可能都会踢他们的狗以示宠爱，犬类历史学家玛丽·伊丽莎白·瑟斯顿如是说。

但很快情况发生了变化。到1863年，对犬赛的兴趣暴涨，10万人在与切尔西克里莫尼花园毗邻的大厅举行为期一周的比赛。鉴于那个夏天伦敦人的社交盛况，活动的参与者也包括了威尔士亲王。就像英国人所说，新兴的受人尊敬的"宠物狗"时代已经来临。

随着为参展商和观众准备的比赛增加，主办方呼吁贵族为活动捧场。一则关于特别有参与度的比赛的新闻报道反映了这种精英主义，记者写道："昨天，在博坦尼克花园，一半的贵族似乎都出席了'女士犬舍比赛'，获奖者名单读起来长得像女王起居室的报告。"

最大奖得主是英国维多利亚女王。在漫长的一生中，维多利亚女王醉心于她的狗。据说加冕那天，她离开庆典去给自己最喜欢的宠物小狗洗澡，那是一只名为"戴什"（Dash）的西班牙猎犬。尽管她是拥有一切的女人，女王仍会因获赠一只可爱的小狗而欢欣。

她的富丽堂皇、一尘不染的犬舍设在温莎宫，里面养着荷兰毛狮犬、苏格兰犬、爱尔兰梗、狐狸犬、博美犬、藏獒、狮子狗、圣伯纳犬、大白熊犬、中国猎犬、灰猎犬和京巴狗，京巴是她帮助拯救的濒临灭绝品种。不过，她最喜欢的是苏格兰牧羊犬，尤其喜欢她的边境牧羊犬"诺波"（Noble）和"沙普"（Sharp），女王的随从都知道沙普有时性格不那么友善，会咬人。

女王全心全意地参与了"花式展示",表现出狗的最高水平。她所获得的奖杯、丝带和她爱犬的肖像填满温莎城堡的所有房间。

不用说,维多利亚女王参与犬赛,有时会导致各方在争取皇家利益中发生冲突。查尔斯·拉尼(Charles Lane)是一名指定赛事的裁判,据报道,该赛事的委员会成员曾想让他把女王的狗内定为冠军,但遭到了拒绝。刚正不阿的拉尼站在公平原则一方而不是优先考虑皇家威严。参加比赛的狗应根据"优点来评判",他说,他坚持的政策"已由女王批准……但不知整个宫廷是不是都清楚"。

比赛是为数不多的,即平民可以与上流社会在水平相当的运动领域一起竞争的场合之一。这就像大坝上的一条裂缝——几千年来一直培养的血统高贵的狗在普通欧洲人的手中开始失控。确实,从罗马帝国衰落至19世纪初,最优良且类型未改变的狗已经是特权阶级才能享有的。

随着罗马的衰落和瓦解,野蛮的军阀控制了欧洲。8世纪,野蛮民族的国王确立了封建制度,深刻地影响了欧洲人和他们的狗。

在整个中世纪,基督教统治的土地原则上属于"上帝"。但是以"神圣权力"为名义发号施令,国王以及天主教会可以随心所欲。贵族声称大片农村是私人土地,供个人享乐。如果领主高兴,他可以驱逐整个农民社群,却仍然可以要求他们纳税。

这正是发生在牛津郡努尼曼公园的情形:第一任伯爵哈考特(Harcourt)驱逐了一个古老的村庄,只为给其巨大的家宅提供大片风景如画的视野。也许是神的旨意(或因果报应),哈考特伯爵在他风景如画的新领地散步时,由于忘记这里曾是个古老的村子,失足跌进一个洞里淹死了。

随着失去土地,农民也失去了依附在土地上的传统权利。从14世纪开始,渔猎法规把农村人民享受的狩猎和捕鱼变成了罪名。农民想象，地狱里有一个特别的地方，那有一个执法者，他不仅执行法律，还为轻微的违反行为（如收集柴禾）勒索金钱和货物。

罗宾汉的故事并非巧合，传说他在国王的森林里偷猎，时间正是渔猎法规施行的日子。罗宾汉的对手，诺丁汉森林的治安官，不是别人，正是一个渔猎法规的执行者。

这些法规似乎使得农民的生活能有多悲惨就有多悲惨，绅士设置了严格的养狗资质。14—16世纪，英国平民被禁止拥有用于狩猎的狩望猎犬，比如爱尔兰猎狼犬、苏格兰猎鹿犬和灰猎犬。农民为绕过这个禁令，将狩望猎犬与牧羊犬杂交来掩盖它们的相貌，从而培育出高智商、捕猎迅速的狗，也就是"勒车犬"（lurcher，偷猎犬）。

但潜在的偷猎者不得不小心。如果一个农民的狗拥有猎犬的身型，就很可能因为尺寸太大而无法通过一个被称为"狗的标准"的环而被没收或消灭。农民还不得不切断狗的三个脚趾，这样才可以留下这些狗来拉车、保护牲畜，或进行其他有用的工作。"断尾"一词起源于中世纪的法律，规定平民应切断他们的狗的尾巴，这样它们可以很容易地区别于贵族的动物。最终导致普通的狗即"杂种狗"出现。

贵族的特权惠及他们的狗——待遇通常比农民要好得多。国王亨利八世喂他的狗吃面包、牛奶和肉，而一个富农都很少能品尝到肉。自然，平民会怨恨贵族养的肥胖的狗，它的衣领上所用的绣花丝绸和脖带上镶嵌着的珠宝，是一个农民穷尽一生也买不起的。

英国人仿效自身严格的阶级结构，区分出可选择性繁殖的贵族狗，以及民众的普通狗。16世纪，女王伊丽莎白一世的医生琼内斯·卡伊斯（Johannes Caiuss）写了一本关于狗的书，他将他那个时代所有狗的自然品种打乱，将贵族猎犬归为"高层品种"，而农民的猎犬是"家常品种"。这种区别仍然存在于当代的狗秀场上，如运动品种（高级猎鸟犬、猎犬和枪犬）或非运动型（低等级的牧羊犬、工作犬和工具犬）。

作为狗的饲养者，贵族、乡绅和神职人员培育了许多欧洲犬种，如查尔斯国王骑士猎犬和（尊贵的）杰克罗素梗。亚洲也是这个模式，普通人被禁止拥有神圣或皇家的狗，如在中国，北京不准养京巴，西藏不准养神殿狗拉萨犬；在日本各地不准养狆犬。

在中世纪晚期，狩猎已经成为奢侈的、仪式化的事务。贵族彼此竞争，看谁能培养出最快、最灵敏、最有才能的狩猎犬。就像各家的佳酿，培养出一种自己家族或领地特有的狗，这是每个贵族的目标。

几乎所有贵族都拥有犬舍。国王爱德华三世在泰晤士河上建了皇家犬舍，伦敦人简称其为"狗岛"。后来亨利八世在这里养大批灰猎犬和狩猎犬。肥胖的国王也养獒犬来攻击圈养的熊或公牛，这在当时是一项受欢迎的血腥运动。凶猛的狗也能保护贵族的庄园。

狗的繁殖达到第一个黄金时代是在文艺复兴时期，可追溯到14世纪中叶。贵族培养的性格和善的寻回犬是十字军东征期间从远东来的，就像800年左右狗随着摩尔人第一次到达西班牙，自然被称为西班牙猎犬。从西班牙猎犬开始，猎人发展出巴贝特犬——一种卷发水犬，是法国贵宾犬的祖先。

不过，对于狗来说，最大的用处是作为宠物，将贵族与平民区分开来。很少有平民可以花钱养一只没有使用目的的狗，所以宠物为富人炫耀他们的特权提供了另一种途径。

贵族女性青睐叭儿狗——一般指小型的猎犬、梗犬或西班牙猎犬。女士的随从们每天给狗刷毛喷香水，用毛织品擦拭自己的外套，去除上面的细毛，以防可能黏在女主人精致的礼服上。还有人说，狗把跳蚤抖落在人身上，几乎每个人身上都滋生这咬人的害虫。

古老的玛尔济斯犬种，被认为是由腓尼基商人带到马耳他岛的，并俘获了许多淑女的芳心。卷毛比雄犬14世纪从加那利群岛抵达欧洲，16世纪受到法国宫廷的欢迎。蝴蝶犬是最古老的一种欧洲玩具犬种，同样是法国皇室和贵族的最爱，曾作为玛丽·安托瓦内特、亨利二世，以及蓬巴杜夫人的宠物。这些迷你狗的耳朵像蝴蝶的翅膀，它们出现在文艺复兴时期伦勃朗、鲁本斯等的肖像画中。

最著名的犬类爱好者是国王查理二世。他去哪儿都带着他的布伦海姆猎犬，其名得自马尔伯勒公爵和公爵夫人的领地——布伦海姆（Blenheim）。国王如此重视这条狗的陪伴，甚至颁布了法令，允许这种狗在所有公共场所（包括国会大厦）随地便溺，此事饱受诟病。

查理的小狗们变得如此著名，人们开始绑架它们，导致国王脾气暴躁地在报上登广告要求他们归还小狗。有些狗与国王的狗看起来很相似，于是也被称为查尔斯国王骑士猎犬。（有时也称红白相间的品种为"布伦海姆"。）

皇室的孩子同样被宠物围绕，狗常常成为他们唯一的玩伴。远离社会孤独成长，皇室成员在成长过程中照顾动物比照顾人多，甚至超过照顾自己的孩子。历史学家凯瑟琳·麦克都诺（Katharine Mac Donogh）在她的书《王的猫和狗》（*Reigning Cats and Dogs*）中解释了这种现象。

大多数储君从出生就有宠物伴随长大，在拥有特权却孤独的童年，他们与宠物终身牵绊。宠物有助于减少公务压力和填补心灵空虚，它们默默对充斥着礼仪和礼节的宫廷生活的倦怠和做作予以回击。

对人类来说，特别是对妇女，宠物经常充当孩子的角色，接受来自人类类似父母的感情，无视生物学上的区别。宠物不仅被人性化，它们甚至优于人。

鉴于贵族对宠物的喜爱，狗出现在文艺复兴时期的艺术品中，就像以前出现在罗马、埃及的艺术品中。文艺复兴时期后期，社会精英们如此重视他们的宠物，以至于狗和猫经常坐在那里，供人为它们画肖像画（因此也给我们提供了一个途径来识别当时的犬种）。

意大利的公爵家族尤其喜欢狗肖像，许多意大利优秀的肖像艺术家因画这些家族宠物而赚得盆满钵满。侯爵弗朗西斯科·贡扎加（Francesco Gonzaga）就委托艺术家弗朗西斯科·邦斯诺（Francisco Bonsignori）里作了一幅画。据说这幅画栩栩如生，甚至侯爵的一只狗竟想袭击它。

启蒙运动时代和后来的工业革命带来了经济和政治上的变化，破坏了皇家权威，贵族们也松开了用宝石装饰的"拴狗"皮带。对贵族养尊处优的宠物的怨恨在法国越来越强烈。尤其是在1770年，法国王室大臣们对养狗征收重税——当然不是对社会精英，而是对平民。

在法国大革命期间，人们积压了几个世纪的对不公的怒火终于爆发了。随着君主和贵族的失势，他们高贵血统的狗的生活就变得岌岌可危了。1793年，革命者逮捕王后玛丽·安托瓦内特，并将她投入监狱，而她忠实的狗"提斯柏"（Thisbe），跟着她一起上了断头台。

王后头颅落地——片刻死寂，然后是狗痛苦的号叫。瞬间,一个士兵用刺刀刺穿它心脏。"就这样死去,以悼念你的贵族吧。"他喊道。确实是哀悼贵族之死。

法国大革命之后,君主们害怕掉脑袋,于是开始实行社会改革。残存的最后一点封建制度和君主专制政体崩溃,曾历经了几个世纪的狩猎和捕鱼条例也瓦解了。限制养狗并征税的法令也被谨慎撤回,至少不再执行了。

皇家狗饲养员没有将品相较差的狗一刀结果或乱棍打死,而是将城堡里的小狗走私出去卖给平民,这已是司空见惯。随着革命的进行,高级的狗最终得以面世,并可在公共场合交易。

到18世纪后期,血统高贵的狗在农村变得越来越普遍。特别是在平民的价值观中,灰猎犬长期以来被认为是贵族权力的缩影。曾经在皇家犬舍过着养尊处优生活的猎犬,最终有一些会无可奈何地被拴在村民的庭院中。狩猎犬因适合围绕在人脚边,也很受欢迎,因为只有富人能买得起马。据说法国人还为此培育了行动缓慢的短腿猎犬。在城市里,那些负担得起的人开始养狗当宠物,这是新奇现象。

维多利亚女王时代,工业革命和大英帝国的全球扩张为非贵族出身的商人、工厂老板和高级军官带来了财富。维多利亚女王对狗的兴趣与他们的社会抱负契合,引发了对"纯种"宠物的需求。身边带着这些狗,那些不能声称自己拥有高贵血统的人,至少可以通过让别人认出他们的狗而感到骄傲。

现在的任何讨论中,狗的话题无处不在,"纯种"意味着各种狗("品种")具有独特的、易于识别的特点,可使自己区别于其他,比如拥有魁梧体格和双下巴,脸部仿佛被推平的英国国家的象征——英国斗牛犬。育种者通过一代又一代选择育种取得这些特征，几乎完全排斥与其他品种的杂交。（在对这类狗的初代记录中，它们被称为"有血统来源的纯种"。）

纯种的做法（抛开这个词组本身不谈）源自一位名叫罗伯特·贝克韦尔（Robert Bakewell）的英国乡绅。他1725年生于英格兰莱斯特，继承了家族在迪什利附近的地产，此地距伦敦约160公里。他年轻时，进行了许多长途跋涉的骑马旅行，为了寻找高品质的动物养在自己的农场。

贝克韦尔年轻时，"牲畜王国"是一个本地物种和难以归类物种的聚集地，田野中进行的都是杂交繁育。牛主要养来产奶，羊用于产羊毛，而肉类则是动物们完成主要功能后的最终产品。然而贝克韦尔在运往伦敦人的餐桌的大量肉类家畜中看到了未来。在他的旅程中，他找到自己的目标并买下动物。

多年来，贝克韦尔将获得的各种动物融合在一起，仔细培育那些他喜欢的高大肥美的动物，创造出货箱肉类供给者——莱斯特长角牛和莱斯特羊，还有黑色夏尔驮马的先祖。贝克韦尔明白特征往往会在家庭中持续，这也就是为什么兄弟姐妹，甚至表兄弟常常看起来很相像的原因。

在家养动物中也是如此，所以贝克韦尔用自己的实践去繁殖关系密切的个体（雄性与雌性后代，雄性同胞和雌性同胞，等等）来达到一致性。他细致地计算了结果，只繁殖那些被证明后代是大型肉类供给者的动物。

贝克韦尔非常成功，据说他养出来的产羊毛的羊，胖得横竖一样长。一度因为母羊的腿变得太短，导致小羊无法吃奶，这才使他转变了繁殖实验的过程。他具有营销天赋，称他的羊为"机器……将牧草转化为金钱"。短期内，莱斯特羊就取代了米德兰县的其他品种，贝克韦尔的生意又使他能够买回最好的动物后代用于繁殖。

随着18世纪的进程，育种者意识到并开始使用贝克韦尔那几乎是奇迹般的公式方法来提高产量。在18—19世纪初，英国公牛在被宰杀时的体重从只有370磅上升到840磅。和他农场里的肥胖家畜一样，贝克韦尔的选育方法传播得更广泛了。

贝克韦尔的动物成为了查尔斯·达尔文这样的知识分子好奇的对象，因为它们巧妙地展示了一个物种能够多么迅速地在几代之间就发生变化，增大到与其他同类产生较大的差距。甚至国王乔治三世也注意到了贝克韦尔的创新，在一次询问关于"在牲畜育种方面的新发现"时，尊称他为"魔法师"。

狗的世界慢慢浮现在贝克韦尔的脑海。在19世纪的前20年，人们大体上仍不是根据品种来将狗分类，而是根据目的来分类——辅助犬、猎犬或者凶猛的狗、屠夫的狗和有害的狗。捕猎狐狸的狗自然会被称为猎狐犬，来自苏格兰边境的牧羊犬就是边境牧羊犬。

除了贵族，繁育狗的人都丝毫不关心狗血统的纯洁性。他们只根据人类需要，以更好地执行任务为目的让狗交配。但随着19世纪的进程，贝克韦尔的高效选择性育种技术，再结合宠物狗，就成了品种统一的新黄金标准。

所谓对赛犬的"改良"，最开始的出发点是好的。当然，当时许多工作犬和猎狗成为可怜的范例，它们可能因罗圈腿和佝偻背而无法工作。除了改善明显的身体弱点，育种者越来越痴迷于狗的外观，这才是赛场真正关心的，因为未来的宠物主人根本不在意狗是不是能跟着骑马打猎，是不是能在山上放牧绵羊，或者是不是能在田野里狩猎鸟类。

到19世纪中叶，繁育狗的人申请将本来用于使羊更丰满、牛更壮硕的方法原则同样用于狗身上。然而，他们的目标几乎都是纯粹为了审美。例如，英格兰的巴塞特猎犬育种者试图让他们的狗增重，使放牧狗（粗毛牧羊犬）的鼻子变长，以及开发各种有独特颜色和皮毛的猎犬品种。这些变化并没有使狗拥有更多的功能，事实上，还使一些品种偏离了培养的初衷。但他们完成了一件事情：让狗变得独特，易区分，令人想要豢养。

"大部分品种……"作家金·凯文写道，"就像今天路易威登的围巾、周仰杰（Jimmy Choo）的鞋子或者芬迪的小手包一样，在视觉上彰显一个人的经济地位。"

因为狗成了身份的象征，品种连带着背后的故事比如悠久的历史或与贵族攀上关系，就会备受追捧，其中包括贵宾犬、博美犬、西班牙猎犬和具异国情调的品种如日本狆，这是由丹麦公主亚历山德拉推广的品种，公主曾嫁给英格兰的爱德华王子，并从英国皇室收到这么一只小狗。

公众像看待皇室一样看待纯种狗：精致、优雅、品行端庄。《我们的家养动物》（*Our Domesticated Animals*）的作者查尔斯·博克特（Charles Burkett）在书中承认这些贵族狗"很可能是近亲繁殖的产物"，但是"一条狗不能没有高贵的血统。我们给'街头混混'进行洗礼"。

中产阶级有着上流社会的志向，狗主人们张口闭口都是"纯种狗"。作为维多利亚时代的记者，戈登·斯特堡（Gordon Stables）指出："没人能忍受脚边围绕着一条杂种狗。"

查尔斯·达尔文富有的表弟——弗朗西斯·高尔顿（Francis Galton）爵士，用品种纯度的概念推导出一个符合逻辑但是非常黑暗的结论。我们既然可以按照想要的行为和外表来饲养家畜，那我们为什么不在自己身上做同样的事？

高尔顿的文章推出了一个社会哲学概念，被称为"优生"，基于的原则是社会有道德义务去鼓励培育优良品种，消除不受欢迎的特征，比如习惯性犯罪或精神疾病。最终，优生学在纳粹政府灭绝犹太人、波兰人、吉卜赛人和同性恋者的大屠杀中扮演了一个角色。

在狗的世界里，渴望"品种纯粹"导致品种协会、品种书籍、品种谱系的诞生。负责留存记录的俱乐部开始拒绝注册混血犬。这导致了基因库的封闭，成为当时对遗传问题知之甚少的前兆。

在动物育种界，对有备案的血统的需求上升最早出现在纯种赛马行业。1791年，不列颠的赛马团体发生了一桩丑闻。缺德的马主人篡改竞赛的参赛马匹，从而操纵博彩系统。为重树威信，詹姆斯·威泽比（James Weatherby）得到不列颠赛马会的允许，开始编纂一本公共的"血统证书"，以追溯祖先来帮助识别赛马。

在19世纪早期，许多牲畜团体采用了血统证书和群体证书。被证明的血统增加了动物的附加值，尤其是其出身追溯到比赛和选秀冠军时。这不是巧合，1826年，约翰·伯克（John Burke）开始出版《伯克的贵族》（*Burke's Peerage*）一书，该书追踪了英格兰贵族的祖先背景——这在本质上创建了英国上层阶级的血统证书。

赛马行业改革、创建了马的注册表，近80年后，维多利亚时代的犬赛界经历了自己的腐败丑闻。为了尊严和奖金，赛犬主人开始用巧妙的方法欺骗裁判；并运用染色、剪毛，甚至是整容术的手段如修剪狗的耳朵来欺骗工作人员。也有人为了获得裁判的支持贿赂裁判。

竞争对手绝不会不屑于蓄意算计同行。已经确定的竞争对手，可能会趁无人看守时，带着剪刀去弄坏对方狗的外套，或毁掉它的蓝丝带。参赛者中散播着谣言，说有人毒害别人的狗。在赛场，参赛者都把狗笼门锁起来，以防狗被偷窃。

另一个诡计是在前几次比赛中将一只劣质狗放在一个获得裁判认可的位置上。通过这种方式，在同一个周末，饱受赞扬的狗就可以奇迹般地出现在相隔很远的两个赛场上。甚至最好的育种者也出售劣质狗，并声称它们是冠军戒指获得者，一边以此抬高价格，一边令真正的赢家在狗场中继续育种。

就纽卡斯尔举办第一次现代犬赛之后十几年，匮乏的运动精神和腐败的作风危及这个传统。因此，在1873年，一群杰出的养狗人在伦敦会晤，商讨未来的犬赛。他们的目标是创立一个组织，为犬赛和养犬实验建立公平的规则，并关注为了动物的福祉，在既定规则下举办清廉的赛事。他们将该组织简称为"养犬俱乐部"。

不出一年，不列颠养犬俱乐部创建了血统证书，来记录比赛冠军的表现，并给狗注册，以便正确地识别它们。很快，任何希望吸引大量参赛者的选秀都不得不采用养犬俱乐部的规则，且必须雇该俱乐部的裁判。同时要求参赛者只能展示纯种狗。十年内，养犬俱乐部重拳打击了维多利亚时代在英格兰建立的犬赛界，由此产生的血统记录巩固了注册纯种狗的想法。

创立养犬俱乐部的绅士们并不知道他们将对狗的世界产生什么样的影响。在欧洲，横跨大英帝国，养犬俱乐部像罂粟一样在各处传播。为了参与其中，爱好者们成立了专门的俱乐部来支持他们的繁育兴趣，以及登记他们的狗。然后，俱乐部申请加入国家养犬俱乐部，或促使国家养犬俱乐部成立。

英格兰的狗控制了局面。1900年之前，在欧洲、加拿大和美国，几乎所有在养犬俱乐部的选秀中被展出的狗，要么是从英国进口的，要么就是英国狗的后代。尽管各国都有进展，但英格兰仍然在创建和推进本国犬品种方面起着带头作用。

在短短50年的时间里，长期存在的各种各样的不列颠本土犬和工作类犬都由不列颠的育种者挑选出来，并流水线般被培育成单一的品种，如古代牧羊犬、粗毛牧羊犬和牛头犬。新品种是由现有的品种杂交形成的新的混合体，如惠比特犬，是灵缇犬的缩小版，来自与之亲缘较远的英国白梗的杂交。

在跨入20世纪之前的几年里，英国人出口了成千上万的纯种梗、西班牙猎犬、狩望犬、塞特犬、柯利牧羊犬、柯基犬、灵缇犬、惠比特犬等品种。与此同时，不列颠军队和政府官员驻扎在距离帝国遥远的国家，也在寻找新的品种来开发和利用。

英国人从各地本地品种和定义松散的品种中挑选狗，回到英格兰，遵循贝克韦尔建立的规则进行选择育种程序。他们给每个"发现的"品种正式命名，并创建书面描述，以便读者判断狗的品种，并向公众出售"改进"品种，价格远高于本土犬。他们甚至将它们出口到原来的国家，这里的人们为这些曾在自己后院生活的动物的改进版花掉更多的钱。

不列颠人从东亚带走了松狮、中国冠毛犬、哈巴狗、京巴、日本狆和沙皮犬；从非洲带走了巴仙吉犬；从中东带走了阿富汗犬、萨路基犬和迦南犬；从马耳他带走了法老王猎犬；仅从中国西藏就带走了藏獒、西藏猎犬、西藏梗、拉萨犬和西施犬。

培育是通过颜色、皮毛、身材或其他标准，从相似类型里分离出个体而形成新品种，这与格雷戈·孟德尔（Gregor Mendel）神父的方法有异曲同工之处。他通过对不同高度、种子颜色和豆荚形状来进行选择性繁殖，从而分离出不同种类的豌豆类植物。这种做法的实例就是得到了各种塞特犬品种，包括英格兰塞特、爱尔兰塞特、戈登塞特和爱尔兰红白相间塞特。另一个例子是贵宾犬，育种者将其分为玩具贵宾、迷你贵宾和标准贵宾。

养狗迷们也在复兴古老的品种，比如前文常述及的京巴犬，在

1860年第二次鸦片战争时几乎消失。侵略者掠夺圆明园时,他们在皇帝的住处发现了五只小小的"北京狮子狗"。他们非常着迷,于是把这些小东西带回了英格兰。维多利亚女王得到了一只,取名"路提"(Lootie)。至于那些留在中国的京巴犬,由于它们的皇家主人担心它们会流落民间,便将它们全部杀掉。所以,京巴犬现在仍然存在,很大程度上要感谢被偷渡到英格兰的那五只先祖。

随着英格兰树立了榜样,其他西方国家紧随其后,选择性培育本地品种和地区已有的猎犬、牧羊犬和实用型犬,使它们成为登记在册的特有标准品种。比利时、法国、德国、奥地利和荷兰特别活跃,还联合起来对抗英格兰犬类贸易的垄断地位。此举在今天被称为"树立品牌"。饲养者开始使用原产地来命名品种,如德国牧羊犬、比利时特佛伦犬、瑞士山地犬、阿富汗猎犬和瑞典牧羊犬。

今天,可识别的犬种中大约70%的狗,其品种名字涉及它们大概起源的国家、地区或城镇。在这些作为"自然"品种而进化的本地物种中,许多都被当地居民用于放牧、打猎、保护财产,或其他目的。在有限的地理区域里特别兴旺的品种,执行的任务通常由它们的身体和行为决定。养狗迷们将它们掳走,给它们取名字、创建品种俱乐部、注册和记录。

在大洋另一边,由于内战的干扰,美国佬对犬赛的兴趣滞后于英国人。但是战争一结束,美国人就以极大的热情拥抱养狗迷们。根据某些记载,1877年威斯敏斯特养犬俱乐部举行了该俱乐部的第一次犬赛,成为美国历史上第二古老的年度体育赛事,仅次于肯塔基赛马会。

就像在英格兰,首次威斯敏斯特犬赛以猎人们的塞特犬和狩望犬为特色。早期奖品是珍珠手柄的手枪,对猎鸟的猎人和在野外用小猎狗打猎的猎人极具吸引力。吉尔摩花园（不久之后更名为"麦迪逊广场花园"）举办的犬赛，吸引了1200只狗参赛，赛程从三天延长到四天，足以证明该活动的受欢迎程度。

在美国，由于与打猎息息相关，犬赛开始成为名流的事务。美国最显赫的家庭均在庄园里建有犬舍，他们的饲养员努力创造一流的狗。在19世纪晚期和20世纪早期的赛犬名录中充斥着美国最杰出家庭的名号，包括阿斯特家族、洛克菲勒家族、摩根家族、惠特尼家族、贝尔蒙特家族和古尔兹家族。

北美庞大的市场，意味着英国出口冠军血统的狗就可以挣到可观的利润。在某些情况下，小财富易手。例如，作家马克·德尔（Mark Derr）在他的著作《一只狗的美国历史》（*A Dog's History of America*）中指出，在20世纪，"最理想的纯种狗经常从1000美元开始起价，一路飙升至5000美元"。诸如此类的信息帮助我们判断美国人在此项事务上愿意花费的金额，做个对比——亨利·福特的T型车首次于1909年亮相时，售价为825美元。

1906年，富有的金融家摩根（J. P. Morgan）与塞缪尔·伍特迈尔（Samuel Utermyer）之间掀起了一场竞购战，竞标的是一只备受瞩目的粗毛牧羊犬，名叫"特莱顿的乡绅"。最终，伍特迈尔花费6500美元竞得。1908年，加州人威廉·埃勒里（William Ellery）花1万美元购得著名的牧羊犬"安菲尔德模特"——大约相当于今天的23.9万美元。

维多利亚时代的犬赛氛围对狗产生了持久的影响。养犬俱乐部的形成开始于1873年，制造与父母极为相似的后代、培育纯种的欲望愈演愈烈，导致纯种狗的生产保持在封闭的基因库内。这种做法导致的健康问题困扰着犬类，就像当年受困扰的皇家血统。

犬赛时代代表了养狗界历史上一个重大的转折点。今天存在的大多数品种在罗马时期就已经被定义。但实际的育种具有独特的、确切的可复制的特点，这大大超越了古人。

约什·迪恩（Josh Dean）在《赛犬》（*Show Dog*）一书中，引用了一个常见的说法，今天存在的400个左右的品种，多数是在过去两百年里由人类制造出来的。犬类品种爆炸式的发展发生在维多利亚时代，加州大学洛杉矶分校的罗伯特·韦恩博士称这个时代为"新奇的时代"，他估计"70%—80%的现代品种出生在这段'阳伞与圆顶礼帽'时期"。

自从在纽卡斯尔举办了第一次犬赛，维多利亚时代的人们就永远改变了繁育犬类的游戏规则。他们所建立的已不再是简单的让品种好的狗生出同样品种好的狗，或为一个特定的任务或目的而培育品种。现在，一只狗的双亲必须具有无可争辩的纯种血统，而且其后代经评判要符合品种标准。品种注册时，血统谱系必须被记录在册，最好不要存在甚至禁止双亲血缘关系太远的情况。

无论怎样，19世纪维多利亚时代对狗的追捧以及对狗的血统的看重，导致纯种狗继续影响着犬类，就这样进入了21世纪。

第五章

新品种的诞生

> 如果一个人最好的朋友是他的狗,那这只狗肯定有问题。
>
> ——作家爱德华·艾比(Edward Abbey)

我的狗昂达,枕在我脚上休息。我咔嗒咔嗒敲着键盘时,它就睡在野营车里我的写字台下面。当我起身去某处,它就醒来跟着我。这种黏人的特性在澳大利亚牧羊犬身上很常见,该品种的爱好者经常将它们称为"魔术贴"。

澳牧(澳大利亚牧羊犬的简称)提供了一个很好的例子,说明狗是怎样变成若干品种,品种识别又是如何影响它们的,是好影响还是坏影响。我参与繁育三十年,见证了这种变化。

我第一次看到澳牧,要追溯到20世纪70年代末,当时我与父亲在加利福尼亚州拉霍亚温丹西海滩（Windansea Beach）。两只，有时是三只中型短尾狗懒洋洋地躺在海滩上，等待主人划到岸边。我对它们大理石般的毛皮颜色极为好奇——黑色、蓝灰色、白色和金黄色毛卷曲夹杂在一起。每只狗都像是定做的，仿佛颜色鲜艳的冲浪板。

我们猜测，有位冲浪者饲养了这些狗，并在组织紧密的冲浪团体内部出售。（一个犬种的声望往往像波浪一样在志同道合的人群中传播。）我和我爸不知道这些狗在将来会是很稀罕的品种，称它为"蓝色冲浪犬"。

事实证明，名称混乱一直与品种相伴。首先，澳大利亚牧羊犬并非源自澳大利亚。事实上，它们的祖先是被西班牙比利牛斯山脉的巴斯克人开发的本地牧羊犬。小小的短尾狗陪着主人在世界各地，放牧毛质优良的美利奴羊。

在进入20世纪之前，美利奴羊开始被大量运抵美国西部。因为没有人说与其他语言均无关联的巴斯克语，又由于这些羊主要来自澳大利亚，所以美国人就认为这些狗也来自澳大利亚。

1986年我在科罗拉多州一个26平方公里的马场工作时，得到了第一只澳牧。当时有两只澳牧，一只叫"超级汉克"，另一只叫"蹦蹦跳"，它们都曾在接飞盘比赛中得过冠军。我的狗，我给它起名"霍比"（Hobie），致敬冲浪传奇和造船家霍比·阿尔特（Hobie Alter），它对接飞盘和召回牛马一样擅长。

一天，我们去了位于科罗拉多斯普林斯的美国空军学院，参加自由接飞盘比赛，最终获得亚军。后来，当我们在草地上庆祝时，一位二十多岁的金发女郎走了过来。她带着自信，那微笑简直可以做牙膏代言人。

"打扰了，"她说着，送上了祝贺，"我很想知道你的狗是什么血统。"

"不知道，"我回答道，"它没有登记在册。但我认为它有一半哈特纳格尔犬的血统。"

"嗯，我是正宗的哈特纳格尔家成员。我叫卡罗尔·安·哈特纳格尔。"

我以为我遇到了皇室成员。没有一个家族能像科罗拉多州博尔德的哈特纳格尔家族那样，在早期促进澳大利亚牧羊犬的繁育上扮演着重要的角色。卡罗尔的父母在建立该品种的官方注册中心——美国澳大利亚牧羊犬俱乐部方面发挥了重要作用，而她的姐姐珍妮·乔伊（Jeanne Joy），写了一本关于该品种的书，被称为《澳牧大全》（*All About Aussies*）。在农场小屋里，我有一册翻旧了的影印本。

根据美国养犬俱乐部（AKC）的统计，今天，澳大利亚牧羊犬已跻身美国20个受欢迎的品种之列。它也是该俱乐部最受欢迎的参选狗，参赛的狗最多，参赛的人也最多。他们很大程度上都要感谢哈特纳格尔家族。

家族长子欧内斯特·哈特纳格尔从第二次世界大战的太平洋战场复员时，他发现，父亲去世，自己必须赡养母亲、抚养两个弟弟和一个妹妹。除了经营家庭农场，他还在他叔叔位于戈尔岭（Gore Range）的牧牛场帮忙。戈尔岭在陡峭的斜坡上，后来成为维尔冬季度假胜地。

当夏季来临时，欧尼（欧内斯特的昵称）带一匹马和三只牧羊犬，就可以将牛群赶下山谷放牧。下午，它们会攀爬回海拔1066米的高处，也就是现在的黑钻石滑雪场所在地。天气很热，牛群犹豫不前，两只苏格兰边境牧羊犬有时就会工作。其中一只叫"漫游者"（Rover，可不是我编造的名字），会吠叫着，在牛蹄边咬，把牛群赶上山又赶下山。欧尼很欣赏这只狗的耐力和毅力。

第五章 新品种的诞生

进入冬季,像哈特纳格尔家这样的牧场家庭,就会期待国家西部牲畜赛和牛仔竞技会——丹佛的年度牲畜盛会。会上的常设表演是爱达荷州一个名叫杰伊·西斯勒的牛仔和他的狗——"矮子""奎尼""烟蒂"完成的。欧尼十分惊讶且饶有兴趣地看着狗用后腿跳舞、用前腿走路、相互跃过、爬上梯子、玩跷跷板,甚至与杰伊跳绳。最后,杰伊让矮子、烟蒂坐在一个扫帚把儿的两端,然后他将棍子叼住,两只狗在两端保持平衡。观众都为之疯狂。

欧尼不知道那是什么狗,但它们看起来和漫游者很像。当欧尼与杰伊熟悉起来,杰伊告诉他,这种狗被称为澳大利亚牧羊犬。

"我以前从未听说过这个名字,但我决定要弄几只!"欧尼说。

赛后不久,欧尼在艾德熊"乐啤露"啤酒(A&W Root Beer Stand)摊儿与一个漂亮的女服务员一见钟情。她叫伊莱恩·吉布森,在怀俄明州的一个农场长大。巧的是,她的家族从20世纪20年代就已经拥有澳大利亚牧羊犬了,他们称之为"截尾牧羊犬"。

1953年,这对夫妇得到了第一只澳牧,取名"狙击手"。因为与这只狗相处得很融洽,于是他们去搜寻更多这样的狗。西斯勒没有狗可出售,他们就与科罗拉多州莱克伍德一个名为胡安妮塔·伊利——在此方面十分知名的寡妇联系。这位牧场女人从爱达荷州巴斯克牧羊人那里得到几只狗。

伊利卖给他们的狗——"古蒂"和"巴哲",就是所谓的"基础畜群",为哈特纳格尔家族建于1955年的拉斯罗卡萨澳大利亚牧羊犬基地(Las Rocosa Australian Shepherds)奠定了基础。抚养狗幼崽的同时,哈特纳格尔夫妇也一连串生了五个孩子——珍妮·乔伊、克里斯汀、约瑟夫、吉姆,以及最年幼的卡罗尔·安。

如果澳牧有官方诞生纪念日,那一定是1957年的5月5日。这一天,伊利和七个爱好者聚集在亚利桑那州的图森,建立了美国澳大利亚牧羊犬俱乐部（ASCA）。伊利在饲养牲畜方面是个精明的女人，她知道注册谱系（狗界的文凭）将给她的狗增值，所以她和羽翼未丰的俱乐部对国家畜狗品种注册中心做了工作，将澳牧添进了注册表中。

这个俱乐部是家族式的，并且是友好的，组织的比赛也不像个正式的美国犬赛，倒更像周日野餐。人们经常戴着牛仔帽穿着靴子进入赛场。

虽然澳牧在品种注册表中上升缓慢，但西斯勒的狗表演，再加上他的澳牧在几个迪士尼短片中出镜，引发了畜牧场主和骑手们对澳牧的兴趣。他们中的许多人来到丹佛看比赛，从哈特纳格尔家族、伊利家族、牛仔竞技表演指导者弗莱彻·伍德（Fletcher Wood），或者从科罗拉多其他几位育种者那里带走小狗崽。

其中最主要的一位是丹佛的兽医威尔顿·赫德（Weldon Heard）。伊利、伍德、哈特纳格尔家族致力于为农场的艰苦工作培养狗；赫德追求不同理想，即基于身材和外表——这些品质为他的"弗林特里奇"（Flintridge）一脉的狗在比赛上取得了一次又一次成功。

1969年，一个名叫菲利普·威尔德哈根（Philip Wildhagen）的加利福尼亚人来到科罗拉多，从赫德那里买了一只狗，借欧尼的小货车去取狗。"弗林特里奇的奇迹"，就像威尔德哈根给它起的这个名字一样，是一只华丽的大理石色狗，围着非常洁白的号码布，完美体现它主人的野心。

威尔德哈根在西海岸到处显摆他的狗，"荷兰人"成为美国澳牧俱乐部史上的首位冠军。将"奇迹"和他的另一只澳牧"蓟"交配，实现育种者所谓的"黄金混血"，也意味着其后代将保持优良品质。很快，西海岸的育种者开始用弗林特里奇的狗那身材娇小、更具吸引力的后代取代他们原本硕大、粗犷的澳牧。

1973年，威尔德哈根搬回东部，那是个几乎没人知道澳牧的地区，他从那里开始激发人们对这种狗的热情。与此同时，哈特纳格尔的一些狗入了玛莎葡萄园育种者的法眼，小狗们被依次安排进了肯尼迪家族。

"这让菲尔（威尔德哈根）极为嫉妒。"珍妮·乔伊回忆道。

但是，通过推广，来自赫德博士的弗林特里奇狗舍的威尔德哈根的狗，对两岸的品种都产生了巨大影响。

"至于所有的基础血统，"欧尼在与女儿卡罗尔·安（Carol Ann）合著的《澳大利亚牧羊犬大全》（*The Total Australian Shepherd*）一书中写道，"弗林特里奇的生产线展示了它对现代澳大利亚牧羊犬的最大影响。"

威尔德哈根的"奇迹"是在美国澳牧俱乐部的过渡期来到这儿的。20世纪70年代初的一次领导危机几乎瓦解了该俱乐部。欧尼介入并掌舵时，他发现美国澳牧俱乐部的财政收入仅有15美元。在哈特纳格尔家族的带领下，美国澳牧俱乐部发起了一个更加强劲的活动计划，给人们更多的机会去展示他们的狗。同时做出决定，近20年来协会里标准模糊的品种都需要改造。1975年，美国澳牧俱乐部董事会选举由欧尼和伊莱恩领导的科罗拉多分会主持此项工作，他们的五个孩子进行协助。

这个过程具有争议。由于裁判在比赛中用固定的品种标准去评估狗，如果你的目标是取胜，你就得游说出一个标准，刚好符合你们家狗舍出品的狗。基于这种利害关系，每个人都想左右新标准来支持自己家的狗。"辩论变得白热化，"珍妮·乔伊回忆道，"在一次会议上，有位女士想给妈妈使绊子。然后，她和妈妈开始互殴！人们太冲动了……！谁都想说了算。"

值得称赞的是，该委员会做出一切努力，让这一过程尽量公平，并以客观的眼光评估动作、气质、身材和外表。他们的工作包括测量全国数以百计的狗的身高。库尔斯酿造公司将统计数据编成一个钟形曲线的图表，大部分数据落在40厘米（雌性）和58厘米（雄性）这一区间。

"这就是我们在尺寸范围上如何获得标准的方式，"珍妮·乔伊说，她已经被公认为是品种方面最权威的历史学家，"这不是任意得出的结论。"

有一个辩论主题围绕的是皮毛的颜色。有些人认为，红色皮毛的澳牧，也就是著名的哈特纳格尔家的澳牧，并非传统品种。但欧尼反驳说，颜色对工作能力没有影响。他坚持自己的路。今天，大多数红色澳牧的祖先都可追溯到哈特纳格尔家族澳牧的血统。

经过两年的争论和改进，全体成员通过了新标准。俱乐部庆祝成立20周年时，3000只狗出现在注册目录中。但在欧内斯特·哈特纳格尔和其他许多人脑子里，有一件事很重要，那就是美国养犬俱乐部的认可。在他们的思维方式里，如果美国养犬俱乐部不承认，那么这个品种就不成立。

作为澳牧俱乐部的主席，1976年欧尼写信给美国养犬俱乐部，让他们知道澳大利亚牧羊犬的存在，并请求将它添加到美国养犬俱乐部的血统证书中。但他得到的回复是一个礼貌的"不"字，原因是狗的数量不够。在章程中并没有指定必须要有多少狗才可以被识别为一个品种，但美国养犬俱乐部的某些人估计，澳牧俱乐部拥有的狗数量不够。

几年后，当注册数量已经超过5000只时，澳牧俱乐部再次尝试申请，又遭拒绝。这样赤裸裸的鄙视令成员们十分气愤。许多人直接说："美国养犬俱乐部去死吧！"

1984年，澳牧俱乐部执行委员会在拉斯维加斯召开会议。提上议事日程的问题是俱乐部是否应该第三次申请美国养犬俱乐部的认可。双方进行了激烈的争论，最后，大多数人投了反对票。但会后讨论仍在继续，再次进行尝试似乎是势在必行了。他们考虑到澳牧日益增长的数量，觉得美国养犬俱乐部一定会同意的。

但他们再没这个机会了。一个由十家育种者组成的组织因不满澳牧俱乐部的大部分决定，秘密组建了自己的俱乐部。他们都是不耐烦取得美国养犬俱乐部认可的参赛者，自立门户后就可以在有声望的所有品种展示中参与竞争，如在费城举办的国家犬赛，以及在曼哈顿举办的威斯敏斯特养犬俱乐部展。

他们自称是"美国澳大利亚牧羊犬协会"（USASA），制定了俱乐部的章程和品种标准，与澳牧俱乐部略有不同，更有利于"展示澳牧这种类型"。尽管注册的狗数量很少，但自立门户的USASA向美国养犬俱乐部提出了申请，并得到了认可。

那天晚上，澳牧俱乐部代理主席叫来常务执行秘书乔·金麦斯（Jo Kimes），恼火地说："我们失去了澳牧。"

"由于某种原因，他们打破了一百年的传统，"金麦斯说，"他们认为这对澳牧来说是最好的。"

还记得这件打脸事件的珍妮·乔伊直言不讳地讲了出来："这是一种背叛，很多人被激怒是情有可原的。可这些心怀鬼胎的人……想成为美国养犬俱乐部的一员。有些人甚至针对其他犬种。他们在乎的不是狗，而是自己的野心。"

在她看来，当美国澳牧协会选择重写澳牧俱乐部品种标准时，他们就创造了一个新的犬种。"用于比赛的澳大利亚牧羊犬与真正的工作澳牧相比，只是长了金毛而已。你不能按两种不同的标准去培育狗，又假装培育出来的狗都一样。"她告诉我。

在澳牧俱乐部，狗的工作能力一直是最重要的。像哈特纳格乐家族，可能会在早晨将一只狗放入羊群，然后下午刷掉它毛皮上的泥浆，带它去比赛。但是澳牧协会的成员对放牧这类"脏活"没有兴趣，他们想要精心梳妆打扮的澳牧去参加比赛，这样可以在有声望的所有品种展示会上与美国养犬俱乐部的狗正面对抗。

当赫德博士开始以柏拉图式的理想品种去饲养狗，在澳牧的"选秀类型"和"工作类型"之间形成了一个小裂纹。澳牧协会的创立和把品种验收进入美国养犬俱乐部，就像把一个楔子钉到了裂纹里。

"这是一个肮脏的秘密，人们不想分享。"克里斯汀·塔拉·霍洛维茨（Kristin Tara Horowitz）在她网站（theaustralianshepherd.net）上的一篇博客里这样说，"有两种类型的澳大利亚牧羊犬——有颜值的和有能力的。一般来说，两个品种不可混淆。"

今天，工作犬的支持者批评极端颜值选秀生产线出来的狗是有着沉重皮毛、沉重骨骼、大脑袋和松弛流口水的下颌的"伯恩山犬"——最糟的是，还不愿意放牧。赛犬育种者同样嘲笑工作类型的澳牧纤弱且颜值不稳定。

"美国养犬俱乐部的育种者为漂亮育种，而澳牧俱乐部为放牧育种，"劳里·汤普森（Laurie Thompson）说，她的狗"塔克"是2010年美国澳牧协会的"澳牧一号"，"看看那些放牧的狗，全都长得好丑。"

汤普森住在离西雅图不远的一个岛上，是典型的犬赛爱好者。一个中产阶级女人总是喜欢狗的，她看着威斯敏斯特犬赛长大，并想象自己带着一只漂亮的狗参赛。1980年，她开始带大白熊犬参赛，但后来觉得这狗实在是太大了，所以降级为德国牧羊犬，然后是澳牧。

在巴拉克·奥巴马就任总统期间,她得到了她的第一只澳大利亚牧羊犬。此时,少数专业经纪人对澳牧展现出一定的兴趣,这使得业余养狗者、驯犬人比如劳瑞成功的机会增大。

劳瑞带着她的第一只狗,一只"惠德比月光"犬,取名"塔克",开始了挑战。她说,"它是我一生中只拥有一次的狗"。那是一只英俊的黑地三色狗,看起来嘛,就像一只小型伯恩山犬。

塔克很快上升到第一名,成为澳牧协会2009年澳大利亚牧羊犬"一哥",并为劳瑞赢得了2010年威斯敏斯特犬赛的入场券。根据劳瑞的估计,她每年支出1万美元在报名费、住宿、机票和给狗打扮上,这些花费远超过塔克在美国养犬俱乐部四年职业生涯里所赚的5万美元。塔克在选秀比赛上的成功,最大的花销是广告宣传。

"是的,你必须做广告来影响裁判。"她坦率地告诉我,"我都没法告诉你,有多少次我在赛场边看到裁判在看(选秀杂志)广告。"

她还是占便宜了。就在劳瑞在纽约参赛的同年,《纽约时报》上刊登的一篇文章指出:"一流的活动每年的花费轻松超过30万美元,因为它需要时间来形成规模和认可,一个成熟的活动也就持续两到三年。"

劳瑞兴高采烈地谈到她的兴奋点——塔克成为美国养犬俱乐部十大顶尖澳牧之一,然后成为全国"一哥";受邀去威斯敏斯特,在著名的麦迪逊广场花园参赛;最重要的一天,是在西北太平洋的地区竞赛中,塔克击败了其他"精英"狗,赢得"最佳表现奖",这是选秀顶峰。

劳瑞说,这些成功抵消了竞争对手咄咄逼人的行为给她带来的不悦。

"当你到达顶峰时,人们开始变得嫉妒,谣言不胫而走。我被指控虐待塔克，因为它缺了牙，诸如此类，等等。只要你有一只狗赢了，那些人就说不出什么好话。不是所有人，但总有一些人如此，甚至我还当他们是朋友。"

为了赢得外观展示赛，她观察到，"你必须从一只出色的狗开始"。但是，正如任何演艺事业一样，才能在通往明星之路上只能带你走到这里了。

"我已经在这圈子混了五年。我明白了，不是狗的问题。你需要人脉，才能继续走下去。"她对我说。

美国养犬俱乐部的人，也是如此。劳瑞也参加澳牧俱乐部的选秀，但发现太"小集团"了。作为一个新人，她觉得裁判不给她和塔克公平的机会。我问劳瑞是否知道卡罗尔·安·哈特纳格尔——一位在澳牧俱乐部选秀中广受欢迎的育种者、裁判员。

"不大熟，"她说，"卡罗尔·哈特纳格尔在澳牧俱乐部的名单里，但……（她耸耸肩）在养犬俱乐部，没人知道她。"

当我把这个故事转述给卡罗尔时，她现在是一个国际数据存储公司的执行副总裁，她一笑置之。尽管脚踩高跟鞋，身着笔挺的西装，她仍然是一个和她培育的狗一样刚强的女牛仔。她决心为它们的未来发声。

尽管澳牧协会的背叛对她的家庭造成了影响，卡罗尔还是成为养犬俱乐部的放牧类裁判，目前作为比赛裁判来保持她的资格。她说她之所以这样做，"是因为这是我最能影响这个品种未来的方式"。

除了满世界当犬赛裁判，她还组织研讨会，向裁判们普及澳大利亚牧羊犬及其成为一种出色的工作犬的相关属性。她希望通过这种方式可以把在每一条选秀流水线上的每一个被主要注册登记处（如美国和英国养犬俱乐部）认证的品种从过度曝光中拉回来。

血统、纯种陷入危机，这已经不是什么秘密了，几乎每种狗都在受到一个或多个遗传病的折磨，受到一代又一代由维多利亚时代养犬俱乐部系统授权的封闭繁育池的结果的折磨，以及受到本末倒置的对狗的外表的追求的折磨。澳牧也不能幸免。

20世纪90年代，最富有和最成功的比赛用澳大利亚牧羊犬育种者之一，也是最初创立澳牧协会的十人成员之一，他拥有两只杰出的总冠军狗。事实证明，这两只狗所产生的后代，其中许多患有癫痫。在英格兰，这种影响尤其明显，两只狗的其中一只被送到这里，因为进口限制以及该品种相对较新，这使得育种者几乎没有种畜可供选择。

当品种内癫痫流行的消息在英国传开，最初反应是"不足为信"。根据夏普（C. A. Sharpe）所说，一位选秀参展商最终找到澳大利亚牧羊犬健康和遗传学研究所，在遗传健康问题方面通告并教育澳牧育种者，支持犬类癫痫的研究。

英国的主要选秀犬育种者采取了防守姿态，在谈到这些问题的时候诉诸威胁和沉默。但是有奉献精神的爱好者中有一个核心小组，成员聚集在一起，试图控制癫痫的传播。他们分享影响动物血统的信息，收集DNA样本进行研究，并引进"干净"血统的新品种。

海外育种者却丝毫不知情或不关心英国育种者的问题，直到1994年，一则悼念广告出现在澳牧俱乐部的《澳牧时代》（*The Aussie Times*）上。该广告由一张心爱的狗的照片以及它的生卒日期组成，还有一些通常不包含在里面的东西：死因、两代的血缘、狗的祖先以及与狗主人间的牵连。

"就像粪便碰到了循环冷却利用系统。"夏普回忆到。

相关人士愤怒了。育种者，特别是种狗主人，否认他们的狗受到影响，否认癫痫是病情发作的原因，还否认基因可能来自它们的血统。

"就像一支乐队继续演奏着自我毁灭的华尔兹……"夏普写道。后来的事情证明，我也成了一只受害狗的主人。在卡特里娜飓风之后，我决定收养一只洪水中的孤儿狗。我在收养网站（petfinder.com）上浏览，看到了一只迷人的雌性澳牧，名叫"科娜"，现在落基山脉的金毛巡回猎犬救援处。它需要一个和它原来在新奥尔良一样的家，我开车到科罗拉多州的救援处去见它。它的皮毛是美丽的云石色，眼睛是一只蓝色一只棕色的，这使得科娜在收养所一群金棕色的同类中是那么出众。它可人、活泼，简直完美。至少当时是这样的。

就在科娜跟我回家后的几周内，它的癫痫开始发作。它躺在地上，开始原地做奔跑状，嘴里流出的口水在地板上形成一摊黏稠的液体。它的身体剧烈抖动到房子都跟着颤，我在按住它以防它伤到自己的过程中必须小心避免它折断自己的牙齿。每次癫痫大发作结束后，科娜就会东倒西歪、跌跌撞撞地去喝干碗里的水。

我尽可能用最昂贵的药物去控制它的癫痫。一年后，我与科娜在墨西哥度假的时候，它又发作了。我驾船带它冲去见兽医，但癫痫仍在持续，医生也无能为力。一天内它发作了六次严重的癫痫，最后我决定放弃了。在我的道奇商务车里，一位兽医将一针戊巴妥注入科娜的背。第二天，我借了一把铁锹，在暴雨中将它埋葬。我泪如雨下。它是我毕生最爱的一只狗。

很难想象为什么那些自称爱狗的人会继续繁殖患有已知遗传疾病的狗，隐瞒事实，给狗带来无法言说的痛苦，令狗的主人心碎。然而，为期两年的犬赛工作让我学到的是，包括那些坏心眼的人在内，在他们看来，一条蓝丝带或一个威斯敏斯特头衔，都比狗的健康和福祉重要。获胜的欲望蒙蔽了双眼，他们使狗受到伤害。

2008年，英国广播公司（BBC）的纪录片《揭秘纯种狗》（*Pedigree Dogs Exposed*）像一颗重磅炸弹被投放到纯种狗的世界。这个长达一小时的纪录片讲述了严格限制繁殖品种导致的遗传疾病和福祉等相关问题，是如何影响了全世界数以百万计的纯种狗的。大部分问题的根源始于维多利亚时代的育种实践，包括以封闭式注册（已被确立品种以外的狗不被认可）和近亲繁殖的惯例来维持所需的生理特性和行为等笼统的"特征"。

除了带来疾病，如癫痫、罕见的癌症和先天性心脏病，过分选育也夸大了培养的功能；这种极端的做法导致众多品种几乎丧失了应有的功能。虽然很容易把责任归咎于所有品种的注册（比如养犬俱乐部），但这个问题实际的始作俑者是选秀比赛圈子中的裁判和致力于巴结他们的育种者。

2017年，威斯敏斯特犬赛给出了最高荣誉，将"最佳表现"头衔授予一只名叫"路摩"的狗（这是来自洛肯豪斯的总冠军路摩赢得的第五座奖杯），它是放牧组的一只德国牧羊犬。这是威斯敏斯特历史上该品种育种狗第二次赢得冠军，这也令美国养犬俱乐部第二大受欢迎品种的犬迷兴奋不已。

但是，即便从快到麦迪逊广场花园最高处、最便宜的座位那里看，都可轻易看出这个犬种有问题。

相比其他牧羊犬，德国牧羊犬参加选秀是一场灾难。胜任这份工作，一只牧羊犬需要平衡性、力量、运动能力和敏捷性。在威斯敏斯特，尽管澳牧、边牧和喜乐蒂牧羊犬可能无法媲美落基山罗孚所表现出来的不知疲倦的牧牛热情，但它们至少看起来可以胜任这项工作。路摩却不行。

在环绕舞台一周时，它的后骸骨（腿的下部，相当于我们的小腿）几乎擦着人造草皮，就像用膝盖走路一样。它的跨步很长，这样就不能避开致命的牛踢或公羊的头抵。它的背部呈现出一个严重倾斜的角度，仿佛一直在爬陡峭的山坡。

这种曾经受人赏识的工作用犬被世界各地的警察和军队利用，但在过去的几十年中，德国牧羊犬就已经获得了病恹恹和蠢笨笨的名声。即使在德国，警察已经用更健康、更聪明、更积极的马里努阿犬（Belgian malinois）代替了它们。而海豹突击队六队突袭本·拉登组织时，他们带的也是马里努阿犬。

尽管很受欢迎，但美国的德国牧羊犬是犬髋关节发育不良的典型，这是一种髋关节松散的遗传病。估计有五分之一的德国牧羊犬已经继承了这个痛苦的和潜在的致残性疾病。

但由于一些只发生在某些品种身上的原因，犬类中的选秀品种远比宠物品种的情况糟糕。典型的选秀牧羊犬（比如路摩），就像犬类世界的卡西莫多，它的背变形，像一个倒置的"U"。背臀呈现出这样一个极端的角度，使得典型的选秀型德国牧羊犬就好像睡莲上的一只蛙。

育种者选择这类狗的主要原因是强调品种出色的"飞速小跑"，几乎呈流线型移动。但是对德国牧羊犬这种步伐的极端追求培育出的狗行进不平稳，容易失去平衡。这是一个过失，违背了狗本身的意愿（放牧），及其作为警察和军队工作犬的目的，这么做只是为了取悦参展商、狗主人和裁判。

犬赛裁判经常说他们不是在评判一个选美比赛，而是要选出每个品种中最接近俱乐部书面标准的狗。但在现实世界中，美和极端经常赢得赛场上的胜利。路摩就是个很好的例子。

200个品种的3200只狗参与了2017年威斯敏斯特的竞选，路摩作为最严格符合品种标准的狗被评选为"最佳表演奖"。但看一看

第五章　新品种的诞生

德国牧羊犬标准即可知，路摩实际上与这个犬种的描述相去甚远，"肩胛骨间隆起的地方（肩膀）要高并倾斜着插入水平的背部（这是我强调的）"。

由于没有想象中的过渡，所以路摩的后背可以勉强算是水平。事实上，它倾斜得像一张被锯掉了两条腿的桌子。

2016年，一只备受折磨的德国牧羊犬在克鲁夫兹犬赛（Cruft's Dog Show）上成为争议的中心，那是与威斯敏斯特犬赛齐名的另一项赛事。德国牧羊犬组的胜者名叫克鲁格海莉·卡托利亚（Crughaire Catoria），在电视上出现时它正沿着赛场侧身行走，据《每日邮报》（The Daily Mail）报道，它斜背耸肩，"走起路来带着痛苦的表情"。克鲁夫兹的电视评论员克莱尔·鲍尔丁（Clare Balding）形容狗"明显不稳"，并补充，"它看起来不像一条健康、行动自若的狗"。

成百上千的观众写信给克鲁夫兹犬赛的导演，控诉其老板苏珊·卡斯伯特应该因虐待动物而被传讯。英国皇家防止虐待动物协会发表声明，声称他们"震惊且不寒而栗"。作为回应，赛事官员表示正在考虑在未来的比赛中不予接纳该品种。但是一旦媒体风暴过去了，克鲁夫兹犬赛又会迎回禁止的品种，而不会选择为规则变化做一分努力。

养犬俱乐部的秘书卡罗琳·奇斯科说："2016年调整了该品种标准，强调了德牧能够站得舒适、平稳、自由，且不需外力支撑的重要性。"

能够站住，似乎对任何犬种来说都是一个低标准要求，根本不是对在第二次世界大战期间因英勇表现而受到战争双方赞誉的犬种的要求。卡昂·艾利根斯在其网站"科学与狗"上写道："曾经有一段时间，德牧可以轻松翻越一座2.6米的高墙，然而那个时代已经一去不复返了。"

"德国牧羊犬是……这样一个品种,当人们谈论被毁掉的品种时会频繁提起它,也许因为它们曾经那么优秀。"艾利根斯说。他试图让人们了解犬赛过剩带来的负面影响。

用一个时下流行的网络图片故事,艾利根斯使用历届和当代犬赛冠军的图像来展示因裁判倾向于生理极端而导致许多现代选秀犬种发生突变的程度。犬赛的美学倾向导致饲养者将曾经身长适中的腊肠犬"拉伸"到了荒谬的程度,以至于它们现在正面临椎间盘疾病的高发病率。

哈巴狗、拳师狗和斗牛犬在过去的一个世纪里,脸部变得非常平坦,已经遇到呼吸困难的问题;由于担心它们的热应激反应会导致窒息,现在大多数航空公司禁止它们登机。圣伯纳犬,曾经多么高尚的工作犬,现在却变得毛茸茸的,皮肤松弛,身体沉重,已丧失专业技能;任何活动用力都会使它自身过热。

最后,艾利根斯将谴责放在裁判和饲养者面前,品种俱乐部也在以他们的方式修改标准,并在推进品种健康的行业内进行改善性引导。

"狗的品种改良并不是通过反复无常和任意决定其应该更短、更长、更平、更大、更小或更卷,而不管什么是更好而实现。使狗的一生处于痛苦之中却只是为了人们所谓的好看,这并不是一种进步,这是折磨。"他总结道。

具有讽刺意味的是,未来纯种狗健康的最大希望就在最初导致所有问题的育种者手中。养犬俱乐部已经醒悟,他们需要对注册的狗的长期健康负起更多责任。

很久以前,瑞典国家养犬俱乐部决定给注册的品种进行强制体检。在20世纪90年代早期,开始要求育种者对80个被臀部发育不良折磨的品种进行X射线扫描。有一套简单的"3分评估"系统，可以使育种者很容易做出繁育决定。如果一只狗得了2分，它就不能繁殖；得了1分的狗只能与一只得了0分的狗交配。这是该组织在为注册的狗做出质量保证方面迈出的第一步，从此，注册再不是纯粹的血统记录了。

更多的健康测试被纳入瑞典的现有系统，并为注册设立了条件。近亲繁殖成为一个得到更多关注的领域，瑞典人打造新的工具来帮助育种者更好地给狗配对，以鼓励产生健康的后代。它们的家谱数据库包含"近亲繁殖系数"，允许育种者计算一个理论上的"测试育种"，它可以显示出任意交配产生后代的关系密切程度。

瑞典人还阻止种系内高度繁殖的狗被带进这个国家并注册。他们在授予冠军的同时要求添加性情和行为测试，工作能力同样也可能被测试。例如，边境牧羊犬必须通过一个放牧的测试。减少审美潮流所导致的选秀过度，瑞典养犬俱乐部培养他们的裁判关注品种的健康，如果评判有失水准，会被作为国内丑闻记录而曝光。

为保护狗的买家，瑞典养犬俱乐部与政府合作，制定消费者保护法。如果头三年小狗的健康出现了问题，将由育种者承担经济责任。这一措施明显使流水线生产出无精打采小狗崽的育种者减少，他们现在如果要培育出没有预防措施的狗崽，比如在健康测试中查出品种内常见的疾病，那可要三思了。如果一个育种者大量培育劣质贵宾犬来赚钱度假，麻烦便会降临到他头上，不久他就会发现自己深陷客户拿来的兽医开销单之中。

美国养犬俱乐部意识到，对于狗的健康和福祉，需要更多的问责。面对针对纯种狗育种实践越来越多的批评以及注册人数的下降，该组织现在支持独立、自愿的国家认证，育种者们称其为"犬类保健认证"。

著名的普渡大学动物福利科学中心研发了一个程序，为培育动物的生理和行为健康设定了严格的标准。对狗来说，包括基本的预防保健和治疗、健康检查、基因检测。幼犬还必须进行适当的社会化和心理刺激，由此促进健康的神经和身体发育，以便在接受培训之前做好准备。

相关场所必须根据天气给繁育的狗和幼崽提供户外运动和室内保护，包括安全的地板材料、丰富的营养和许多其他条件。对看护人也有要求，包括在狗护理、遗传学、健康和福利、处理方面的继续教育，以及与客户的关系，如允许人们由于经济困难或由于脾性、健康问题而将狗送回。所有要求都经过第三方监督审核。

尽管美国养犬俱乐部在公众和媒体眼中名声不大好，但他们正朝着积极的方向改进。在美国，它是犬类健康研究最大的单一资金来源。他们为提高犬类放牧、飞球、敏捷、服从、跟踪等能力提供了许多活动项目，这样人们除了可以在选秀赛场牵着狗绕圈以外，还能和狗一起做更多的事情。他们为混血狗开设了许多活动项目。总之，他们意识到除了选秀娱乐更肩负着责任。

私人繁育俱乐部也起着关键作用。他们可以选择是在自己繁育的品种内部解决问题，还是把头埋在沙子里。大麦町犬（又叫达尔马提犬、斑点狗）的育种者提供了一个需要负责的好例子。几乎所有大麦町犬都遭受习惯性形成膀胱结石的折磨。基因致使该犬种的特征是带斑点的皮毛，但这也导致了高水平的尿酸晶体，该晶体可以合并形成结石，阻塞尿路，这是一个潜在的致命威胁。

1973年，印第安纳大学医学院遗传学家罗伯特·柴伯（Robert Schaible）开始用大麦町犬与英国斑点狗交配繁殖。然后，用其后代与其他大麦町犬繁育了一代又一代。15代后，美国养犬俱乐部允许有着更健康血统并保留斑点的大麦町犬进行注册。

新的遗传知识令数十个种类的狗燃起了恢复健康的希望。但品种俱乐部和国家养犬俱乐部必须有意愿去解决问题，从外部封闭基因库来提高整体基因健康是有必要的。

我自己的品种——澳牧，就是个有代表性的例子：人们如何采取积极措施来改善他们的狗。癫痫流行的20世纪90年代，关注个体的人群形成了独立的澳大利亚牧羊犬健康与遗传学研究所（ASHGI），为育种家和宠物买家提供信息，同时也为研究疾病（包括癫痫）的原因提供资金。

C. A. 夏普——澳牧健康与遗传学研究所的创立者之一——说狗在育种中存在的问题始于人性。

"人们往往并不从长远角度来考虑问题。他们脑子里只有下一窝狗，下一个蓝丝带。大多数人对自己的所作所为并不了解。而最成功的育种者会花很多心思去关注他们所做的一切，这是他们享受成功的原因。"她说。

卡罗尔·哈特纳格尔换了个表达方式："商业育种者只想着赚钱，选秀犬的饲养者只想着赢得丝带。而有些人，比如我的家人，则想成为我们繁育的犬种的管家。"

第六章

可怜的斗牛犬

对斗牛犬来说，唯一的危险是愚昧。

——斗牛犬T恤上的箴言

兰利，是位于华盛顿的村庄，几乎由古董店、精品店、食物精美的餐馆和销售太妃糖、T恤的旅游商店组成。这里是西雅图人夏天的度假胜地，美国百货巨头诺德斯特龙家族和微软亿万富翁史蒂夫·鲍尔默，他们都在惠德比岛拥有度假别墅。当地商会自豪地将兰利称为"历史与时尚交融"之地。

在第一大街一排古雅的姜饼色建筑中，夹着一间粗陋得格格不入、有着和仓库一样红顶的小酒馆，显得很突兀。这里是1908年开业的"奥林匹克运动会俱乐部"，迎合了惠德比昔日粗犷的地方民风——伐木工、渔民、工厂工人和码头装卸工人，他们来这儿喝酒、打牌，有时给职业拳击赛押注。从1921年开始，俱乐部开辟了新的娱乐项目——斗狗。这个项目非常受欢迎，人们甚至开始管这种地方叫"狗屋"。

在禁酒令时期，地方管理部门叫停了斗狗，因为他们注意到这里的另一功能——非法经营酒吧。狗屋是华盛顿最后一家关门的斗狗店。但岛上（甚至全美国）斗狗的黑历史都以斗牛犬的形式生活着。

奥林匹克运动会俱乐部建成一个世纪以后，《惠德比新闻时报》（Whidbey News-Times）曝光了斗犬问题。据报道，两只流浪斗牛犬袭击并杀死兰利一对夫妇的四只设得兰羊。同年早些时候，在北部奥克港，三只斗牛犬袭击并杀死了一只拉布拉多寻回犬。之后又发生一起事件，两只斗牛犬冲破木栅栏，袭击了一户人家后院的喜乐蒂牧羊犬，致其死亡。

在这些事件曝光之前，当地的动物控制官员就已经预感到这些好战品种的犬会带来麻烦。海岛县动物控制官员卡罗尔·巴恩斯（Carol Barnes）回应了一起关于一群流浪狗的911电话。她还抓住了四只斗牛犬并把它们带到惠德比动物改进基金会（WAIF）收容所。

"我开始观察它们，发现它们都伤痕累累，"收容所经理莎丽·毕毕奇（Shari Bibich）回忆道，"我意识到它们曾被用于角斗。"

一个在美国本土为微软工作的女人打电话来，自称是狗的主人。当她来接时，两只斗牛犬在毕毕奇面前攻击了第三只。毕毕奇拒绝将狗还给她，因为她的轿车没有相应的设施能防止狗在车内再次上演打斗。那个女人愤怒地离开了。

毕毕奇很快从收容所的志愿者那里了解到，这个女人和她的合伙人将30多条斗牛犬锁在南惠德比岛一个偏远的树林里。当动物控制人员和执法部门去核实调查时，这些狗都神秘地消失了，只留下带着锁链刮痕的树,还有一些破旧的碎片,连缀起来是个小项圈。

斗犬报复性地回到惠德比岛。问题才初露端倪。

2007年,全国橄榄球联盟的四分卫迈克尔·维克(Michael Vick)被定重罪——被指控运作一个州际斗狗活动,由此令美国非法斗狗情况浮出水面。众多的消息来源,包括美国人道协会(HSUS)和美国防止虐待动物协会(ASPCA),都称这样的活动"无处不在"。即便是一向嘴硬的斗牛犬捍卫者也承认,几乎完全针对斗牛犬的斗狗活动目前仍然非常流行。

"斗狗很普遍,没有城镇或州郡可以幸免。"凯伦·德利塞(Karen Delise)在她的书《斗牛犬的挽歌》(*The Pit Bull Placebo*)中写道。这本书可以说是为斗狗品种犬的辩护。

据慈善协会最近一次统计,美国有4万人参与有组织的斗狗活动,还有10万人参与非法的街头斗狗。每年有超过25万只狗(主要是斗牛犬)被培育出来,用于非法斗狗,这就造成该品种在整体上呈现数量过剩的现象。

斗狗活动古已有之。罗马人在竞技场上经常让斗牛犬的祖先——獒犬和熊、公牛、狮子打斗,有时甚至和角斗士厮杀。这项运动在12世纪的英格兰复兴,这种"纵狗斗熊"游戏——将狗放到场子里和被锁链拴着的熊或公牛打斗——成为普遍且极受欢迎的娱乐项目。

国王亨利八世是斗狗的狂热粉丝,他在白厅宫殿里养着一只斗牛犬。女王伊丽莎白一世设有一名熊和狗的管理官员,负责培育她的獒犬参加斗熊竞赛。但到了19世纪,至少官方这种嗜血爱好开始转移。1835年,英国国会取缔用牛和熊作为诱饵的斗狗活动。

但是,取缔比赛间接推动了狗与狗之间的打斗,因为这种斗殴轻便、易隐藏,还更受欢迎。1913年,斗牛犬育种学历史学家西奥多·马普勒斯（Theodore Marples）指出："大众的胃口，还有上流社会的品位——别忘了牛津和剑桥的大学生——虽然废除了用牛做诱饵，但更恶性的娱乐形式并没有消失，该运动在很大程度上被斗狗取代了。当然，这些都是偷偷摸摸进行的。"

在斯塔福德郡周围的矿区，这种运动转入地下。在斗狗盛行的矿区，血腥的场景在矿井中上演，远离公众视线。

虽然斗公牛或熊喜欢用大而笨重的狗，如英国獒，但角斗场更加重视敏捷性和速度。饲养斗犬的人倾向英国"屠夫犬"——一个工作犬种，有着沉重的脑袋和紧实但有力的身体，这种强壮勇敢的"公牛犬"会顽强地抓住牛的鼻子。随着公牛或母牛的注意力转移，屠夫就会冲进去用锤子或刀将牛肢解。

以此为基础版本，饲养者精心改良犬种，以适合角斗场。在1913年版的《狗迷》（*The Dog Fancier*）中，西奥多·马普勒斯写道："这项运动需要一个不同类型的斗牛犬，它要有更长更残暴的下颚，更敏捷，更适合比赛，更强壮。"

育种者发现，将屠夫犬与梗类犬混血，可以培育出小型比赛中凶猛的、无所畏惧的"猎人"。牛头梗作为杂交品种而闻名，是凶猛、顽强的战士。多年的选择性育种巩固了斗牛犬天生残忍、血腥的特性。

牛头梗为今天的斗牛犬提供了模板。现在，和当时一样，典型的斗牛犬都是头大而宽，以适应强有力的颚部肌肉，这些肌肉像是在钝而呈楔形的头骨顶上盘结的厚厚一层电缆。身体在胸腔处开始变宽厚，在短且光滑的皮毛下，显著的肌肉隆起呈起伏状。创立品种标准时，规定了允许剪耳，以防耳朵被对手咬住而导致撕裂、粉碎。

斗牛犬与其说是一个品种，倒不如说是一个类型，就像嗅觉猎狗、牧羊犬、巡回猎犬一样，是犬的一个类型。所有被称为斗牛犬的狗，包括美国比特斗牛、斯塔福斗牛梗（英格兰）、美国斯塔福梗和美国公牛犬，其祖先都可追溯到英格兰用于斗殴的牛头梗。斯塔福郡便是对斗狗运动兴致勃勃且尤为热衷的矿区。

斗狗在内战期间，随着矿工们从英国移民到阿巴拉契亚山脉开采煤炭进入美国。该项活动在南方受到最大程度的欢迎，但其实在梅森–迪克森线两边都是受欢迎的娱乐活动。战争结束后，它与移民列车一起行至西部。

作为一个群体，19世纪的斗犬人是低调隐蔽的，特别是在提到狗的繁育和血统时。最好的狗只传给家人和最信任的朋友。血统的秘密被严守，流通的血统证明书通常均系伪造。没人想在竞争中被"边缘化"，尤其是押上血汗钱。但这种处世哲学随着一个叫约翰·普里查德·科尔比（John Pritchard Colby）的"狗人"改变了，他是20世纪初美国最成功的斗犬运动和斗牛犬的普及者。

科尔比于1875年出生在马萨诸塞州的纽伯里波特（Newbaryport），他的祖先是从英格兰来的。在他所生长的港口小镇，年轻人大量混迹于移民中间，这些移民匮乏的娱乐活动中就包括斗犬游戏，即所谓的用牛头梗打斗。科尔比在13岁那年得到自己的第一只比特斗牛犬。同年，理查德·E. 福克斯出版《斗犬》（*The Dog Pit*）一书，详细讲述了《国家警察报》（*National Police Gazette*）颁布关于斗犬的规则和在美国进一步推广该活动。

那个时代的警察经常参与斗狗，20世纪初，在大多数州斗狗仍然是合法的。今天，斗牛犬的支持者有时会亮出警方与斗牛犬的老照片，暗示或明示该动物曾被用于警察工作。毫无疑问，一些斗牛犬被用来恐吓流浪者和街头犯罪分子，但傲慢的警察主要用这狗去斗殴。《警务报》（*Police Gazette*）是登载抢劫银行、谋杀、西部亡命之徒等骇人故事的小报，里面不但描述衣着暴露的滑稽演员和妓女，还帮助警察和公众了解即将举行的斗狗比赛。

1897年，一场著名的赛事为年轻的科尔比成为一名培育者及"狗人"建立了合法性和名望。比赛在马萨诸塞州的博克斯福德（Boxford）举行，他的一只名叫"斯普林"的狗被选中与一只名叫"克利伯"的冠军狗打斗。马拉松式的比赛持续了3小时15分钟，最后以斯普林浴血胜利告终。这只狗是科尔比斗犬狗生产线的元老级种犬。多年来科尔比一直骄傲地将斯普林印在其商务信封上。

科尔比的声名迅速传开，但是真正令这位年轻的狗饲养员成为美国整个世界斗犬始祖的是，他不仅愿意繁育斗犬，而且愿意出售它们。

"约翰·科尔比打破了传统……就在他开始提供种犬服务和出售繁殖高品质小狗给普通人之时。"马林斯（E. L. Mullins）在《国际运动员注册官》（The Registrar for International Sportsmen）（专门写美国比特斗牛梗的杂志）里写道："那是他的罪行。"

作为斗犬的繁育者，科尔比在前沿育种者杂志《狗迷》上打了半个版面的广告。在上流绅士们脾性温和的巡回猎犬和城市居民贵妇范儿的贵宾犬中，读者一眼就能捕捉到科尔比那一身精肉、瘦削的斗犬流畅的线条。当时，在育种者和其他犬类爱好者中，养斗犬与其他犬种一样被视为合法。正如广告中夸耀的那样，"约翰·科尔比培育和销售了更多的斗犬，胜过其他美国人"，并吹嘘他的狗最大的特性就是适合打斗。

在所有评价中，勇敢是一只斗犬最可贵的品质。狗应该是凶猛的斗士，或者像"狗人"说的那样，应该是个"制裁者"；但如果它退出战斗，就可能会被当作声名狼藉的"卑鄙小人"扔在垃圾堆里。即便遭受痛苦、创伤和疲惫也要战斗的意愿让一只狗勇敢。正如科尔比自己所说,"得到一只漂亮的狗、一只好的斗犬都很容易,但只有勇敢的狗才能赢"。

说到不认输,科尔比的狗是犬界的洛奇·巴尔博亚(美国电影《洛奇》系列的主角,是位传奇拳手,由史泰龙扮演)。他在广告中夸耀它们的勇敢天性,是这样写的:"由约翰·科尔比培育和销售的布鲁斯·康奈尔的36磅的狗'桑迪'曾在彼得斯顿与雷丁顿的拳狮犬'帕'鏖战3个半小时,最后以超过3000美元的价格易手。"

科尔比繁殖狗的标准非常严格残酷。据说,他只允许一只外来狗进入繁殖计划,这只狗接下来要做的只有一件事,就是在同一天里对抗他最好的三只狗。这只狗活了下来,但花了几个星期才从"考试"中恢复身体。

科尔比从1889年到1941年都在饲养这些狗,前前后后超过50年。他的儿子约瑟夫声称,他爸爸已经养了5000多只狗。狗的血统可以追溯到美国现存最早的对斗犬品种的记录,其祖先可回溯到爱尔兰和英格兰。

今天,斗牛犬饲养者以自家狗的谱系中拥有科尔比的狗而自豪,科尔比家族也以此为荣。尽管他们的狗并不明着卖给角斗场(现在在所有50个州参与斗狗都是重罪,所以卖家一向否认他们参与斗狗),但科尔比家族斗牛犬网站出售的是约翰·科尔比著名的斗犬直系后代,并指出:"(该犬)的身体构造、气质和不认输的顶尖特性广为人知。"

在肮脏的斗狗职业生涯中,科尔比为了给他的狗寻求合法性,协助建立了美国斯塔福郡俱乐部,套用作家马林斯的话,此事在1936年"强迫"美国养犬俱乐部接受该品种上居功甚伟。这是一个精明的举措,随着越来越多的国家禁止斗狗,像科尔比这样的繁育人不仅可以避免在参与犬赛时被审查,还可以把不适合斗殴的狗卖给赛场里的爱好者。

AKC最终屈服于压力，并在1936年接受了该品种，他们将该品种的名字从"美国斗牛梗"改为"斯塔福梗"（真是个精妙的混淆），由此使该品种远离繁育的初衷：在角斗场上殊死搏斗。科尔比的美国比特犬"普瑞摩"是一只"基本款"的狗，被选为斯塔福梗在AKC中的标准。

"它和我们的美国比特犬完全一样，"竞争对手联合养犬俱乐部（UKC）的安迪·约翰逊在1987年《体育画报》（Sports Illustrated）上的一篇文章里写道，"他们甚至打开注册表登记我们的狗。AKC不想让人们想起斗牛犬的战斗史，就像一个家庭否认成员中曾有盗马贼一样。"或者，变态杀手。

1909年2月2日，约翰·科尔比两岁的外甥伯特·科尔比·利百特，溜进他叔叔的院子里，那里养着几只狗。其中一只狗袭击了他，一爪抓住他的脖子，"剧烈地摇晃，像撕扯破布一样"。《波士顿每日环球》（Boston Daily Globe）这样写道。狗还撕咬了他身体的其他部位，造成重伤。

科尔比跑过去赶走了狗，将孩子抱进屋。结果男孩死了。法医说他"颈椎都被咬碎了"。

文章称，科尔比的妹妹伊丽莎白"瘫倒在地"。科尔比对死讯秘而不宣，不予报警。然而狗袭击小孩的消息最终仍传开，警察展开调查。可最后对狗和它的主人也没有采取任何行动。

科尔比有充分理由对谋杀谨慎处理。在他那个时代，现在也是一样，斗犬饲养者均对外声称，该犬种虽然在角斗场可能是铁血无情，但平常是很温柔、可爱的宠物。如果传出科尔比的狗是儿童杀手，那么精心构建的谎言就会被摧毁。但仍有事件指出，科尔比有一些著名的狗会"咬人"。1906年《波士顿环球报》（Boston

Globe）报道，科尔比的狗在攻击了一名男孩和一名女孩后，被警方击毙。

由于好奇今天的斗狗人士是否遵守"道德规范"，即捕杀咬人的狗，我决定去寻找一位现代约翰·科尔比。鉴于斗犬团体的地下隐匿性，我以为难度将很大。但事实证明，我坐井观天了。

格伦是我租来的房子的勤杂工。有一天，他在修理管道时，和我谈到斗牛犬。很快，他开始为该犬种及其用于打斗的功能进行了冗长而激动的辩护。在他看来，为证明狗的本能和种性，打斗是必要的。

"这就像你的牧羊犬，"他说，"如果一只狗为了放牧而饲养，你真的不知道它的优点，除非你把它和一群羊放在一个圈里。斗牛犬亦如此。如果你不用它们打斗，你怎么知道它们的好处？"

再来说说一位前海军陆战队队员、越战老兵和狂热的自行车爱好者，他拥有数十只斗犬。当我委婉地问他是否真的用它们去打斗时，他却开始向我描述他看过的打斗细节，以及解释整个地下斗狗世界是如何运作的。

我很好奇，想知道这些狗是否也曾咬过主人。

"当然。"他说着便卷起袖子，向我展示他有着遒劲肌肉的前臂上被咬过留下的疤痕。

"但最糟糕的一次是在这里。"他指着脸颊说。他的嘴旁有两块明显的疤，一处刚好在下唇下面，另一处在脸颊的苹果肌上。"有一天，我在一个朋友家里，他让我看他新买的狗，"他说，"我弯下腰去看，当我转身要离开，这狗娘养的咬了我的脸。"

之后，格伦和朋友拴住狗，进了门，还开了几瓶啤酒。"我本来没以为有多严重，但后来我突然发现，啤酒从我嘴唇下面的孔漏出去了。"

格伦说，他不愿意去看医生，担心可能会引起当局注意。"我不想让我的朋友陷入麻烦，更不想他的狗被带走。"他说。

然而伤口感染了，他的脸肿成葡萄柚大小，他不得不去急诊室。他建议朋友，这狗不能留了；还提出如果不想亲自开枪，他可以代劳。

"但那个家伙不承认，"格伦说，"他告诉我这是一条好狗，它不会伤害任何人。该死的，我才不信。我脸上有两个洞，他看见那狗攻击我了，他还一直坚持认为那狗很好。"

"我的意思是，这不对。如果一只狗咬人，你就必须把它解决掉。"他说，这是"养狗人"不成文的道德规范。直到今天，他也不知道那只狗为什么咬他，但他看到许多斗狗的人在繁育计划中保留了咬人的狗。

"过去有规矩，但现在没了。如果一个人养的狗会咬人，那他可能会继续繁育这种狗，或者卖给那些不知道哪里有更好的狗可买的人。"他说，"但是，我被咬过很多次，我知道还有人也被咬过。"

观看斗狗是件棘手的事，从法律的角度来看，就像警察卧底出现在毒品交易现场，或者加入过激环保主义者团体在公海上阻止日本捕鲸者。在我所居住的科罗拉多州，仅出席一场斗狗即犯重罪。当我的记者之魂在反复考虑这个主意时，动物爱好者、驯狗师和鸡毛蒜皮的小事在法律层面上败下阵来。我真的不想看到狗被锁住进行殊死搏斗，肌肉从骨骼上撕裂下来，痛苦地哀号。所以，我决定通过格伦来体验此事。

有一天，在啤酒和汉堡大餐后，他向我描述了一场专业斗狗的典型场景。这类特殊的比赛发生在科罗拉多州普韦布洛县的一个自然村，那里的执法稀疏得像沙漠中的冰山。离开高速公路，司机跟着一张手绘地图开上一条土路，这条土路通往一条长长的车道。在一栋建筑的入口处，检票员对照名单检查每位持票人，如果你是一位不速之客，请你转身离开。门票费用为每人20美元。

车道尽头有一个谷仓，周围停满轿车和皮卡，一些装有便携式狗笼。男人，基本都是白人和拉美人，站在院子里的照明灯下，喝着啤酒，抽着烟，吐出的痰里带着烟草渣。

"在这里你会遇到形形色色的人，"格伦说，"有很多白人是开垃圾车的，或是军人，还有做生意的，有些是专业人士。还有墨西哥人。很多墨西哥人喜欢狗，尤其是斗犬。"

男人们在屋里兜着圈子，跟狗主人闲聊、押注。一个临时的环形角斗场由胶合板制成，设在谷仓最里面，照明灯挂在橡子上。场地是一块边长1.2米的正方形，墙高约1米，墙上残留着以往战斗的斑斑血迹。在灰尘叠积的地板上铺一块地毯，借此增加摩擦力，以防狗爪受伤流血打滑。每条狗被称重后交给管理员，他们用一桶肥皂水给狗洗澡。

"这样他们可以确保狗的皮毛上没有毒。"格伦说，"这是一个古老的传统，很有必要。一场战斗通常的赌注为1000—10000美元，如果有黑钱流入的话，可以高达50000美元甚至更多。"

地毯上画着两条"楚河汉界"，参赛的人把自己的狗带到线后面的角落。主人抓住项圈不让狗扑上去，直到场里的人给出战斗开始的信号。狗一被放出去，就猛地冲向对方，砰的一声相撞。通常情况下，一只狗会抓住另一只狗的脸、脖子、肩膀，或者腿，咬它的肉。

狗的主人可以命令其中一只放开另一只，这样就可以稍作调整。格伦说，战斗更像摔跤比赛，而不是两只狗当街偶遇时发生的那种疯狂的互殴。

根据两只狗的耐力和实力,一次可以持续几分钟,在极少数情况下,会持续数小时。根据格伦所说,这些狗出奇的安静,从不吠叫或咆哮,有时它们只会痛苦地呻吟。

两只狗分开或其中一只退出,这种情况称为"一轮",工作人员会将它们分开。然后狗被带回各自的角落,场主会命令工作人员"退出场地"。如果其中一只狗冲到另一个角落攻击它的对手,那么战斗继续。但如果这只狗拒绝,它就会被冠以"胆小鬼"的名号,而且几乎可以肯定会被判死刑。

末端是夹子的电线与电池连接,作为临时执行装置,用于处决战败的狗。有时一只狗刚被带出谷仓就被射杀。据说迈克尔·维克和他的伙伴会绞死一些战败的狗。

还有一些比赛以战死告终,但极其罕见。格伦说,场主或斗狗人通常会勒令结束比赛。"有时一只好狗也会轻易被击败。如果你的狗明显处于劣势,你可以停止打斗。只要狗活着,还可择日再战。"

"我见过狗被咬伤了腿,仍拖着残躯与其他狗打斗,"格伦说,"这就是那些斗狗人所说的'死局之狗'。它们中有一些狗就是不会放弃。"

无论输赢,双方皆有伤害。大多数的"狗人"都随身携带兽医箱,里面有缝合线、针、绷带、夹板、杀菌药和止痛药。静脉注射通常用于帮助濒临脱水的斗犬恢复。在家里,类固醇通常用于增强肌肉,一些斗士在比赛前还经常服用安非他命和可卡因。斗犬不能送往兽医医院,因为伤口会令人起疑,由此引来牢狱之灾。

"一个人必须擅长兽医护理,"格伦说,"我得说,在治疗受伤的狗方面,我做不了太多。所有斗狗的人在这方面都做得很好。"

有时斗狗人能看到狗身上未经兽医诊治的伤病。斗牛犬如此顽强，以至于它们可以将另一只狗的脸或身体上的皮肤撕下来。格伦说，它们的肌肉能持续发力很长时间，再加上这样有力的撕裂，"对手变成了红色的果冻"。

作为一个专为战斗育种的产品，斗牛犬的特征就是对疼痛的容忍度异常高。所有兽医都认为，斗牛犬的忍痛度远高于其他狗。华盛顿库珀维尔（Coupeville）的兽医学博士拉克·古斯塔森（Lark Gustafson），在一个非正式的访谈中告诉我，他经常看到宠物斗牛犬骨折、严重感染，遭受其他痛苦的折磨，很明显是数天或数周未经处理伤势而导致的，因为主人们并未看出自己的狗有任何疼痛症状。

"斗牛犬是到目前为止，我行医生涯中所见过的最能忍受疼痛的狗。没有其他狗能与之媲美。"拉克说，"我医治过被车撞骨折的斗牛犬，它浑身是伤口，却没有表现出任何疼痛的迹象。"

尽管"狗人"令他们的狗血液干涸、疼痛、遭受折磨，但格伦说"狗人"都认为自己爱狗。

"是的，我想说我爱我的狗。不管怎么说，我爱大多数狗。它们让我感到骄傲，它们有斗士之心，这就是它们生下来的意义，它们喜欢战斗。"他说。

像格伦这样的人爱狗，爱到狗战败那一刻，它被带到谷仓后面，在双眼之间射入一颗子弹。

2009年7月9日早上6点，联邦调查局特工、美国农业部、密苏里州高速公路巡警、美国法警署和当地各警察部门在疑似存在斗狗行为的八个州发动了突袭。他们逮捕了26人，指控他们犯了100多项重罪，在东南部各地搜出了400多只狗。获救的狗被送往圣路易斯的一个秘密仓库的临时避难所，有21只怀孕，最终生下153只小狗。

由于狗和幼崽的数量惊人，密苏里动物保护协会联系了美国慈善协会的红星服务团队，请他们派技术高超的专业人员，援助由当地慈善事业工作者、警察和志愿者组成的队伍，负责管理斗牛犬。家畜红十字会的一支——红星服务团队对突发事件和灾害立即做出反应，帮助喂养、找住所，并提供兽医照顾丢失、流浪和被遗弃的动物。

当电话打到美国慈善协会，红星服务丹佛办公室的特蕾西·瑞斯便收拾行装去往圣路易斯。瑞斯健壮，举止开朗、活泼，在科罗拉多州柯林斯堡开始她的动物控制官员的职业生涯。她对斗狗并不陌生，曾破获两起科罗拉多州斗犬活动。她告诉我，自己从未担心跟狗打交道的生活，她的职业生涯里只被狗咬过一次。

无论作为动物控制官员，还是执行红星计划，圣路易斯斗牛犬的情况都不同于她以往所经历的。一排排狗被关在笼子里。大多数成年狗一直在打斗，许多狗失去了耳朵、牙齿和眼睛。母狗通常是被动的，为了阻止它们在交配被骑乘时攻击雄性，受孕都是采用"被强暴站姿"的方式。密苏里州动物保护协会的专家会对狗进行脾性测试，按照标准来决定哪些狗会被来一针安乐死，哪些狗可以被送到新家庭收养。

"我们被告知，'有严重攻击倾向'的狗要执行安乐死，而其他狗将有选择地被安置在全国各地的避难所和救援处。"瑞斯告诉我，"对于什么是'有严重攻击倾向'，没有设立任何标准。它们几乎都有这种倾向。"

瑞斯记得一只叫"费伊"的母狗。它的一部分脸和整片嘴唇已经被撕掉，看起来是永远露着牙齿的。

"它很温顺，可以与人相处，但当周围出现另一只狗时，'开关'就打开了。它是我见过的对狗最有攻击性的狗。它被一个志愿者牵着，经过一个笼子，毫无预警地马上翻脸，攻击笼子。

"对于斗牛犬，只要有一个初速度和一个踏板，它瞬间就能从0加速到60迈，还会用牙齿猛咬。"她说。

甚至是被志愿者照顾的、出生在避难所的小狗，通常也天性残暴。

"一窝小狗仅四周大就必须分开养了。你可以观察到它们在玩耍时会'锁住'同伴不放，还会直接冲着喉咙而去。"她说。

"很遗憾，很多人不明白，攻击性是一种遗传特性。人们很少被拉布拉多犬和金毛犬攻击，尽管也有，"瑞斯说，"但你不会看到一个实验室育种出来的狗酷爱攻击。它们不会延续祖先攻击性的特质。但斗犬的主人恰恰相反。最具攻击性的狗正是他们要选择的品种，专业人士和后院育种者都是如此。"

我试探性地问瑞斯，她是否愿意承担风险，从庇护所收养一只斗牛犬。

"即使我接触这些工作，即使我受过培训，具有经验，我还是会犹豫是否要在这种情况下收养狗或它的幼崽。"她说，"对这些狗的恐惧并非毫无根据。狗是否具有不好的血统，或者是不是为了延续攻击性而繁育，你永远不知道。一只狗是否具有斗犬血统，或是斗犬繁殖的后代，你也无法知道。"

由于斗牛犬表现出明显的和真实的危险性，它们在庇护所一待就是好几个月，有时甚至待上一年或更长时间也不稀奇。和我交谈过的许多收容所的工作人员说，正常的狗一旦在庇护所长时间居住，经常会变得敏感、恐惧或具有攻击性。三十年前，一只狗通常在十天内如果无人认领就施行安乐死；而今天的庇护所"不杀"或"缓杀"的道德准则，意味着一只狗仍然要在这儿待好几个月。长时间收留斗牛犬是规定，并无例外。监禁给狗的精神带来伤害，还会给收容所本就紧迫的财政状况造成巨大损失。

科罗拉多斯普林斯派克峰地区人道协会（HSPPR）主席兼首席执行官、科罗拉多州博尔德县动物保护协会前任理事珍·迈克休-史密斯（Jan Mchugh-Smith）告诉我，公共经营的庇护所或非营利组织收容一只动物的年平均费用约为3500美元，或略低于联邦监狱囚禁一名犯人所花费的十分之一。在珍的收容所（HSPPR），领养费从"免费领养一只猫"到300美元养一只理想的纯种斑点狗或金毛猎犬不等。

动物收容所行业博客"动物不下线"（Animals 24-7）的记者、编辑梅里特·克利夫顿（Merritt Clifton）说，在全国各种动物收容所和救助站里，越来越多的斗牛犬消耗了大量公共基金和私人捐赠。克利夫顿是"动物福利运动"的记者和活动家，他本身还是一名统计学家，自20世纪70年代，一直关注国际庇护所的发展。

"每年，全美斗牛犬中大约三分之一进入动物收容所，这一现象在其他犬种上未见。"克利夫顿说。而其他品种，甚至混血杂种狗（不包括父母中有一方是斗牛犬的混血）在被安置到避难所后，有60%或更多被再次收养，同期和它们混养在同一避难所的斗牛犬被杀的概率则近60%。

基于这个原因，不杀或缓杀和"传统"庇护所都要花非常长的时间去收留斗牛犬。狗并不时常出现在动物收容所的收养广告中。广告通常避而不谈狗的负面形象，展示的总是孩子拥抱和亲吻斗牛犬的图片——这一信息与涉及狗咬人的教育内容是矛盾的。

该品种的拥护者（有的在斗狗团体中表现积极）巧妙使用互联网重塑狗的形象，将狗包装成健康、可爱、受保护的家庭宠物，连小猫崽都不会伤害。在斗牛犬的宣传网站上，比如www.realpitbull.com和www.happypitbull.com，除了已经提到的小孩拥抱成年斗牛犬的图片，被用滥了的一张照片是一只斗牛犬身边依偎着一只小奶猫。我还见过依偎着一只小兔子。

尽管有人声称，这种狗是温顺的、和蔼的、毛绒抱枕般可爱的家庭宠物，但该犬种有着不可预测的攻击者的名声，得到将它定为恶性骚乱制造者的新闻报道的支持。这不是文学作品，不会像该犬种拥护者那样希望公众相信什么就能如愿。媒体报道收集的统计数据证实，迄今为止，斗牛犬是北美受欢迎的犬种中最危险、最致命的一种。

1979年，梅里特·克利夫顿在魁北克《舍布鲁克报》(*Sherbrooke Record*)当记者，开始调查当地外来猫的繁殖和交易。作为任务的一部分，他开始跟踪报道关于造成致命和毁容性攻击的外来宠物的新闻。1982年，他补充了狗的攻击数据。三十年后，克利夫顿积累了骇人听闻的3498条报道，都是关于狗造成的致命和毁容性的攻击。三十年间，斗牛犬、斗牛犬杂种狗占所有致命攻击和"重罪"毁容事故的60%。

克利夫顿使用搜索引擎收集了300多万条想要收养的广告，然后将各个犬种按受欢迎程度做了个排名。接着他将受欢迎的犬种与导致毙命和毁容的狗咬人的攻击性进行了关联。

"在北美，斗牛犬只占所有狗数量的5%，但占所有造成致命和毁容攻击事件的60%。"他告诉我，"从精算风险角度来看，斗牛犬是迄今为止最危险的狗。其他犬种与之相比，根本不能上榜。"

无论是在私人信件中，还是读者来信的栏目里，或在互联网上，斗牛犬的拥护者经常批评克利夫顿这三十年的研究。一个主要的批评点是，斗牛犬经常被误认为施行攻击。但克利夫顿指出，新闻报道来自动物控制机构、警方、医院和其他官方报道，允许多个消息来源互相核实。他坚决维护研究的有效性。

"斗牛犬的倡导者有个很有持久力的指控,说报道过度放大斗牛犬会攻击致残致死,因为误解或因为'斗牛'(根据他们的说法)这个通用的术语涵盖了几个类似类型的狗,而让斗牛犬背黑锅。"克利夫顿写道,"然而,斗牛犬的袭击太频繁……太不成比例,即使有一半的攻击是分类错误,或者即使斗牛犬以品种可以分为三类,来自斗牛犬及其近亲的攻击仍超过其他犬种。"

克利夫顿还向我指出,说媒体不知为何与斗牛犬及其主人"过不去"是毫无逻辑的。

"如果一只博美犬攻击了人,那可是全国新闻。故事越稀奇,媒体就越去追踪它。另外,斗牛犬的袭击事件几乎每天都发生。我想,他们只可能会漏报某些事件。"他告诉我。

恰巧,克利夫顿就生活在维德比岛上,距离WAIF收容所不到8公里。岛上首例斗牛犬袭击的新闻打破了莎丽·毕毕奇称之为"完美风暴"事件之后不久,导致收容所充斥着被遗弃的斗牛犬。

一群年轻人繁殖了一窝又一窝的斗牛犬,在杂货店的停车场出售;大约在同一时间,奥克港的美国海军部门禁止其人员养斗牛犬,并在海军所在区域通过了一条法令,要求斗牛犬的所有者必须得到特别执照和保险单。因此,公寓管理者遵行品种繁育规定,阻止人们养狗。

很快,WAIF收容所里满是遗弃的斗牛犬。在避难所的两个场所中一共只有44个犬舍,全部填满,每星期都要新添五六只斗牛犬。有时候,工作人员一天之内就要收容好几只。

"我们已无处安放这些狗。我们跟这个地区每个不会杀狗的收容所商谈,他们都不愿接受这些狗。这些狗不会被收养,当人们发现我们除了斗牛犬没有别的狗,他们就不会再来了。这就意味着猫也得不到收养了!"

在奥克港，一些强大、灵活、意志坚定的狗从卫星设备监控下的围栏逃脱。斗殴几乎日日上演，很是常见。一天晚上，同一窝的两只小狗激烈地打斗，工作人员到达时，狗已躺在血泊之中。最后，毕毕奇去了收容所的董事会，该董事会主要由来自社区的动物爱好志愿者组成。

"嘿，我需要帮助！我们只能把这些狗关进笼子，直到它们变成疯狗。我们不能继续这样对待它们。我们只能安顿那么几只狗，其余的都被留在这里受苦。这是不人道的。"她说。

收容所董事会决定对现有的"杀戮最小化"政策增加一个补充细则，规定对病狗、危险的狗，或因有行为问题而不适合被收养的狗实施安乐死。他们增加了一个新的类别：无法被收养的狗。结果，安乐死成为狗的"最终去处"（符合这种新政策的实际上只有斗牛犬）。它们花上好几个月的时间被关在笼子里，等待一个根本不会来的主人。

最后，几乎所有的斗牛犬都以安乐死告终。

"这段时间，一有人带着斗牛犬走进门，我都会从每一个工作人员的眼中看到一种请求，那就是，'请不要来这里'。"毕毕奇说。

"如果我可以为自己，也为每个收容所的工作人员说句话，那就是，我们爱动物。每当我们不得不对一只动物实施安乐死时，那种心碎的感觉都如此真实。这里每一个人每次实施后都会痛不欲生，你想对每一只动物都做出承诺。"

毕毕奇对一只名叫"丹"的小狗印象深刻，它在被领养成功后又被退了回来。它的行为异常，总是转圈，头斜向一侧。

"X射线显示，它的大脑里充满了铅弹。这真令我难过。我们对它进行了安乐死，我抱着它。之前我抱它时，它还只是一只快乐的小狗崽，亲近每一个人。我承诺，再也不要把这些动物置于这样的情形之下。"

惠德比岛是美国在斗牛犬问题上的缩影。这完全是人为造成的，与人为繁殖直接相关。自罗马时代，人们就饲养特殊的狗用于打斗——像约翰·科尔比这样的人，他的家族拥有荣耀，他一生中可能繁育了5000多只斗牛犬，可能导致数万或数十万只斗犬的诞生。这是狗致使其他狗或动物受伤、死亡、致残的主要原因。

就像被斗牛犬袭击的人，在WAIF收容所（以及全国各地这类收容所）被杀害的狗也是受害者。它们是扭曲的价值观的受害者，持这些价值观的人强调凶残的暴力，并将拥有、繁殖善于打架斗殴的狗作为标准。WAIF收容所的工作人员比如莎丽·毕毕奇以及其他员工和社区志愿者也是这种杀戮欲望的受害者。

在离开WAIF收容所之前，我看了一眼上周进入收容所的狗的报告：艾比，一只捕鼠梗；艾莉，一只黑色的实验室混血产物；迪斯科，一只澳大利亚牧羊犬和边境牧羊犬的混血；快乐，一只拉布拉多寻回犬。这些狗在WAIF收容所都只待了不到两个月，有的还不到一个星期。然后，我在名单里寻找泰莎的名字，就是当天早些时候我遇到的那只嘴巴合不拢的斗牛犬。它已经在这里待了11个月了。

离开前，我返回另一个犬舍。一些狗吠叫和跳到拴着锁链的狗笼子门上，吸引我的注意。我来到泰莎的笼子前。它热情地摇动门，用棕色的眼睛仰望着我，尾巴不停摇动。我的心都要融化了，情不自禁地伸出一只手触碰它的笼子。它的舌头穿过金属栅栏舔着我的手。有那么一瞬间，我冲动地想："我可以带它回家。"

然后我想到了我的狗，昂达。我思考了一遍我所知道的关于斗牛犬的血统问题和风险。我想到最近一起事件，在奥克港，一只斗牛犬袭击了一只小柯基，有位老人在阻止打斗时被咬伤了手。我又想到了达拉·娜珀拉（Darla Napora），一个32岁的女人，住在加利福尼亚的帕西菲卡（Pacifica）。

娜珀拉是斗牛犬救助保护网站"Bad Rap"的支持者，该网站组织曾评估美式橄榄球四分卫迈克尔·维克的狗，帮它们康复和找到新家。娜珀拉怀孕后，遭到了她收养的宠物斗牛犬"炮手"的袭击。她和她未出生的孩子死于休克和失血。有悖常理的是，她的丈夫发誓要将狗的骨灰埋在他的妻子和未出生的孩子旁边。

那一瞬间的冲动过去后，我和泰莎说再见。

"我希望你找到一个好的家庭，"我说，"要好好的哟。"

第七章

莫惹是非

> 小狗崽将从哪儿来?
>
> ——艾米丽·维斯博士(美国防止虐待动物协会)

2月一个阳光明媚的星期天,我们情绪高涨。我们回到科罗拉多,前往丹佛竞技场参加第二十届落基山犬赛,并与期待已久的昂达的育种人卡罗尔·安·哈特纳格尔再聚首。我要了杯咖啡,跟着电台里汤姆·佩蒂的歌哼唱。欢快又警觉的昂达充当着我们的保护者,通过野营车巨大的挡风玻璃凝视着仍然熟睡的城市。

在布莱顿大道上,我们经过古旧的砖砌仓库,里面是抽象的艺术画廊、潮人泡的那种酒吧,还有令人厌恶的大麻种植公司。昂达在空气中抽动鼻子,疑惑地抬起头,然后又继续凝视。

陈旧的混凝土竞技场映入眼帘。

在左手边，第一缕曙光照亮了一块广告牌，上面有一只猎犬被锁在一个不锈钢笼子里，一脸阴郁。上面写着："AKC繁育者，断了收容所狗的后路。坚持收养，拒绝买卖。"

我的心情迅速低落，嘴里有一种苦味……不是咖啡，是胆汁。因为我知道，这则公告是个谎言。在动物收养界，精明的人类也这样干。

该迹象表明存在狗数量过剩的问题，是由不负责任和挥霍无度的美国养犬俱乐部犬类饲养人造成的。在该公告的赞助商，善待动物组织（People for the Ethical Treatment of Animals，PETA）的节目播出之前，这个谎言就在丹佛媒体节目的新闻稿中被大书特书了。

"犬赛促进了繁殖，鼓励了人们迅速对'纯种'狗产生兴趣，而动物收容所里挤满数以百万计可爱又健康的狗——既有杂种狗也有纯种狗——它们将过上什么样的生活完全取决于这第二次机会。"新闻稿中这样写道。

但是当今的收容所并未"狗满为患"。说实话，美国许多地方的收容所，包括丹佛，不得不走出州界，甚至越过美国国界才能找到足够的可收养的狗。事实上，今年善待动物组织瞄上这个犬赛之前，科罗拉多州进口了17000多只狗来满足需求；在未来一年，他们还需要24000只狗。

现实是，当今美国，狗并没有数量过剩的危机。虽然曾有收容所出了问题——2016年导致67万只狗死亡，但也不是由于数量过剩。这也不是由美国养犬俱乐部选秀繁育者造成的，这些人的错误就在于，他们是当今美国最负责任的犬类繁育者。

我知道，你们一定以为我疯了。几十年来，每个人道主义群体，每个维护动物权利组织，每个收容所的博客，每个自封的宠物专家，每个关注宠物收养的媒体报道所说的话都恰恰相反。

"每年数以百万计的动物朋友在全国各地的收容所被安乐死，因为没有足够的居住空间。"——美国北海岸动物联盟收容所业务高级主管，西尔维娅·欧塔卡

"有些爱狗人士觉得购买一只纯种狗在本质上就有问题，原因在于过度繁育和近亲繁殖。与此同时，在美国每年有二百万到三百万只收容所里的狗被处死。"——《纽约时报》

"狗的数量过剩并不是一个童话故事。"——明星狗教练，塞萨尔·米兰

但这已成为一个童话。在过去的几年里，收容所和安乐死的数量大幅下降，狡辩未能掩盖现实。最后，人们开始承认这种变化。

记者金·凯文（Kim Kavin）花了两年多的时间研究，写成《犬商》（*The Dog Merchants*）一书，对全球犬类行业做了一次彻底调查。在书中，她揭穿了导致收容所倒闭的狗的数量过剩这一谎言。

"爱狗人士应该给被遗弃在每一个庇护所的每一只狗找一个新家，每年需要数以百万计的小狗来满足消费者的需求。"她写道，"认为在美国无家可归的狗面临着'数量过剩问题'的观点与现存统计信息并不匹配。"

确实如此。收容所提供的最新数据，以及宠物用品行业、兽医协会和动物福利组织也证实了这一点。每年，美国人带回家七八百万只狗，包括大约六百万只小狗崽，许多是数百万只死于年老的宠物狗的替代品。

20世纪70年代，只有不到10%的美国人给自己的宠物做绝育，公共收容所不堪重负，被安乐死的狗多达1100万只，大约每十只狗

中就有一只。收容所管理人开始使用"宠物过剩"这个词组来描述小狗、小猫和狗、猫形成的"河流"，这股河流在纸箱和项圈中流进他们的门，然后从后门套着垃圾袋流走。

我还是个孩子的时候，记得有一位英勇的牛仔，走进得克萨斯州的一个收容所。他看过所有狗后，店员问他想收养哪一只。"我要带走一只能跟着我出生入死的狗。"他说。于是他领走一只勇猛的杰克罗素梗，取名为"惊险"，它在他的皮卡里陪了他10年。可悲的是那一代狗、猫、小猫和小狗并没有遇到更多这样的牛仔。

我们的的确确面临着一个非常严重的狗过剩危机。但是今天，由于在教育人们了解家庭宠物绝育服务的重要性方面的努力，获得了很大程度上的成功，大约91%的美国狗做了绝育。这就大大减少了计划外的、多余的狗。

今天，兽医学博士艾米丽·韦斯在为收容所专家撰写的博客中说，她并没有因为很多的小狗在收容所被安乐死，而是因为我们将在哪里获取足够多的小狗来满足预期的消费需求而夜不能寐。

"在全国许多社区，我们面临着危机，如果你认为人们在生活中应该有机会养一只狗，那么他们将有机会选择一只什么狗成为家庭的一员。"她说。她认为，最大挑战是找到更多人工饲养的小狗的来源。解决方案之一很可能就来自于我即将要进入的这栋楼，那里正在举行犬赛。

《纯种狗的悲哀》（*Pedigree Dogs Exposed*）一经播出，英国广播公司（BBC）揭露了有遗传疾病的纯种狗，人们对纯血统和纯种犬的繁育兴趣暴跌。在美国养犬俱乐部注册的狗已从1992年的最高纪录170万跌至2011年的不到53万。2008年，片子在美国上映之前，在美国养犬俱乐部注册的小狗多达约75万；从那时起，注册狗数量每年减少20万只，10年也就是少了约200万只。

有些人会说，这是理所当然的啊。正如纪录片强烈表达的，犬赛中许多司空见惯的做法伤害了狗，需要改变。但当我迂回穿过迷宫般的环形秀场，找到卡罗尔·安的小狗、狗笼和狗梳妆台组成的小院子，在成百上千的竞争者面前，我看到了有所改进的令人鼓舞的迹象，对犬赛抱有希望。

首先，犬赛越来越开放和多维化。例如，在丹佛，参与敏捷性竞赛的犬类，数量是巨大的，这就需要三个分赛场按照一张从日出排到日落的时间表同时进行。这种活动非常有意义，让更多的狗和狗主人进入这个圈子，给他们一个竞争的机会。

2014年，威斯敏斯特养犬俱乐部将敏捷性添加在竞争项目列表中。一石激起千层浪，吸引了网络和电视上数百万观众。2017年，威斯敏斯特大师级的敏捷性选手，小猎犬"米娅"，没有听从主人的指挥，而是即兴表演，引起了轰动。超过350万的社交平台的观众观看了常规赛，超过700万人在电视上观看了最佳表演赛。与精心打扮的选秀犬如希腊雕像般站着接受检查不同，不那么完美的米娅只是一只在家里与人相处的狗；毕竟，狗是通人性的。

当然，丹佛的三个敏捷性赛场里仍然到处都是纯种狗。放牧的品种包括机敏的边境牧羊犬、牧牛犬、喜乐蒂和澳大利亚牧羊犬，越野障碍赛要求参赛狗具有运动能力并听从命令。但在参加比赛的各种狗中，很难看到笨拙的猎犬和大量"海因茨57s"（Heinz 57s）——全美国杂种狗。是的，美国养犬俱乐部打破传统，允许所有来者，不管注册与否，都可以参加比赛。

我在赛场转悠，看他们正在进行小型犬比赛。跳跃高度设置在20厘米，这类竞技项目多半由敏捷的杰克罗素梗和喜乐蒂所主宰。但当我注意到一位中年亚裔女人哄着一只吉娃娃通过障碍物时，精神为之一振。我停下来观看，吉娃娃踮着脚走到跷跷板一端的边缘，打量着另一端，开始经历一个长长的下坡才能到达地面。我想象了一下，对这样一只小狗来说，这应该是相当长的一段距离。当它终于到达地面，我听到人群中传来热烈的掌声，观众们很欣赏这只茶杯大小参赛选手的表现。

犬赛越来越多地增加敏捷类的项目，这些活动比外表更具挑战性。在美国养犬俱乐部的批准下，敏捷性竞赛的数量五年内翻了一番，在全美增长到3700多场。其他竞赛项目也越来越受欢迎。

以表演为基础的比赛，包括飞球（团队接力赛），谷仓狩猎（搜索笼中干草堆里的小白鼠），以及"用鼻子工作"（一种嗅觉捉迷藏的比赛），代替了维多利亚时代就开始的形体类选秀。其他活动包括"地下比赛"（earthdog），用来测试像小猎犬、腊肠犬这样的"穴居猎手"；为灵缇犬和惠比特犬设计的"快猫"短跑比赛；还有传统的放牧和狩猎竞赛。

给爱狗人士提供更多的活动，让他们更多关注狗的实力表现，而不是外貌形态，这很重要，不仅因为今天人们想为他们的狗做得更多，而且因为这有助于育种者关注育种的初心。澳大利亚牧羊犬的育种人欧内斯特·哈特纳格尔经常告诉我，"表现即标杆"。他的意思是，外表和书面标准只能止步于判断一只狗作为繁殖动物的标杆。我们需要全盘考虑，包括狗被繁育后真正做事的能力。越来越多的人在犬赛界似乎达成了此类共识。

最后，我找到了卡罗尔·安。她披着蓝色工作服，以免沾满从莉娜身上剪下来的碎毛。莉娜是一只两岁的雌性澳牧，黑色的皮毛，间杂着白色和金色的毛作点缀。

"欢迎回到科罗拉多，异乡人！"她说着给了我一个拥抱，剪刀仍在手里。昂达在旁边闹着要引起她的注意，于是她弯腰拍了拍它的头。

"你过得怎么样?"她对昂达说。它跳起来舔她的脸以示回复。卡罗尔笑起来。然后,我如预料一般,被卷入卡罗尔比赛活动的旋风之中。她递给我各种美容用品,说:"你可以牵着莉娜在第八场地和我接头吗?我得去化妆室打理一下自己。"

将昂达关进笼子,我牵着莉娜往场地走。莉娜的正式名字是"拉斯·罗卡萨的梦幻春天"。卡罗尔从口袋里掏出一把刷子,抓紧时间刷了刷莉娜的皮毛,又给它喷了令皮毛发亮的喷雾,然后递给我她的蓝色工作服。她穿着平底鞋和传统西装,她的金发和莉娜闪亮的黑色皮毛互相映衬,这种反差像金丝雀般夺人眼球,一定会吸引裁判的眼睛。

像往常一样,澳牧竞技是比赛的重头戏。但值得注意的是,很多顶级的狗和专业驯犬师都不在这儿。丹佛的比赛时间刚好与威斯敏斯特养狗俱乐部犬展冲突,"大牌儿"都在纽约。因竞争者减少,卡罗尔有很大的机会获得"最佳品种"奖,莉娜是一只非常"标准"的狗(意味着它的特征严格符合品种标准),颇具魅力,一定会打动裁判。

好像是为了证明这一点,莉娜在它的组别——由参展商繁育的雌性组里取得了胜利。这意味着稍后,它会回到赛场参与"最好的母狗"的竞争。(即便在赛后两年,我发现自己提到这个词的时候仍然不大舒服,虽然并没有人会多想。)如果它赢了,将被认为是"最佳品种"。

在休息期间,卡罗尔和我讨论昂达的培育问题。在它通往冠军的路上,澳大利亚牧羊犬俱乐部的两名裁判表示很有兴趣将它当作一只种犬来使用。这是很大的荣幸,因为他们每年在相看过成千上万只狗后,才会决定谁是自己所在项目的特别好的选择。最终的决定在于卡罗尔。根据我们的共同协议,我的所有繁育决定都听从她卓越的专业意见。

然而在我们考虑下一步之前，卡罗尔建议我先测试昂达的眼睛、肘部、臀部，以排除昂达可能不是好的育种候选的任何原因。幸运的是，眼睛可以现场测试，所以中场休息时，在卡罗尔的下个组别比赛之前，我把昂达带到竞技场看台下面的诊所，看看能不能挤进去做个测试。已经有一长队的狗和主人在那里，等待看眼科医生的机会。排队预约时，我翻看了VetGen公司的小册子，这是一家基因检测的服务公司，在眼科诊所旁设了一个展台。

有八项健康测试可用于澳牧的常见疾病，知道结果有助于确定母狗是不是一个很好的潜在匹配对象。不可避免的是，至少有一个或两个干扰将会出现在任何配对中，所以在做决定时应该将所有因素纳入考虑之列。我拿了一本小册子，这样我就可以与卡罗尔讨论哪些测试是值得一做的。

我发现其中一个测试很有趣，测的是截尾的特征。昂达出生时就是一只"天然"短尾。这意味着，它带有显性基因的等位基因。卡罗尔教会我一件事，天生短尾之间交配，可能会导致一些幼崽患脊椎疾病。而这样的知识，是一个熟练的选秀犬种育种人在培育一窝幼崽时发现的，也是业余育种者和小狗流水线生产商所缺乏的。

很大程度上，由于《纯种狗的悲哀》的成功，今天很多人对选秀品种的育种者和"宠物狗"育种者持有消极的评价，参与犬类竞技项目（如敏捷性、放牧测试、犬类飞盘）的人，繁育狗的目的出于爱狗。因为负面宣传，人们普遍认为失明或迟钝是批量繁殖的后果，近亲繁殖危害纯种狗的健康。我那只患了癫痫的澳牧，当然就是一个例子。但在犬赛圈子混了两年，通过对圈内人的了解，我认识到，饲养者比公众以为的要更清楚品种的遗传问题，他们也是最有可能采取预防措施的饲养者，如进行基因检测和通过不同血统间的异型杂交来控制负面结果。

舆论用大量笔墨争论纯种狗和杂种狗哪种更健康。自然，犬赛育种者对这个话题很敏感，因为他们投入了大量的热情、关心和资金，而且想让人们知道他们在培养健康的狗。另一方面，收容所提倡，为提高狗的收养率，应该呼吁混合品种狗是更健康的。

2013年，加州大学戴维斯分校兽医学院的一项研究，对2.7万只狗（包括纯种狗和杂种狗）在24种遗传病的发病率上做了比较。该研究发现，有10种（42%）遗传病在纯种狗身上的发病率较高。但在其他14种疾病中，二者没有差别。

"加州大学戴维斯分校的研究人员一项新研究表明，混血品种在遗传性犬类疾病上不一定具有优势。"一则宣布该研究结论的新闻总结道。

不过，10种疾病的高发病率表明，收容所倡导者和其他批评纯种狗的人，部分是正确的：整体而言，纯种狗患有某些遗传疾病的可能性更大。但通过阅读该研究细则，我注意到这项警告：

> 这项研究表明，某些亚种群纯种狗更有可能表现出一定的遗传条件，而其他亚种群在这些疾病的常见程度方面与混血品种并无统计学差异。

简言之，有些品种比其他品种更健康，而在最健康的品种里，纯种狗和杂种狗没有实质性的区别。

此外，基因检测已经帮助育种者做出明智的决定，以降低繁育犬种的遗传病发病率。而且，育种俱乐部也会共享信息，并配合成员去改正过去由于对纯种育种遗传学的片面理解而导致的错误。今天，饲养者可以成为解决方案的一部分，而不是导致问题的原因。

第七章 莫惹是非

伊莱恩·奥斯特兰德（Elaine Ostrander）是美国国家人类基因组研究所（NHGRI）的遗传学家，负责该所犬类基因组项目，这也使她成为全世界最重要的犬类遗传性疾病研究者。她在哈佛大学做分子生物学博士后研究，主攻犬类基因组测序。

一次我有机会与她坦率交谈犬类健康问题，使我对纯种狗的饲养者更添欣赏。奥斯特兰德告诉我，她的家人养纯种狗，而且以她所学，她对从优质纯种狗饲养者那里带走高质量的狗毫无疑虑。

"赛犬育种者与爱好育种者不同。他们繁育出的狗通常是长寿的，并得到精心照料。他们是最有可能完成测试、了解知识的重要性，并将其应用到育种计划里的人。"她说，"他们了解他们的狗，谱系和血统的问题也是众所周知的。"

认为"混血"（两个不同品种的纯种父母有目的地杂交）创造出更健康的狗，是"设计出来的狗"比如黄金贵宾犬（goldendoodles，金毛寻回犬和贵宾犬的混血）、莫基犬（morkies，约克梗和马尔济斯犬的混血）、巴格犬（puggles，米格鲁和八哥犬的混血）变得如此受欢迎的原因之一。这也是为什么繁育者向非纯种狗索要高价的原因。虽然加州大学戴维斯分校的研究似乎支持这一观点，即混合品种的狗在健康上表现得更好，但奥斯特兰德仍采取典型的保守科学立场。她希望看到更多的数据。

"这是个好问题。我们目前在收集拉布拉多德利犬（labradoodle，拉布拉多和贵宾的混血）的数据。不过，我们知道某些疾病存在于跨品种混血身上。例如髋关节发育不良，在实验室犬和金毛犬的混血身上很常见。那么其后代有无可能患髋关节发育不全吗？嗯，是的。"

"最后，你可以拥有一只（设计出来的）狗，可能髋关节有问题，或者这里那里有毛病。你可以拥有一只纯种狗，活到19岁。以上全部取决于繁育之人。所以，我不认为杂交是灵丹妙药。"她总结道。

奥斯特兰德认为，饲养者对所繁育的狗投入的关心是最首要的，所以她警告他人，在没有充分了解要养的狗的所有情况之前，不要买狗。

"就我个人而言，我从来没有从宠物店买过狗。你对小狗一无所知，没有办法了解信息。任何人在买一只小狗前都应该向繁育者问很多问题。希望大家都做好调查——一个真心关怀小狗的繁育者想知道小狗是不是去了一个舒适的家。"她说。

似乎很多人都把她的话当真了。随着我深挖数据，令我吃惊的是，宠物店的销售额并没有向我预测的那样，能与当今高达数十亿美元的犬类市场相匹配。2016年，宠物店的销售额占收购额的不到4%，低于2013年的5%。

尽管如此，美国农业部（USDA）授权的犬类机构每年仍培育近100万只小狗，其中许多是所谓的"养狗工厂"。很可能数以百万计的小狗在美国农业部不知情或未监督的情况下被饲养，通过网上广告和宠物收养网站（如petfinder.com）直接卖给消费者。据作者金·凯文（Kim Kavin）所说，甚至救援行动，现在也成了肆无忌惮和不受管制的养狗人贩卖商品的前线了。

如果你的目标是把健康的小狗带回家，奥斯特兰德有一条建议，应该作为金科玉律：在你选择一只小狗要把它带回家之前，先去看看它的父母。

遗憾的是，十年来，令人厌倦的批评已经使美国养犬俱乐部的育种者队伍"瘦身"了不少，导致从小型犬爱好者那里得到小狗崽的机会更困难了。相比之下，大规模的小狗流水线以及无良互联网卖家倒是跳出来赚快钱。

如前所述，面对由所有国家领先的动物权利保护组织发起的反纯种狗运动，再加上《纯种狗的悲哀》的播出，纯种狗在美国养犬俱乐部注册的数量大幅下降。美国养犬俱乐部的情形已经变得非常糟糕，他们不再发布所登记的所有小狗的新数据。正如前面提到的，我所获悉的最后一个数字显示，在2011年，美国养犬俱乐部仅注册了536611只新狗。他们没有向公众开放最近的统计信息，但如果过去十年的趋势仍在继续，数字肯定更低。

同时，小狗流水线育种者继续大量生产狗，无论有无血统。如果市场需要的是混血的、设计出来的狗，比如巴格犬、黄金贵宾犬和莫基犬，育种者更乐意效劳。他们最不可能做任何计划，也不可能参与任何标志着现今俱乐部赛犬育种者行为准则的测试。

我们不可能知道有多少俱乐部的狗来自赛犬育种者、品种爱好者而非大型商业小狗流水线（俱乐部接受两者注册），然而一个令人沮丧的趋势是看到越来越少的纯种狗参与注册登记。正如为小狗短缺夜不能寐的防止虐待动物协会兽医所指出的，我们需要尽可能多的有道德、有品质的育种者。

尽管被美国人带回家的大部分是小狗崽（这是出于统计的必要性，因为至少一半的"新"狗都必须有一个出生地），但对需要家的老狗来说，鼓舞人心的消息也是有的。美国人正在救助更多的宠物到家里，同时弃狗率不断降低。

根据防止虐待动物协会的调查，进入收容所和需要收养的狗比以前更少。事实上，狗的数量已经从2011年的390万下降到2016年的320万。超过一半的狗已经在新家庭找到了自己的一席之地。

甚至关于狗的安乐死率，给出的理由也趋于乐观。半个多世纪以来第一次，在美国死于收容所的狗的数量已经低于百万大关。

避难所出于各种原因给狗施行安乐死。其中一部分狗有无法解决的健康问题,包括由年老引起的疾病,这使它们不适合被收养。在许多情况下,人们遗弃老宠物,是由于无法支付兽医费用,或者只是不想支付与私人安乐死有关的成本。还有许多狗因危险的行为问题(咬人或攻击其他动物)进入收容所,收容所就无法将它们安置到新家。

然而,美国人道协会的数据表明,被带进收容所并执行了安乐死的狗中,大约有80%有可能被新家庭收养,但事实上并没有。人们所说的数量过剩,讨论的就是这个群体。在这个避难所世界的一角,这是一个持续的危机。

本书中,我用了整整一章专门介绍一种狗——斗牛犬,这是有充分理由的。根据记者梅里特·克利夫顿的数据(他奔走于动物收容所和人类社区超过三十年),收容所中320万只流浪狗或遗弃狗中大约三分之一是斗牛犬或斗牛犬的混血。但我不全然相信他的话。

为证实这些信息,我调查了一些收容所的网站,从互联网最大的宠物收养网站Petfinder开始。这个可搜索的网站列出的可供参考的狗和猫来自超过11500家动物收容所和救援组织,提供的数据已足够多。

那天我对可供收养的10万多只狗进行了品种搜索,发现斗牛犬、斗牛犬混血占了所有需要新家的狗的四分之一。换句话说,从悲观的角度来看,它们是被遗弃最多的狗。相比之下,在过去的26年,美国养犬俱乐部最受欢迎的品种类别——寻回犬类,占18%。吉娃娃犬,另一种也总被遗弃的狗,排名第三,在10%左右。

同样悲伤的故事来自犹他州基纳布(Kenab)的"最好的朋友"动物协会(Best Friends Animal Society)。据收容所自己说,他们手中可收养的狗,34%是斗牛犬,以及斗牛犬混血。

回到科罗拉多州的家,我与科罗拉多斯普林斯派克峰地区人道协会的珍沟通了一下。与Petfinder网站和"最好的朋友"一致,该协会内部收容所的统计也表明,斗牛犬和吉娃娃犬在被遗弃的狗中占最大百分比。

珍告诉我,收容所很容易为吉娃娃犬、非斗牛犬混血和非纯种斗牛犬找到家。它们拥有很高的"活体释放"比例,因健康问题或主人要求以外的原因而被安乐死的狗比例接近85%,这表明可收养的纯种狗或混血狗并不缺乏。但这并不适用于斗牛犬。她告诉我,收容所里因"行为问题"而被执行安乐死的斗牛犬多达四分之一,大多数行为涉及敌对攻击情绪,而收容所一直在为给其他狗找到新家庭而奋斗。

"我认为整个美国的斗牛犬都存在数量过剩问题,在一些社区它比其他犬种境况更糟糕。"她告诉我。

可悲的是,在美国所有被安乐死的狗中,大约三分之二是斗牛犬或斗牛犬混血。再没有别的犬种被这样滥交繁殖,经常虐待,或肆意抛弃。也没有其他犬种像它们这样最有可能被杀……或,去杀人。

在我写下这段文字的上午,一只名叫"布鲁"的被收养的斗牛犬咬死了九十岁的弗吉尼亚老太太玛格丽特·科尔文。这起无缘无故的袭击发生在她女儿从弗吉尼亚海滩"永远之家"康复中心收养了这只50磅重的狗的几个小时后。从表面上看,收容所在安置前已经做了一切准备。

"布鲁在我们这里住了三个月,受到了培训,所有工作人员和志愿者都喜欢它。布鲁和其他狗和平共处,在收容所没有表现出任何攻击性,还出色地通过了最后的测试。"收容所在媒体声明中说。

自1998年以来,已有300多名美国人死于该犬种,现在名单里又加上了玛格丽特·科尔文的名字,在她的惨剧发生的同期,2017

年1—6月还有九名受害者。在她死后不到五周，宾夕法尼亚州上麦坎吉镇32岁的丽莎·格林，同样死于斗牛犬，这只斗牛犬是通过"和平王国"（Peaceable Kingdom）寄养网站从附近的艾伦镇收养的。

有人质疑，人们真的是自愿收养这些狗的吗？特别是当另一种选择是一只全新的小狗，或灰色的寻回犬混血或吉娃娃需要带回家时？

在我着手写这本书之前，我对斗牛犬没有任何偏见，几乎没有实际接触过它们。我的家乡丹佛，在20世纪80年代发生过两次影响范围极广的致命袭击事件后（涉及一名9岁男孩和一名中年牧师），饲养斗牛犬就被明令禁止了。禁令已经不仅有效防止了袭击——自从城市立法以来，再也没有致命的狗袭击——而且降低了收容所不必要的狗的数量。正如我此前提到的，2016年科罗拉多州不得不进口2.4万只狗以满足收容所对宠物的需求。

在我看，长久以来，人道主义和收容组织一直渴望谴责纯种狗育种者，认为是他们造成的问题困扰着遍布美国的收容所，却未明说数量过剩的最大问题：斗牛犬的主人无节制繁殖出斗牛犬。总体来说，斗牛犬的拥护者和动物权利团体都反对施以常识性的措施，比如强制绝育和斗牛犬禁令，但这些措施不仅可以降低死亡和毁容攻击的风险（仅2016年就有近一千起斗牛犬攻击并导致毁容事件），还会减少每年美国被安乐死的不想要的、不被收养的斗牛犬的数量。

通常，社区一想要禁养斗牛犬或给它们做节育，就会招致数百个品种的育种者有组织的反对，他们中许多人与斗牛犬救援组织有关系。值得庆幸的是，一些社区站出来与这一股势力对抗。2006年，12岁的尼古拉斯·法比士（Nicholas Faibish）被两只斗牛犬咬成重伤后,旧金山通过了一项法令,要求斗牛犬的主人给狗做节育。在18个月里,收容所里斗牛犬的数量从四分之三下降到不到四分之一,被安乐死的斗牛犬也下降了24%。

2006年,密苏里州斯普林菲尔德市通过了斗牛犬节育条例,但并不禁止饲养。主人必须给狗注册,施行卵巢切除或阉割,植入微芯片并佩戴标志。在禁令颁布之前,该市每年都会对数百只斗牛犬实施安乐死;而在2016年,只有26只被安乐死。

2014年,南卡罗来纳州的波弗特县通过了一项强制性绝育条例,超过691只斗牛犬——其中包括400只雌性——被实施绝育。

"我们基本上已成为斗牛犬庇护所,在某种程度上,现在仍然有这个功能。"波弗特县动物服务站的塔卢拉·特里斯说。但斗牛犬已被强制绝育,这就避免了将来至少几千只斗牛犬最终进入收容所。

如果更多的社区采用类似法令,将导致美国成千上万的收容所空置。如果没有50万或更多的斗牛犬每年被饲养并送到收容所,美国数百个收容所将会倒闭。这难道不好吗?

不过,很多人会说,斗牛犬值得"保留"。但是这种集人工选择特征为一身的混合体又有什么特殊呢?纵观历史,狗的品种都是来去匆匆。以转叉狗或"厨房"犬为例。人们繁育了一种长背短腿的英国狗,能够在烤肉架旁边的转轮里奔跑。这种狗本质上是一个旋转电动机,所以一旦有人有了灵感,设计出机械烘焙设备,这种狗就灭绝了。

像转叉狗一样,斗牛犬被培育出来所从事的工作被认为是不人道的——与同类战斗至死。没人哀悼转叉狗的消逝。我们都应该感到高兴,转叉狗所从事的工作和这个工种都不复存在。那么为什么有人要悼念斗牛犬的灭绝?特别是当数百个品种和数百万只狗需要新家的时候，而且这些狗并没有历经许多代的人工选择且培育出来的目的是杀害同类。

即使收容所不想关门，目前花在照顾、宣传和对数百万只涌入收容所的斗牛犬施行安乐死的开销，完全可以贡献给其他更值得"温柔相待"的狗，比如第三世界国家迫切需要新家的街头流浪狗。或者可以把这些钱投给某些项目，以帮助面临着兽医成本，或被驱逐，或遭受收入损失的低收入人群，使他们的狗可以留在自己家里，而不是被遗弃到收容所。

"最好的朋友"的联合创始人弗朗西斯·巴蒂斯塔在为《纽约时报》撰文时表示："从收容所或救援组织领养的纯种狗是最没有罪恶感的。"

但我不同意。大多数在避难所的狗只有一个纯种类型：斗牛犬。显然，在选择宠物伴侣时，斗牛犬不是美国人唯一的道德选择。每只狗都必定有个出身。比起背地里的斗牛犬繁育者和斗犬者，去指责犬类繁殖团体，用更高标准去苛责他们，这是不公平的，而且也不会减少动物的痛苦。

如果有的话，我们需要的不是减少赛犬育种者和纯种狗发烧友——他们是最会饲养狗的人，而且从来不会将狗送去收容所结束生命——而是需要更多的这样的人。

落基山犬选秀在当天傍晚结束。他们说风水轮流转，今天没有轮到莉娜。在雌性犬里获得亚军，它没能进一步参与最好品种的竞争。卡罗尔获得第二名的丝带，但没能为莉娜获得AKC冠军加分。她和往常一样优雅地面对失利，微笑地在场边祝贺赢家。"好吧，还有下一场犬秀。"她对我说。

幸运的是，昂达很出色。下午的敏捷竞赛中，昂达的完美表现为自己赢得了一个合格的分数和第二快的名次。在现场的有卡罗尔、她的朋友苏珊·戴维斯，还有昂达的母亲的主人，林恩·亨茂。昂达比完后，在观众们热烈的掌声中，我们走进看台。

女人们温柔地对昂达低语，祝贺它，拍着它的背，挠着它的肚皮。昂达伸出舌头，闭着眼睛享受女士们给予的慷慨感情。

当我们打包回家时，我不禁惊叹于我看到的所有狗。灵缇犬的速度传自于古代中东沙漠的古老本地品种。边境牧羊犬、澳洲牧牛犬还有我心爱的澳牧，它们的智力和运动神经源自牧羊人驾驭牲畜的需要，它们与安纳托利亚牧羊犬、英国牧羊犬一道，以及其他几种工作犬，任务是看护牲畜并保护它们免受掠食者的侵扰。京巴犬，曾经是中国皇帝和英国女王的宠物。圣伯纳德犬和哈士奇，它们拉车和雪橇。巡回猎犬、指示犬、西班牙猎犬和猎犬，都可协助人们打猎。

当然，还有可爱的杂种狗，在犬类多样的盛会中终于得到了赞扬。它们代表着一万年的共同历史和巧妙的进化方式，从与人类熟悉起来的狼到家犬，它们使自身适应于为我们服务，以换取我们的关怀、理解和爱护。

第二部

猫

猫存在于这个世界就是用来反驳教条的：并非万物都为人类服务。

——音乐家保罗·格雷（Paul Gray）

第八章

鼠与人（还有猫）

> 养只猫总好过养许多只鼠。
>
> ——挪威谚语

1.5万年前，家鼠（*Mus musculus*）从印度北部向西长途跋涉，最终进入石器时代狩猎采集者在中东新月地带的营地——《圣经》中的伊甸园。

家鼠虽然在野外不如本地老鼠足智多谋，但善于从人类那里偷窃（mus，古代梵文意为"小偷"），家鼠的命运随着人类定居意愿的起落而沉浮。一旦食物富足，人类蹲守营地，家鼠便盛行。当食物越来越稀缺，人们重操流浪旧业，长尾巴的小耗子就输给了本地啮齿动物。

大约在1.2万年前，新石器时代的农民开始扎根。农业要求以永久性的村庄、被开垦的土地、粮食储存设备为基础的更固定的生活方式。在这些非自然的环境中，食物丰富，天敌稀少，于是家鼠就兴旺起来了。它们的数量甚至多到危及人类努力创造出来的文化。

自古以来，啮齿动物就妨碍着人类在节省和存储方面所做的努力。《旧约》中，上帝因为非利士人偷了约柜而降了一场鼠疫到他们头上。古希腊的亚里士多德记载，鼠患爆发经常毁掉农民的收成。

"它们以惊人的速度搞破坏。小农场主直到得到通知，是时候开始收割了，才发现所有作物已经被吞噬了。"他哀叹。

老鼠不仅吃掉农民的农场和农田里的作物，还入侵谷仓，用尿液和粪便破坏已收割的收成。鉴于老鼠的破坏性影响了农民的生计，最早的农作物种植者一定是像欢迎解放军一样欢迎猫的到来。

人们至今仍普遍认为古埃及人最早驯化了野猫，并选择性繁殖产生了独特的新物种——家猫。埃及人用宠物猫陪葬的习俗可以追溯到六千年前，墓室壁画展现了四千多年前它们蜷缩在贵妇椅上的情形。但越来越多的证据表明，在埃及文明之前，猫就已经作为最优秀的啮齿动物猎捕者，成为人类的附属。

20世纪80年代早期，科学家们在地中海岛国塞浦路斯发现了一枚八千年前的猫颚骨。野猫并不是岛上的原始物种，而且石器时代晚期的先民似乎不太可能会将未驯化的野猫带到此地。正如《猫的世界：猫科动物百科全书》（*Cat World: A Feline Encyclopedia*）的作者戴斯蒙德·莫里斯（Desmond Morris）所说："会喷鼻子、抓挠、惊慌失措的野生猫科动物将是他们最不想带上船的旅伴。"

2008年，法国科学家发现古老的塞浦路斯猫依然存在。大约9500年前，岛民用各种珍贵的物件连同一只毛茸茸的八个月大的小猫陪葬一位死者。对于考古学家，这不仅反映出墓主人和他信任的捕鼠猫之间的亲密关系，而且意味着墓主人渴望他的猫能陪伴自己的来世。

"在塞浦路斯首次发现的猫遗骸表明人类携带猫来到岛上，但是我们不能确定这些猫是野生还是已经驯化的，"巴黎国家自然历史博物馆的珍–丹尼斯·威格尼（Jean-Denis Vigne）说，"有了这一发现，我们现在可以认定这些猫与人类之间建立了关系。"

几乎所有的重要经济动物的驯化都发生在新月地带，中东弯刀形的土地坐拥底格里斯–幼发拉底河谷、地中海的东缘，以及埃及的尼罗河。根据卡洛斯·德里斯科尔（Carlos Driscoll）和美国国家癌症研究所人员的研究，几乎可以肯定这只猫也来自于此地。

想确定家猫的起源，德里斯科尔的团队将猫的DNA作为他们主要研究目标的附加项目的一部分，即通过比较在猫身上发现的类似疾病来研究人类疾病的遗传基础。

该团队花了六年时间收集野猫的DNA，采集点远至苏格兰、以色列、纳米比亚和蒙古。他们收集的DNA识别出与野猫密切相关的五个亚种，每种对应一个地理区域：欧洲、南非、中东、蒙古和中国东部。每个亚种的基因蓝图都被拿来与数百只驯化猫进行比对，包括野生猫、家庭宠物猫和有血统证明的纯种观赏猫。

比较显示，世界上的家猫仅与来自中东的野猫共享基因模式。最近的匹配来自在以色列、沙特阿拉伯、巴林和阿拉伯联合酋长国捕获的野猫——这些地点都属于新月地带古边界内或周边的国家。这证明了中东通常被称为"文明摇篮"的地区，也是家猫的摇篮。

德里斯科尔认为野猫在最早的农业聚落中占有一席之地，并由此开始了漫长的驯化过程。一旦家猫群体建立并开始繁衍，大把的野猫就可能利用简单的乡村生活成为基因库的一部分。根据德里斯科尔的DNA研究，今天世界上六亿只猫的祖先不过是五只母猫。

德里斯科尔认为，人类几乎没有对该过程产生影响；没有人会对自己说:"我想试试驯养野猫。"相反,是猫选择了被驯养。

"猫自己会适应新环境,所以是猫推动了驯化,而不是人。"他这样告诉《纽约时报》。

德里斯科尔的观点逐渐得到进化生物学家的支持。在对来自多个大洲的1100只猫进行类似的研究时,一个来自加州大学戴维斯分校兽医学院的小组证实了德里斯科尔的中东野猫假说,甚至缩小了起源范围。

"我们的数据支持新月地带,特别是土耳其,是猫的原产地之一,"加州大学戴维斯分校负责人莱斯利·里昂博士说,"土耳其是新月地带的一部分,因此是农业发展最早的地区之一。"借用一些更支持这种观点的证据,最近有人相信土耳其农夫是最早一批在塞浦路斯的殖民者。

驯养机制——逮老鼠,也已经得到了证实。在中国,科学家研究了一个繁荣于5500年前的发达的农业村落,在那发现了猫骨骼。经过骨骼分析,他们认为这里的猫以啮齿动物为食,因为它们打劫了村民存储的黍类作物。这些有力证据说明猫科动物在当地的经济生活中占有一席之地。

"在考古学上很难找出究竟是什么关系导致了驯化,"从事这项研究的菲奥娜·马歇尔说,"目前推测,猫被早期的农民所吸引,但不确定。这告诉我们的是,没错,在古老的村落有猫可吃的食物,它们通过吃啮齿类动物来帮助农民。"

从进化的角度来看,定居对人类和猫是一个双赢的结果。农业文化从狡黠的小猫咪那里获得帮助,保护了庄稼,确保自己有更多食物。而猫则由此免受掠食者的威胁,再加上更易获取老鼠、麻雀和某些昆虫、爬行动物,以及其他小型猎物,猫在人类社会发现了一个舒适的生物龛。

但是猫不得不适应这个新的安排，在进化意义上，去面对新奇且具有挑战性的环境。猫在野外过着离群索居的生活，天生就有保护领地的本能。它们反感和不信任人类。一些物种，如苏格兰野猫，孤僻到不可能被驯服。但在村落里，猫不得不与其他猫密切地生活在一起，并学会与人相处。

仅仅是移居村落便产生了自然选择的驯服压力，这改变了行为基因库，于是我们发现，比起那些天性凶狠的姐妹，与人友好的雌猫更容易生存和繁育后代。由于人们喜欢驯服动物，可选择特别友好的猫做宠物喂食、照顾，甚至与远方的人们交易，从而加速了自然驯化过程。

猫在驯化过程中的社会转型很重要。猫与狗不同，狗在驯化中外形经历了大变化，而现在的猫与所起源的野猫相比，在外观上改变甚微。如果比较野猫和家猫的骨骼，就像我某天在丹佛自然科学博物馆所做的那样，你会发现几乎无法区分它们。如果有人把中东野猫散放在波士顿郊区，人们无疑会把它误认为宠物。不过那些想抓住它带回家的人可就惨了。

"家猫和野猫之间有很大的差别。家猫会坐在你的大腿上，而野猫会在你背后。"遗传学家、猫科动物研究员斯蒂芬·奥布莱恩说。

但一旦它端正了态度，猫作为一个啮齿动物杀手，在为人类服务的每一个方面都是完美的。猫是一种专性食肉动物，也就是说，它只能吃肉。猫的消化系统无法有效处理植物养分和碳水化合物，它们甚至失去了对糖的味觉能力。（因此，不应该喂猫纯素食。与肉对立的纯"素食主义者"宠物只有兔子。）

对于早期的农民来说，猫的食肉癖是一种恩惠。由于对水果、蔬菜、谷物都没有兴趣，猫只是偶尔需要人类提供剩余的动物产品，比如变质牛奶、饲养或猎杀动物或鱼类时丢掉的部分，帮助它们度过猎物匮乏期，并留住猫不再去别处寻找猎物。

当然，猫对人类的吸引力，不仅是单纯的实用价值。早期农民注意到，猫也是极有吸引力的伙伴。孩子气的脸、好奇的眼睛、柔软的皮毛，以及（适时）与人类发展感情的能力，猫使自己融入了人类生活。然而，与狗不同——狗通过与人类主人的相处发生了重大的改变，而猫仍然设法将三只爪子牢牢抓进野性的土壤中。

第九章

古埃及的猫崇拜

> 一个男人的气味像没药,他的妻子是只猫。
> 当他在危难中,她是只母狮。
>
> ——古埃及谚语

1934年一个秋天的早晨,一名对埃及文物感兴趣的英国军官邀请一个鬼鬼祟祟的可疑商人来到开罗的公寓。这人有一袋几乎毫无价值的古董,用纸和破布包着。然而,他慢慢地用老派的技巧来打造戏剧效果,颇具仪式感地展示每件东西。最后一件被打开后,陷入长时间的沉默。罗伯特·盖尔–安德森少校打破了沉默。

"就这些?"

得到提示,商人在一堆包裹中摸索出一个纸包,看上去很大很重。他小心翼翼地拆开,然后用优雅得体的姿态向他的顾客展示了一尊真猫大小的猫雕像。

收藏家屏住了呼吸。尽管从来没有亲手捧过一尊古埃及青铜猫雕像，但他立即认出了这件精致的文物是古埃及人献给他们所信奉的猫头女神贝斯特（Bastet）的神庙祭品。

"我这双老练的眼睛一下就认出，它很明显是工艺上乘、线条优美的艺术品，是一件极为罕见、价值不菲的青铜器。"他回忆道。

任凭商人声情并茂地讲述了自己如何在孟菲斯古城一座大型墓地发现了该雕像的经历，盖尔-安德森只是假装冷静地研究着这尊雕像。他知道这猫价值连城。在开罗，在伦敦，在纽约，无可与之媲美。

漫长的讨价还价环节开始，两人都在心里暗暗兴奋于达成一个奇妙交易。最后，盖尔-安德森花了一百埃及镑买走了这个商人的全部货品，对于这样一个宝藏，这笔金额着实少得荒唐。但商人可能觉得他已从主顾那里做成了一笔较为令人满意的买卖，可以径直回家而不用再总是回头注意有没有警察了。

用了近一年的时间，盖尔-安德森煞费苦心地修复了雕像，小心翼翼地削掉脆弱铜绿的包浆，揭露出下面这尊青铜器的微妙之处。精美的装饰开始显现，大多数是宗教符号：一支雕刻的银制"伊希斯的项圈"环绕颈部四圈，上面挂的一枚吊坠上装饰的是方框里的荷鲁斯之眼。其下是一个漂亮的蚀刻图画，画的是头顶日盘展翅欲飞的圣甲虫。另一只圣甲虫装饰在猫的前额——古埃及人认为太阳神拉（Ra）喜欢圣甲虫，因为它们在地上滚粪就像他在天空中滚太阳。艺术家在猫的两只耳朵里都雕刻了真理的羽毛，这是真理、正义的授予者玛特女神（Maat）的象征。

为了完成修复工作，盖尔-安德森又修补了一处可能会导致雕像碎成两半的致命裂缝。他用年代和产地与原物相符的珠宝取代了穿过猫鼻子和耳朵的金环,但是没有动石质的眼睛,因为他觉得会破坏雕像超然的尊严。

要把雕像从埃及带走是棘手的,但是盖尔-安德森利用他的关系和门道将雕像带回本国。他从来没有透露途径是否合法,尽管有人怀疑有些法律被变通了,他还涉及了行贿。

"我唯一能说的是,1936年的夏天,当我带着这宝贝在蒂尔伯里登陆时,只有凯旋的喜悦,未遭任何良心谴责。"他在日记中写道。

回到英格兰,有人出价三千英镑(约合现在的50万美元)想购买此雕像。但最终,盖尔-安德森拒绝出售。他已经收购大量古董,充实其开罗的私人博物馆,却仍将青铜雕像看作他最伟大的和最喜爱的一件收购品。

在制造了三个逼真的复制品后,他承诺在1939年将原物捐赠给大英博物馆。然而,收藏家为了妥善处理它真是煞费苦心。他害怕纳粹可能会在年底成功入侵英格兰,或者轰炸伦敦的大英博物馆,他把猫雕像妥善保藏在萨福克郡农场(事实上是一口井里),直到1945年战争结束后。猫雕像在战时的安全得到了保证。

当今,"盖尔-安德森猫雕像"跻身大英博物馆最著名和最受青睐的艺术品行列中。作为标志性的埃及雕塑,它在公众心目中的知名度仅次于吉萨狮身人面像和图坦卡蒙国王的黄金石棺。只是看着像猫一样为人熟知的事物与一个古老文明之间存在如此明显的纽带,似乎就能建立起直观的、发自肺腑的现在与过去之间的联系。

猫女神雕像对古埃及人来说意味着什么呢?它的功能是什么?若要了解这些,我们需要回到2500年前的尼罗河三角洲东岸——喧闹、市井的集会发生的地方。

举行庆典的地方叫珀贝斯特(Per-Bast,意为贝斯特之家)。几千年来,这座城市是埃及对爱猫女神的祭祀中心,她被下埃及人民尊为保护神。

在珀贝斯特建成初期,埃及人相信女神贝斯特是一只可怕的母狮,或是长着狮子头部的守护神。她名字的意思是雌性吞食者。因此,人们相信她会保护他们免受入侵者的攻击。塞赫美特(Sekhmet)也是类似的女神,她的原型也是一只母狮,保护着上埃及——一个独立的并经常与下埃及敌对的王国。

最终,上下埃及的统一使得埃及人将这两位猫女神视为姐妹,都是强大的太阳神拉的女儿。这两个女儿分别作为拉的一只眼睛,散射太阳的光芒。塞赫美特主管残酷、灼热和毁灭,而贝斯特提供温暖,给予生命力量。

虽然将贝斯特作为母狮崇拜始于埃及时代,但人们若要去最早的金字塔和墓室墙壁上寻找猫头女神,也会徒劳无功。直到埃及中王国时期,家猫才出现在视野中,当时重要的神已经确立。直到古埃及强盛的最后一千年,猫才崛起并名声大振。

猫首次出现在公元前1950年左右一个名为贝克特三世(BaketⅢ)的人的墓葬中。在描绘日常生活的壁画里,女人在织布机旁织布,屠夫宰杀牲口,上面还画着一只猫准备与一群老鼠作战。猫站在一个男人的旁边,这表明那是它的主人。

啮齿动物是一个重要的细节。埃及即将进入最强盛时期,恰好与猫崛起的时间重合。埃及的财富取决于粮食,这是其经济中最重要的单一大宗商品。

在猫来到埃及之前,啮齿动物是埃及人无法解决的棘手问题。德高望重的埃及古物学者弗林德斯·皮特里(Flinders Petrie)称,19世纪在卡珲(Kahun,公元前2000年的一个村庄)发掘时,他观察到:"几乎每个房间的角落都有老鼠洞,隧道里还填充了石头和垃圾作掩护。"

不久之后,家猫登上舞台。毫无疑问,它受到新石器时代农民家庭的普遍欢迎。猫拥有能够剿杀各种鼠类的能力,保护粮仓,还能猎杀毒蝎子和蛇,挽救生命。这些让它看起来无比神奇,而事实上,它只是为自己捕食。还爱保持自身清洁,将粪便埋在沙漠的沙子中,这些行为肯定令它更受欢迎。

然而,作为一个相对较晚"抵达"埃及的动物,卑微的猫不得不在理论上进入埃及神的体系和神圣动物的集团。可一旦猫打着女神贝斯特的幌子这样做了,它得到的崇拜和尊重就超过了其他所有动物。

命运发生了转折,猫女神的地位得以提升——在埃及最后一千年的辉煌时代她成为无与伦比的崇拜偶像。距今约三千年前,埃及正在经历一段内忧外患的动荡年代。公元前943年,军事领袖舍顺克一世(Shoshenq I)控制了埃及,成为法老。他的家乡就是珀贝斯特,他的上位使得该城市成为埃及政治、文化和贸易中心近二百年。

很可能舍顺克是第一个将贝斯特女神与猫联系在一起的人,将她的面容从凶猛的狮子变为驯服的猫。无论如何,舍顺克都要倡导这种外观的改变,因为他知道家猫在埃及民众心中的地位。

在埃及广为流传的故事有助于解释为什么贝斯特选择珀贝斯特作为自己的神庙所在地。女神逃往努比亚沙漠,她变为母狮隐藏起来。她的父亲太阳神拉需要她,便差遣使者来说服她回去。她生气地离开,在尼罗河中缓和了情绪,变为一只温和的家猫。

然后她顺着尼罗河航行,一路受到沿岸埃及民众的欢迎,最后抵达珀贝斯特。那里举行了庆祝活动,从此珀贝斯特成为一个神圣的地方,定期举办盛宴来纪念她。就这样,对猫的崇拜开始了。

猫的魅力在于它卑微的出身和亲昵的行为，这就将对动物的喜爱和重视引入普通人的日常崇拜中。权贵人士拥有私人神庙供他们向历史悠久、强大的动物神致敬，普通埃及人只需要养一只猫，就可以在家中供奉一尊女神雕像了。

当猫代替了母狮成为女神，贝斯特战士的角色已变得不那么重要了（这个工作现在由她的姐姐塞赫美特接手），而她则担任家庭的保护者角色——天性赋予猫在除老鼠、保护粮食，以及防范毒蛇和昆虫方面重要的能力。值得注意的是，人们相信贝斯特也能保护他们免受疾病困扰，这可能源于猫能控制携带疾病的老鼠。

贝斯特的崇拜者也归服于她的另一属性。众所周知，母猫多子，所以贝斯特也象征着生育和家庭。想要孩子的女性会佩戴贝斯特形象的护身符，上面的贝斯特脚边有几只小猫就意味着这个女人希望生几个孩子。孩子也可以在身上纹贝斯特的肖像或佩戴简单的护身符，以企盼获得她的保护。

生育自然与性欲密不可分。众所周知猫在夜间放肆交合。埃及人认为贝斯特也是性感的化身：她有三个丈夫，还与其他诸神有染。所以贝斯特也经常与性快感、诱惑（她也是香水女神）、音乐和庆祝活动联系在一起。

让我们回到珀贝斯特的盛宴。舍顺克和他的继任者花巨资，将贝斯特的神庙修缮得无与伦比。我们对这座美丽的神庙的认知大部分来自于希腊历史学家希罗多德的描述，他在珀贝斯特的统治者下台几个世纪之后参观了这个遗址。即使曾经的辉煌已消逝，它仍然是一个神奇的地方。

珀贝斯特建在山谷中，从任何角度都能看到城市的中心。两条水路将尼罗河引入城市，形成一个半岛，组成了神庙所在的地区。每条水路宽约30米，树影投在水面上；这两条宽阔平静的运河是从尼罗河乘船过来的必经之路。

据希罗多德的描述，来自小镇的朝拜者由城市宽敞的公共市场走近神庙，人们走在一条宽约120米的石子铺成的路上，"路两侧的树木高耸入云"。神庙被大理石墙环绕，墙壁上装饰着各种神的浮雕。里面是一个花园，神殿就掩映在大树的阴影里。

贝斯特神殿呈正方形，边长67米——与著名的雅典帕特农神殿一样，却是后者宽度的二倍。神殿里有一个巨大的神龛，供奉着女神，男女祭司每年参与活动。祭司以舞姿为人称道，且常常脱去衣物，他们也许就是第一批专业的脱衣舞演员。

没有活动的时候，神殿人员分发食物、提供医疗帮助，并在法律、商业活动和个人事务方面为人们提供咨询服务，协助信徒做日常祈祷。他们还照顾猫，因为人们相信归神殿所有的神圣的猫随时会传达贝斯特的旨意。

但是每年4月，贝斯特神殿都要举行为期五天的盛大庆典，来纪念女神。那场面是史诗级的。不管你的检验标准是嘉年华还是本地的伍德斯托克摇滚音乐节，在珀贝斯特举行的庆典在挥霍、壮观和奢侈方面都是佼佼者。

在节日前夕，载满狂欢者的船从埃及全国各地涌来。女人们拿着手叉铃——一种类似拨浪鼓或响板的乐器。还有人演奏长笛。大家都随着音乐起舞、拍手、唱歌、叫喊。

每当有船经过城镇，女人会嘲笑那些尚未加入狂欢行列的人，提起裙子，露出下体。这是对即将到来的放荡和放纵的邀请。

在节日中，什么事情都会发生。历史学家杰拉尔丁·平奇（Geraldine Pinch）引用希罗多德的话："在这个一年一度的节日里，女性摆脱了所有束缚。"这是抛开顾虑的时刻，不仅可以宴饮（希罗多德说埃及人在这个节日里喝掉的酒比全年其他时间喝的总和还多），还能跳舞、调情、唱歌，与上钩者做爱。每年超过70万人参加这个狂欢的聚会，使其成为最受欢迎的庆祝活动之一。即便不是最受欢迎的，也可算是每年埃及人的宗教节日巡回活动中最热烈的。（值得注意的是，孩子们被留在家中。）

在所有狂欢和放纵中，节日亦有其庄严和美丽的时刻。在最后一个晚上，所有人都安静地聚集在神殿里。一支蜡烛被点燃，从这里开始，其他蜡烛相继被点燃，光从中心向外扩散，一个逐渐扩大的光圈照亮整个人群，这样的场面从高处看一定非常壮观。

在节日期间，信徒的重要职责之一就是为女神贝斯特供奉祭品。如果一只家猫今年死了，会经防腐处理被制成木乃伊，埋在巨大的神殿墓地里。1887年发掘珀贝斯特的神殿时，发现了30多万具的木乃伊猫。

如果一个人没有猫，还愿时还可以买走一具木乃伊猫。此外，人们购买贵重金属和宝石制成的珠宝，或留给神殿作为祭品，或佩戴起来当作护身符，或带回家放在神龛里。献给女神的祭品往往伴随着请求或祈祷，如求子，或求家人健康。

特别富有的资助者可能会献出一尊像盖尔-安德森猫雕像的东西作为祭品。它可能会被摆放在突出的位置，直到被下一个更精美、更贵重的祭品取代。这类雕像上通常刻有给女神的寄语或请求。

贝斯特深受男性和女性同样的欢迎，因为每个男人都有母亲、妻子、姐妹、女儿，需要得到猫女神的庇佑。此外，埃及社会赋予妇女与男子平等的地位和权利。这就解释了为什么一个保护妇女、保佑妊娠、保护家庭、捍卫女性秘密的猫女神可以拥有如此高的地位。

埃及人相信，女神会选择寄居在他们所喜欢的动物体内。猫也喜欢来自周围的保护。在埃及衰落的年代，外国人来到此地也注意到了埃及人日常对猫的特别保护。

常言道，一个人在埃及要是杀了一只猫，即便是意外，也会把自己置于致命的险境。古希腊历史学家狄奥多拉斯（Diodorus Siculus）于公元前几十年写下他对埃及的访问。他说，如果一个人杀了神圣的动物，无论是猫还是鹮，"他一定会被判处死刑，百姓会聚集起来，用最残忍的刑罚惩罚罪犯，有时甚至不必等待审判"。

他还提到在托勒密王朝后期一个驻扎在埃及的倒霉罗马士兵。为避免与其他强大国家的战争，埃及人一向臣服于罗马人，直到一名士兵杀死了一只猫。大量埃及公民代表贝斯特袭击了他的家，以示报复。

"无论是国王派来的官员请求饶了这名士兵，还是罗马人的求饶，都不能令所有人觉得可使他免受惩罚，即使他纯属无心之失。"这位历史学家写道。狄奥多罗斯说，为了打消民众的疑虑，他亲眼看见了这名士兵的死。

马其顿作家波利埃努斯（Polyaenus）和希腊历史学家希罗多德都描述过埃及和波斯国王冈比西斯二世（Cambyses Ⅱ）之间的战争。波斯侵略者狡猾而残忍地践踏埃及人对猫的崇敬，借此打击埃及。

为捍卫下埃及东部门户佩鲁西昂（Pelusium），埃及军队部署了弹射器向敌人投掷石块、炮弹，向敌人开火。作为回应，冈比西斯将猫、狗、鹮和其他神圣的动物聚集在军队前面，士兵的盾牌上还画着贝斯特的形象。

这种以猫为中心的反攻，迫使埃及人停止了炮击，因为他们害怕冒犯神圣的女神。波斯人兵不血刃地拿下这座城市。（根据希罗多德的记述，只有猫被用来保护波斯军队。）冈比西斯乘坐战车穿过小镇，把猫扔给人们以展示他的轻蔑，随后下令摧毁珀贝斯特神殿的墙壁。

克利奥帕特拉死于公元前30年，埃及在罗马的统治下失去了独立，罗马对埃及传统宗教进行了打击，几乎令其无法东山再起。统治者抛弃了古代万物有灵的神，代之以希腊罗马的人文主义神。但普通群众对动物神，尤其是像贝斯特这样受欢迎的神的崇拜仍然持续了数百年。

他们成为失落的信仰。在4—5世纪，基督教反对异教徒的崇拜信仰，使埃及一劳永逸地摆脱其多神教的过去。这种狂热也扫除了埃及动物神的最后一名崇拜者。

经过一段受到保护和崇拜的荣耀岁月（有人说这段日子深植猫的记忆中），猫重回它卑微的家畜和宠物角色。但至少在埃及，它并未受到苛待。猫仍受宠爱，后来还得到埃及新宗教领袖——先知穆罕默德的祝福和保护。到了中世纪，人们捐款给开罗无家可归的猫。最值得注意的是，在12世纪，苏丹拜巴尔斯（Baibars）捐出他的一部分财富，以便在他的清真寺附近建立保护区，专为收养开罗的流浪猫。

在下一章，又是另一种情况了。

第十章

中世纪的邪恶化身

> 邪恶通常与罪人玩耍,就像猫戏鼠。
> ——15世纪出版商威廉·卡克斯顿(William Caxton)

在一切关于宠物和野生动物驯化和传播的研究中,科学家们讨论最多的是猫抵达欧洲的时机和方式。有一个合理的解释,即古代腓尼基商人将猫带上他们的船用于捕鼠和交易,从而导致猫科动物在欧洲大陆迅速扩散。

在公元前一千年,腓尼基人的船只横渡整个地中海到达直布罗陀海峡和更远处,最后停泊在伊比利亚半岛以及撒丁岛、西西里岛的某些岛屿。在这些港口中的任意一处,猫都可能自己跳下船或被当作具有异国情调的宠物交易,就像今天的金刚鹦鹉、猫鼬、蟒蛇等野生动物一样。

虽然腓尼基人从未殖民英国，但他们用中东特别是埃及的谷物与英国交易锡金属。毫无疑问，老鼠搭了个便车。因此，腓尼基人把猫带到不列颠群岛来解决他们自己造成的问题，这样说是有道理的。

但值得注意的是，《圣经·旧约》中没有一处提到过猫——这使得猫在埃及以外的地域可能仍然鲜为人知。因此推测，直到公元前332年希腊人开始统治埃及，即从希腊征服者亚历山大大帝开始，猫才向北扩散至欧洲。

无论是腓尼基人通过海路，还是希腊或罗马人经由陆路将猫带进欧洲，总之公元最初几个世纪，欧洲几乎没有提到过猫。事实上，直到5世纪，"cattus"这个词才首次出现在拉丁语中。（埃及人用了一个令人愉快的拟声词"miu"，而"caute"的词源很可能来自拉丁语。）

与埃及的万物有灵论的神体系相反，希腊人和罗马人崇拜人文主义的神。与贝斯特各方面都接近的是希腊神话里的狩猎女神阿尔忒弥斯，以野性著称，在罗马神话体系里叫作狄安娜。与贝斯特一样，她们都是受女人尊敬的主管生育、分娩、家事和祛病的女神。然而，无论阿尔忒弥斯还是狄安娜与猫都没有密切的关系。作为猎人，她们更喜欢狗的陪伴。

这一转变很可能反映了一个事实：希腊人和罗马人都不像埃及人那样迷恋猫。在大多数情况下，他们使用驯服的雪貂抓老鼠、兔子和黑鼠，黑鼠在罗马帝国鼎盛时期到来，很可能带来了感染瘟疫的跳蚤，后来的历史证明这给了罗马帝国致命一击。

然而，猫确实在希腊艺术上留下过足迹，比如在壁画里可以看到它们追鸭子，玩耍成串的银币。这些不过是转瞬即逝的印象。与其说是在希腊人的艺术里，不如说是在希腊人的思想和语言里，猫才开始展露个性。埃及人塑造了猫的形象并予以崇敬，而希腊文学则赋予了它灵魂。

《伊索寓言》中有许多关于猫的故事，其中许多将它们描绘成耍花招的骗子。例如，在《猫的生日派对》(The Cat's Birthday Party) 中，猫邀请小鸟，然后关上门吃了它们。在《鹰、猫和野猪》(The Eagle, the Cat, and the Wild Sow) 中，猫在鹰和野猪之间挑拨，说如果它们离开家，对方就会掳走它们的孩子。结果老鹰和野猪不敢出去，最后都饿死了，猫就把它们和它们的孩子们都吃了。

猫也出现在一个特别的古希腊神话里，其早期版本可能来自埃及。神话是这样的：强大的战争之神宙斯引诱了美丽的公主阿尔克墨涅，令其怀上他们的私生子——赫拉克勒斯（即罗马神话里的海格力斯）。宙斯的妻子赫拉在嫉妒和愤怒中让一位负责分娩的女神，坐在阿尔克墨涅的门外，双腿交叉，在阿尔克墨涅身上施了一道咒符，企图阻止分娩。

接连几天的阵痛，致使阿尔克墨涅承受了巨大的痛苦，她聪明的女仆尕琳修斯想了一个办法。她告诉守在阿尔克墨涅家门口的女神说她失败了，孩子已经生出来了。女神站起身时，施加于阿尔克墨涅身上的咒语破解，赫拉克勒斯诞生了。

令赫拉愤怒的不仅是她的情敌阿尔克墨涅生下了宙斯的私生子，还有尕琳修斯这个诡计多端的凡人。为了报复这个忠实的仆人，她将其变成一只猫，驱逐到地狱中。

在地狱，魔法和黑暗女神赫卡忒怜悯尕琳修斯，将她化身为神圣的宠物。这则代代相传的神话将猫与黑暗、阴间和魔法联系起来，在未来几个世纪里，这则神话证明了欧洲的猫的悲惨命运。

随着希腊-罗马帝国的衰落，猫在不断更迭的欧洲皇室中享受了一段时间的崇高地位。比如在苏格兰和爱尔兰，人们认为猫是神奇的，具有积极意义。在北欧神话中，女神芙蕾雅在天空驰骋时所驾的车由两只巨大的猫牵引——鉴于猫在团队合作中一向声誉不佳，这可真是个奇妙的画面。

与异教徒一样，最早的基督徒似乎对猫充满感情，至少从某些古老的民间传说中可见到。相传，新生的耶稣在马槽里颤抖的时候，有只母猫卧在他旁边，给他提供了温暖。玛利亚醒来抚摸猫的额头表示感谢，并在额头留下"M"形标记，至今斑猫的额头依然携带着这个标记。

在穆斯林信仰中也有类似的故事：虎斑猫警告穆罕默德有危险。先知为表感谢，亲切地抚摸了猫，在其额头留下了自己名字的首字母，他还抚摸了猫的皮毛，在其背上留下了条状花纹。基督教和穆斯林的故事，很可能起源于古埃及，即"M"指圣甲虫的腿，也是贝斯特的父亲——太阳神拉的神圣标志。

然而，欧洲早期基督徒对猫的喜爱之情，逐渐走向黑暗。12世纪末，猫以恶魔的形式首次出现在基督教文学中。这个故事涉及法恩圣巴塞洛缪，一位本笃会牧师，他在定居英国成为一个生活悲惨的隐士之前，曾在欧洲游历。

其间，圣巴塞洛缪与魔鬼斗争，魔鬼以各种动物形象出现，尤其是猫。在中世纪的艺术中，动物是常用的宗教符号，在这种情况下，圣巴特与撒旦的战斗一般被简称为猫鼠游戏。巧合的是，cattus（猫）和capturer（捕获者）在拉丁语里是俏皮话，想必教会作家正是抓住了这一点。

因此，猫折磨老鼠成为中世纪常用的寓言，我们今天还可以称之为"模因"。手抄本的艺术家们在描述《圣经》和《诗篇》时常常使用这个寓言。有一个例子是一首关于大约1220年的圣奥古斯丁大教堂的诗,一个字母"C"就由一只恶毒的猫抓住一只老鼠组成。一个多世纪后,同样的例子出现在《鲁特瑞尔诗篇》(Luttrell Psalter)中,它也来自英格兰。

另一种流行用法是在动物寓言集里,这是一个主要领域,旨在借中世纪动物和神兽来对受众进行道德教育。牧师在布道时,神学家在手中的小册子里,同样采用猫和老鼠的寓言来加剧教区居民内心对恶魔,也就是猫的恐惧。

将猫刻画成伪装的魔鬼恰恰迎合了当时对不信基督教的人(无神论者、异教徒、离经叛道者)的迫害,这种情况日益严重,并在12世纪初被制度化。

基督教下的首次宗教迫害发生在公元391年,当时皇帝狄奥多西一世(Theodosius I)禁止了所有的异教崇拜,包括不准崇拜罗马女神狄安娜和她的埃及"同行"贝斯特。但几百年来,生活在梵蒂冈控制范围之外的人们,仍然保留着古老的、代代相传、改编自前基督教文化的异教。

随着时间的推移,当地宗教习俗与基督教教义融合,导致混合宗教被教会视为异端。到11世纪,随着人们反对教皇和主教的压迫、贪婪和反复无常的权威,这些宗教争取到发展空间。受到教派独立和觊觎他们礼拜者的土地的威胁,教会和各天主教国王统治的世俗权威开始系统地消灭信徒。

最早感受到教会盛怒的是清洁派教徒,该派到1150年,在法国南部、佛兰德斯(比利时北部)、德国的部分地区、法国北部和意大利北部得到广泛传播。就像60年代达到鼎盛时期的嬉皮士,高级别的清洁派教徒实行素食主义,崇拜自然和动物,反对暴力、财产私有化和宣誓;与嬉皮士不同的是,他们宣称放弃性生活。

虽然"cathar"这个词在拉丁语里的词根是"贞洁"(casta),

中世纪作家、神学家里尔的阿兰（Alain de Lille）却将其与拉丁语（猫）cattus联系在一起。这位法国神学家的记载，撒旦以猫或一个长着猫腿的人的形象出现在清洁派教徒面前。在神圣的仪式中，教徒们要亲吻撒旦——一只巨大的高高翘起尾巴的黑猫——的臀部。据说庆祝活动以狂欢宴会结束。

类似这种匪夷所思的说法，为一场消灭异端教派的冷酷战役提供了正当的理由。清洁派教徒在1209年遭到第一次攻击，名字颇具讽刺意味的教皇英诺森三世（Innocent Ⅲ，innocent意为幼稚）命令十字军剿灭他们。开战第一天，两万名男人、妇女和儿童遭到杀害。对清洁派教徒的迫害运动持续了二十年。拉斐尔·莱姆金（Raphael Lemkin），一名犹太律师创造了"种族灭绝"一词，将摧毁清洁派教徒的战争称为"宗教史上具有决定性的种族灭绝案例之一"。

其他人如与阿兰同时代的威尔士人瓦尔特·迈普（Walter Map），用几乎相同的描述（亲吻猫的入会仪式）将猫与异教徒联系起来。被异教徒与猫科动物之间所谓的关联激怒，1233年，英诺森的继任者教皇格里高利九世颁布了敕令《罗马之声》（Vox In Rama），对异端教派发表了圣战宣言。其中包含相同的亲吻猫的图像内容。

《罗马之声》致力于启动宗教裁判所，即教皇警察和袋鼠法庭（非法私设的法庭），其工作为铲除异教徒，通常对他们使用无法形容的、痛苦的、往往是致命的酷刑逼供，据说都是为了拯救他们的灵魂。

由于除了极少数外大部分清洁派教徒都已死亡、流散，或在《罗马之声》颁布之时就"皈依"了教皇英诺森，所以亲吻猫的仪式成为样板来对付其他异教团体——瓦勒度派、路西法教派（一个德国的教派，真的很极端），而且，一个世纪之后，德高望重的圣殿骑士在十字军东征期间曾与教会结盟，但后来也因此获罪。

关于圣殿骑士的秘密入会仪式的传言，给了人们不信任他们的理由。负债累累的法国国王腓力四世趁此机会摧毁圣殿骑士团。1307年，他在法国抓捕了许多成员，严刑逼供，并将他们绑在火刑柱上烧死。像其他异教徒一样，许多人因信奉关于猫的恶魔崇拜而遭到诅咒。

与此同时，德国的主教们非常热衷于把猫与异端教派联系在一起，甚至给异教徒起的别名就是ketzer，来自德语里的猫（katzke）。更有甚者将异教徒称为"katzenküssers"（亲吻猫的人）。

黑暗的中世纪被迷信掌控，教会选择把猫和异教徒紧密地联系起来，是可以理解的。国王詹姆斯版《旧约》写道："让我们按照我们的形象，塑造出与我们相似的人，并让他们统治海里的鱼、空中的飞鸟、牲畜、大地，以及一切在地上爬行的动物。"

猫天生是非常独立的生物，不愿屈从于人的意志。它们整天睡觉，所以被认为很懒惰。它们不依赖人的照顾，也不执行任务（除了自身所需的捕食），而且不像狗那样驯服。猫的性行为频繁且随意，比起狗默默地弓着背，猫在性交时的吼声和尖叫更显得亵渎虔诚的感情。不难想象，在夜深人静的时候，被它们不和谐的号叫声吵醒，简直有如生活在地狱中一般。

简而言之，猫不是虔诚基督徒的好榜样。再加上猫总令人联想到阴间、魔法和古埃及祭祀的神秘主义，这就很容易明白为什么教会当局似乎急于将猫视作撒旦的化身。

对猫累积了太多的轻蔑和鄙视，教会的作家给它们背负上各种各样邪恶的罪名。据说它们的牙齿分泌毒液，肉也有毒，毛发致命能引起窒息，它们的呼吸还会传染病毒破坏人类的肺部。

当然，人们并没有真正地意识到，这些"邪恶"是真的：猫的唾液、皮屑、尿液都会引起过敏反应。今天，约十分之一的欧洲人和美国人对猫过敏，其症状影响眼睛、皮肤和呼吸系统。在严重的情况下，可能引发致命的哮喘发作和过敏反应，突然对猫过敏的患者一定会吓坏中世纪的人。

迷信、恐惧和宗教迫害，导致中世纪欧洲各地的猫被大规模屠杀。社区开始举行一年一度的猫庆祝活动，主要目的是围捕、杀死野猫。数以百万计的猫被杀死。

在经过一个世纪天主教徒的虐待之后，有人说，猫以一种巨大灾难的形式对人类进行了神圣的报复。

1346年，一种名为"黑死病"的致命腺鼠疫抵达欧洲。跟随意大利商船上老鼠身上的跳蚤，这种疾病从黑海、地中海的港口城市登陆，然后蔓延至整个西欧和北非。

根据挪威奥斯陆大学历史学名誉教授奥利·贝内迪克托（Ole Benedictow）的研究，黑死病席卷了欧洲60%的人口，使其从大约8000万减少到3000万。当时有一个颇为流行的理论用来解释这一现象（尤其在爱猫人士中），即天主教会对猫的迫害使老鼠的数量骤增，这种啮齿动物的爆炸性繁殖为传播疾病创造了理想条件。瘟疫到达一个新地方，就会杀死该地区已有的大量鼠类，啮齿动物种群崩溃，携带疾病的跳蚤自然会转攻人类。

毫无疑问，医学历史学家认为，猫急剧减少会破坏捕食者与猎物之间的平衡，导致啮齿动物增多。现在已经能确定，在黑死病到来之前的很长时间里，这种变化已经发生了。啮齿动物和跳蚤，是自然滋生鼠疫细菌耶尔森菌（Yersenia pestis）的温床，它像啮齿动物侵入一样，在欧洲登陆，由于没有猫，使得它们的攻击具备了理想条件。

虽然有这样明确的逻辑推理，但还有一些观点认为，如果猫以这样简单的方式来报复折磨它们的人，这并不公正。个中原因在阿比盖尔·塔克（Abigail Tucker）备受赞誉的关于猫的著作《客厅里的狮子》（*The Lion in the Living Room*）中得以闻述。

首先，没人知道有多少猫在"大清洗"中丧生。虽然肯定有一些城镇的猫遭受了几乎灭绝般的对待，但其他地方被放过的猫也比较多。

此外，众所周知，猫是既具有高度适应性又具有极强繁殖能力的动物，几乎和鼠类一样可以迅速补充数量。塔克说，令人怀疑的是，围捕、从钟楼上往下扔或在篝火中焚烧（据说这是当时首选的根除方法）等灭绝猫的做法，是否真的削减了欧洲猫的总体数量。

不过，很多人仍认为迫害猫对欧洲的危难起到了推波助澜的作用。有个令他们不安却极有说服力的故事发生在1346—1351年欧洲的犹太群体中，那段时间黑死病正肆虐地收割灵魂。

据史料记载，犹太人聚集区抵抗住了这场猖獗的流行病。可悲且不幸的是，这引发了基督徒的怒火，他们将黑死病归咎于犹太人。基督徒的歇斯底里导致整个欧洲城镇的犹太人遭到迫害。这些骚乱在德国美因茨达到高潮，基督徒们对那儿的犹太人施加暴行，纵火焚烧了犹太人的飞地，导致6000名犹太居民被害。

犹太学者约纳森·格尚（Yonassan Gershom）认为很多犹太人避免被瘟疫蹂躏的原因很简单：他们拒绝参与屠杀猫。

"与中世纪基督徒视猫为魔鬼加以杀戮相反，犹太人一直豢养教堂猫（shul katze），用来捕捉啮齿动物和保护圣书免受啃咬。"他解释道。"chatul"在希伯来语里意为家猫，它令犹太人家庭远离携带跳蚤的鼠类。

第十章　中世纪的邪恶化身

与基督徒不同，犹太人从未将猫视为邪恶的恶魔。犹太教禁止相信预兆，所以他们的信仰并不向迷信妥协。此外，犹太人的猫文化可追溯到古埃及时代，那时人们带着一种敬畏仰视猫。猫既不陌生也没有威胁，所以犹太人觉得养猫当宠物并没什么问题。

"不幸的是，由于当时的人缺乏瘟疫蔓延的相关知识，这两种境遇就刚好夯实了一种观念：犹太人是巫师，他们的妖猫带来的瘟疫，是对基督徒的一种诅咒。"约纳森·格尚总结道。

具有讽刺意味的是，黑死病重创了天主教会和封建王国的元气。瘟疫第一波夺取了生命，随着后续几轮瘟疫，整个欧洲劳工短缺。由于在疾病面前，地主和乞丐人人平等，当许多地主死亡，有幸活下来的农民就重获了自由。许多人放弃农村转而前往城市，因为那里有更好的生活机会。

随着欧洲人口锐减，人们离开了农庄，以前种植作物的土地普遍转化为牧场，让留在此地的人能够饲养更多牲畜。这导致大规模的毛织品生产，是新兴工业经济最早的基础。他们的经济实力将最终颠覆中世纪基督教会和皇室的中央集权。

与此同时，黑死病导致许多人对基督教上帝和天主教堂失去信仰。（许多精明的人观察到，罗马在受无数神管辖时比在上帝的管辖之下过得更好。）因此，具有讽刺意味的是，在一些地区异教卷土重来。此外，对当权者所抱希望的幻灭为新教改革奠定了基础。从基督教思想中解放出来，人们又转向研究古希腊和古罗马的文化，从而推动了文艺复兴。

尽管如此，对于猫的迷信仍被烙印在欧洲人的思想中，并持续到现代。1486年，罗马教皇英诺森八世开始新一轮的宗教迫害，旨在根除欧洲女巫。他特别指出，猫作为女巫的"帮凶"，是她们使用魔法时的助手。

从教皇英诺森时代开始，猫和女巫的形象就变得密不可分。莎士比亚的戏剧《麦克白》就是个例子。开场白时，计划会见麦克白的三个女巫中有一个突然说："我来了，狸猫精。"[1]女巫这是在回应她的密友或守护神的召唤，其以灰猫的形态呈现。

迷信的欧洲人认为，许多动物会被魔法占据灵魂（比如蟾蜍）。但猫被视为女巫特别挑选出的宠物，因为它们以前与异端教派和古代异教崇拜，包括对埃及的贝斯特的崇拜有关联。不过现在，除了天主教会有针对性地虐猫，刚成立的新教以及全欧洲的世俗权威，也加入了行动——通过抓捕和审判女巫来完成。

据《中世纪的猫》（*Medieval Cats*）一书作者凯萨琳·沃克-梅克尔（Kathleen Walker-Meikle）称，英国女巫审判记录中提到的第一只猫是一只白斑猫，叫撒旦（Satan，这个名字还挺合适），据说是被当作礼物由伊丽莎白·弗朗西斯的祖母送给她的，因为她发誓放弃上帝。撒旦出现后，似乎与伊丽莎白在用一种"怪异而空洞的声音"说话，还具有很大的魔力。这只猫在每一次邪恶行动之后，伊丽莎白都会用一滴血作为回报。

中世纪晚期文学界中最常见的主张是，女巫可以把自己变成猫，反之亦然，这一观念可以追溯到那个关于女仆尕琳修斯的希腊神话。古希腊神话导致很多人相信殴打一个变作猫的女巫会令她在第二天现形，而她变回女人（很少作为男人）出现时，身上会有相同的伤痕。

这个变形的解释出现在一本叫作《女巫之槌》（*Maleus Maleficarum*）的关于女巫和巫术的小册子里，据称在教皇英诺森八世时期由一个特别残暴的德国主教撰写。这本广为流传的书开启了

---

[1] 原文是"I come, Graymalkin"。此处引用朱生豪译文。——译者注

臭名昭著的猎杀女巫浪潮，该浪潮从15世纪持续到18世纪晚期，导致1692年在美国发生了令人发指的塞勒姆（Salem）女巫审判案。

据说整个欧洲貌似合法的宗教审判导致4万—10万人被处决，另有几十万治安人员死于1480—1750年。大部分被处决的是女性。在某些情况下，法院甚至会指控审判动物。

例如，1379年9月5日，法国一座修道院里的两群猪突然焦躁不安，杀死了一个名叫佩里诺·穆特的人。所有猪都被判以死刑，但在审判裁决下达后，修士为那些只是观察而并没有参与的动物们提出上诉。他的呼吁设法拯救了他们的培根。

猫、蟾蜍和其他与女巫有牵连的动物很少在法庭上被审判，而总是会被直接卷入女巫审判，在没有诉诸法律或缺少审判过程的情况下与主人一起被烧死。

绞刑是对罪犯执行司法审判的首选方法，火刑主要针对女巫。根据既定教义，女巫自己无法选择做女巫，而是由撒旦选择，所以要烧死她们，通过经受痛苦使她们得到净化，从而进入天堂。作为女巫的宠物，猫也受制于同样的法律逻辑。

据称宗教领袖相信，并引导民众相信折磨并烧死女巫是对她们的恩惠。无论女巫是人类还是猫的形象，这都不重要。在一年一度的祭典上，把猫放到篮子里集体焚烧是广为流传的节目，大众普遍认为它们令人惊骇的尖叫声将警告其他女巫和魔鬼远离，以免遭受同样的命运。

早期的教皇诏书中便将黑猫视为异端，它们遭到污蔑，付出的代价最大。直到20世纪，欧洲的猫群中，黑猫才又恢复了一定的比例。

虽然抓捕女巫运动在18世纪中期就偃旗息鼓，但对猫的迫害和折磨在欧洲却持续到了19世纪。最后一批正式废除批准屠杀猫的地区之一是比利时的一个城镇——伊珀尔（Ypres）。在回归理智之前，整个城市的人每年都会聚在一起庆祝中世纪折磨猫的仪式。

在中世纪，伊珀尔是繁荣的织布中心。城市的仓库存储着几英亩的进口羊毛，这些羊毛将被织成布，拿到每年一度的大斋节集市上售卖。仓库吸引鼠类，而猫可以阻止它们咬坏货物。但是猫的大规模繁殖，最终压垮了这个城市，野猫成了一个问题。

伊珀尔的解决方案是在大斋节期间指定一天为"猫的星期三"，其中包括全市范围的盛宴、庆祝和游行，并以将猫从塔上抛下去作为结束。该活动逐渐广受欢迎，是因为迷信将猫与巫术、魔鬼崇拜联系在了一起。伊珀尔的这种庆祝活动并非独一无二，史料表明，许多欧洲城镇也这样处理他们的猫。例如，巴黎举办类似活动，国王也会参加并支付费用。但伊珀尔将此传统保持到了现代，也为自己"赢得"了一个残酷的名声。

值得庆幸的是，事情有了好转，1817年，据说一只幸运的虎斑猫在从高空抛下时幸存了下来。伊珀尔人民将此看成是一个预兆，决定停止高空抛猫。但他们仍然继续在"猫之日"敲钟，还在20世纪30年代重新唤起更友善、更温和的传统庆祝活动形式。

每三年，伊珀尔会主办一次猫节（Kattenstoet），即"猫的游行"。人们或许是为了弥补这么多年来的错误行为，用现代节日来纪念毛茸茸的宠物。活动包括以猫为主题的讲座、音乐、舞蹈和戏剧，人们随着大队伍到达钟楼，将毛绒玩具猫并无恶意地抛至地面。

游行以猫主题的花车为特色。游行花车的构思可以追溯到古埃及时代，在一年一度的游行中，狂欢者乘船前往贝斯特的神殿。这还真是具有讽刺意味的命运转折。

第十一章

时来运转

> 总有一天，我们会看到猫的优点得到普遍认可。
>
> ——18世纪诗人弗朗索瓦-奥古斯丁·帕拉迪斯·德·蒙克里夫

猫在黑暗年代的命运显得特别黑暗，但即使深陷迫害和人们的歇斯底里，猫也从不缺乏捍卫者。例如，中世纪的书籍插画家为了消遣怡情，经常在神圣经典的页白处描绘猫嬉戏或休憩，甚至正在演奏乐器的图案！

法律表明，在不同的时间和地点，中世纪的人们对猫的作用给予了高度评价。例如，在中世纪早期的爱尔兰，一只猫的身价等于三头牛，因为它能发出呼噜呼噜的声音并捕杀老鼠（如果它不是只捕鼠猫，那么其价值将减半——人们可能只是把它作为宠物来喜欢）。类似的法律存在于威尔士和萨克森，在萨克森法律中，伤害其他人的猫，将被罚一袋粮食，这强调了猫在保护作物免受鼠患方面的作用。

根据《中世纪的猫》的作者凯萨琳的观点，修女们喜欢将猫当作宠物，虽然实际上可能得不到修道院的同意——根据该书所写，萨克森朗根多夫女子修道院明令禁止养狗和猫，"（因为它们）显得不严肃"。但13世纪早期编写的修女行为指导说明的小册子，只建议妇女不要养猫以外的宠物，也提醒修女们不要沉溺于猫，以免影响她们虔诚的心。

修道院的僧侣们抄写手稿，所以猫在保护文件免受鼠类啃咬的幌子下作为宠物饲养，这使它们可能成了"不得不用的恶魔"——犹太教会堂的猫也是这个功能，今天俄罗斯圣彼得堡著名的艾尔米塔什博物馆，猫仍然有这样的功能。

自19世纪中叶以来，艾尔米塔什博物馆共养了74只猫，它们住在地下室，保护那里300多万件文物免遭老鼠蹂躏。作为世界知名博物馆之一，艾尔米塔什只是这座历史建筑的一部分，该建筑还包括冬宫——俄罗斯皇帝的故居。在18世纪初，伊丽莎白女皇统治时期，皇宫中老鼠频繁出没，袭击了皇家厨房，还咬坏了宫中的精美木雕。女皇下令把猫带来消灭老鼠，该方案被证明有效后，宫里便一直养猫至今。

皇室扮演了恢复猫的尊严和人道待遇的角色，猫不仅在家里（或宫中，比如在伊丽莎白女皇时期）是保护者，而且在现代人的认知中，它们亦是保护者。要想了解猫是如何从被骂为魔鬼的心腹转变为广受各个阶层欢迎的家庭宠物，就必须从文艺复兴说起。

从文艺复兴时期的艺术品中可以看出，上层阶级对猫的态度呈现戏剧性的变化。虽然宗教象征意义仍然重要，但艺术家在玩耍和休闲时能更自由地描绘猫了。这种许可来自这样一个事实：在许多情况下，委托创作的有钱人也把狗和猫作为宠物，希望将它们的形象也画在付了钱的作品中。

"猫是贵族们心仪的宠物，"艺术史学家林赛·妮可·布莱尔（Lindsey Nicole Blair）注意到，"它没有被视为物体，而是获得共情，并与主人形成实实在在的纽带。"

家庭宠物的概念在14—16世纪出现在欧洲的上流社会中。《牛津英语词典》记录了1539年"宠物"（Pet）这个词被首次收录。虽然起源不得而知，但它被解释为"因偏爱而被饲养的一种动物"。

即使上流社会在中世纪晚期和文艺复兴时期以一种熟悉和亲切的方式开始接受猫，但即便接近现代时期，为猫获得更大尊重而努力也并未完全成功。

1727年，法国诗人、作家弗朗索瓦-奥古斯丁·帕拉迪斯·德·蒙克里夫写作了第一本全面的关于猫的书。《猫》（*Le Chats*）由11封写给一位富有的赞助人（没有透露她的真实姓名，书中名为La M. de B女士）的信和十首诗歌组成。

"就摇篮时开始，人们就听过猫天生是危险的，它们使婴儿窒息，也许它们是巫师。反驳这些诽谤之词也是徒劳，"在结尾他充满希望地写道，"有一天我们将看到猫的优点得到普遍认可。在我们这样一个开明的国家，偏见不应该占据太长的时间。"

然而，蒙克里夫的乐观情绪似乎未能影响许多与之同时代的文学家的思想。据《猫的世界：猫科动物百科全书》的作者戴斯蒙德·莫里斯称，这位温文尔雅的贵族，却备受同行讽刺和嘲笑，其作品也沦为野蛮短剧和尖锐讽刺的对象。在得到代表着法国语言和文化的权威——法国科学院的允许后，他做了首次演讲，在这过程中，一位德高望重的院士将一只流浪猫放进房间。

第十一章　时来运转

据说这只猫可怜地喵喵叫，一屋子饱学之士大笑起来。不知道蒙克里夫写《猫》是为了讽刺院士的"严肃"，还是只是进行真诚的学术和文学讨论。但是据说，在尖酸刻薄的嘲笑下，他将发行的书收回；更具讽刺的是，该书成为他的代表作。

如果上流社会的成员都很难给予猫尊敬，那么普通人就更迟钝了，就像他们一开始也是慢慢接受了猫的邪恶一样。民众对猫的古老迷信持续至今。

考虑到今天许多人对猫的爱，很难理解曾在某个时期某些人视猫为恶魔。但有一天我打电话给一位朋友卡罗莱纳·塔拉加，她家在西班牙巴塞罗那。那时我正在研究猫和天主教宗教裁判所，这也成为我们谈话内容的一部分。

"哦，我倒是有一个猫的故事可以分享，"她说，"我的外婆是有宗教信仰的，但不太虔诚。见鬼，她嫁了个无神论者，但她是天主教徒。她告诉我们猫是魔鬼的化身，别把猫带到她周围。

"当我妈妈怀上我，我爸爸送给她一只漂亮的暹罗猫作为礼物。我妈妈并不是特别喜欢，但她不想不领情，就决定留下它。可在我出生几周后，虽然我被照看着，那猫仍然扑向我的脸，爪子穿透了我的嘴唇。我妈妈把猫爪子从我嘴上移开。我原以为她会拧断它的脖子，可她竟只花时间来安慰我。我不是很高兴！"

塔加拉的父亲回到家，她母亲给他看了伤口。那天晚上，猫从屋里"消失"了，从此塔加拉再没见过它。大概，那猫在哪个脏兮兮的角落蜷缩。

"我认为我妈妈对猫的缺乏同情可能受到我外婆的影响。显然，那是只非常漂亮的猫，但它犯了错误。也许它真的是魔鬼的猫。"她总结道，语气中充满对家人固执迷信的嫌弃。

然而，令人震惊的是，这种迷信直到塔加拉这一代人才停止传承，而她已是一位21世纪拥有软件工程学位的商业女性。对我来说，这个故事验证了一个事实，即源自一千年前一名讨厌猫的天主教教皇的迷信观念，在过去几个世纪里始终回响着，并影响着人们直到今天对猫的看法。

幸运的是，一些事情的改变让人们对猫更加仁慈起来。标志性事件发生在1871年——猫有了自己的公关大使。这个人就是安吉拉·伯德特–库茨（Angela Burdett-Coutts）男爵夫人。

库茨是一名迷人的英国女性，在现代很可能会获得赞誉"像模特一样"，有着沙漏形身材、椭圆形的脸庞和乌黑的头发。优雅的着装更衬托出她的美貌，这位被称为"英格兰最富有的女继承人"是女人们憧憬的模样。1814年她出生在一个银行家家庭，继承了祖父的财产并着手成为一名著名的慈善家。

1871年，维多利亚女王授予她"男爵夫人"的头衔，以表彰她为儿童、穷人和家畜的利益所做出的慈善事业。她的成就之一，是协助创立了伦敦防止虐待动物协会。同年，她与著名艺术家哈里森·维尔（Harrison Weir）合作，推动了世界上第一个纯种猫展，该展在伦敦著名的水晶宫举行。

猫展早在三年前就在水晶宫自然历史部门弗雷德·威尔逊（Fred Wilson）的指导下举行过。维尔被请来当裁判，为当时英格兰已知的各种品种的猫建立评分系统和判断标准。事实上，由于种类太少，维尔为了丰富选项连不同颜色的猫都囊括了进去。

他们发现参赛者极少，而且大多数是出身高贵且有特权的人的猫，库茨通过她和维尔共同的朋友查尔斯·狄更斯建议，应创立一个特殊级别——"劳动者的猫"。她还为比赛赞助了奖金。

现金奖励的消息一发出，水晶宫门卫们便急匆匆地在现场抓猫参展。人们自豪地展示他们的"宠物"猫并获得巨大成功，为未来延续多年的国家猫展首开先河。成千上万的人参加,以及在英国和其他国家举行的展会,将帮助普通猫成为宠物。

1899年,国家猫展中"工人阶级"猫咪连续获得的荣誉不亚于"贵族出身"的猫。虽然对这种庆典的推崇已经远不及当年的古埃及,但猫终于重新回到无论皇室还是平民都予以尊重和喜爱的地位。

第十二章

登堂入室

> 很容易理解为什么猫已经超越狗成为当今美国人最喜欢的宠物。人们喜欢宠物拥有和自己一样的品质。……猫,是用来使人快乐的。
>
> ——作家P. J. 欧罗克(P. J. O'Rourke)

1946年"二战"结束时,海军老兵艾德·罗伊(Ed Lowe)回到密歇根州,接手父亲的大宗货物运输业务。他家销售的产品之一是漂白土——一种窑内烘干的黏土,可用于吸收溢出的机油。这种土能够多次吸收自身重量很多倍的液体,减轻了清理车库地板的负担。罗伊意识到该产品的性能同样可用于吸收鸡粪。因此,他把一些黏土装袋,码在他的1943年产雪佛兰轿车里,打算去养鸡场出售"鸡砂"。

这位27岁的准企业家没有找到买家。鸡民

们根本看不出在黏土上花钱有什么好处，毕竟自己田地里有免费的稻草可以收集起来铺在地上。罗伊沮丧地回到卡索波利斯（Cassopolis）的家中，袋子被他遗忘在汽车后备厢里。

忽然有一天，邻居伊耶·德雷珀（Kaye Draper）来找他。她的猫的户外砂箱已经冻住了，她问是否能要点木屑替代。罗伊灵机一动，建议她尝试一下汽车后备厢里的黏土颗粒。

几天后，德雷珀夫人又来了。她说这种材料能吸收猫的尿液，并称赞它强大的消除氨气味道的能力。罗伊意识到他可能要发达了，于是匆忙潦草地将"猫砂"这个名字写在十个装满黏土的纸袋子上，带去当地的一家宠物店。老板质疑是否真的有人会以65美分一袋的价格买账。毕竟，猫主人花1美分就能买一磅沙子。罗伊便建议老板先让客户免费试用。当回头客们询问"猫砂"的名字时，一个企业和品牌就诞生了。

1947年初，罗伊在他的雪佛兰后备厢里码满袋装猫砂，去中西部地区旅行，说服宠物商店、饲料店和杂货店、市场的老板们为他的产品在货架上留个空位。他在宠物展上现场表演打扫猫窝，以此换取展位和说服更多新客户的机会。

在几年时间内，猫砂令罗伊成为一个富有的人。他在1990年卖掉了家族企业，他公司成为他所创立产业的龙头，"Tidy Cat"牌猫砂及其子公司每年的销售额大约2亿美元。他的故事在商学院广为流传：一个人创造一个行业……白手起家。

罗伊把握的时机非常完美。他开始卖猫砂时正值美国处于经济转型期。在20世纪30年代，超过半数的美国人仍然生活在农场，靠动物维持生计，包括谷仓的猫。但在第二次世界大战期间，随着美国工业实力加强，数百万人离开农村参战。战争结束后，随着士兵从海外归来，他们建立家庭，在城市里找到高薪工作，在郊区拥有便宜的房子；人们脱离农村的速度加快了。这种生活方式在养宠物时需要新的、更贴心的后勤，也培养了一种新的思维方式。

若要问任何一个生活在20世纪40年代的农民是否认为他的谷仓猫或猎狗是家庭成员，他会像看疯子一样看你。就个人经验而言，我可以证明，家猫很少得到关注，更别提爱了。

20世纪80年代，我曾在大约4万亩的科罗拉多马场工作，猫来来去去就像季节更替。春天，鹿鼠从田里迁来，匆匆穿过谷仓椽，在牲畜棚的地下打通隧道侵入，谷物袋、饲料袋甚至马的口中溢出的粮食都是它们的大餐。

差不多那时，一窝小猫将要出生。我们进入谷仓，发现一只三花猫正在角落里用一堆稻草匆忙搭起了新窝。很快，它就会活捉老鼠带到小猫根据地，指导孩子们练习猎鼠艺术。

随着夏季流逝，在春天增长的猫的数量不可避免地下降。最温顺可爱的小猫将会随牧场的客人回家。运气不好的会沦为土狼、响尾蛇、猫头鹰或鹰的猎物，销声匿迹。有那么一两只会不可避免地死于疾病或在农场的路上被车辆所伤。到了秋天，很可能只剩下一对进行繁衍了。

在这种环境下，你就学会了不要太眷恋猫。例如，我们从来不给它们起名字。但我必须承认在一定程度上我很羡慕这些幸存的猫，它们给人感觉过着丰富且自然的一生（虽然并不长）。它们拥有一个大牧场可以提供的一切自由，整日快乐地追逐老鼠和麻雀，偶尔舔舔一碟儿新鲜牛奶，在通过谷仓窗户和屋顶的孔洞漏下来的阳光中闲适休憩。

这是我能想出的最好的理由，用来解释为什么我从来没有成为"猫奴"。和大多数乡下人一样，我从来没有想过与猫能产生任何比和燕子或草原犬更密切的关系。猫只是风景的一部分。

罗伊的产品改变了大多数美国人与猫的关系。在有猫砂之前，只有对猫抱有持久的感情并极度容忍恶臭猫盒的人才许它们生活在室内。猫砂给了猫全权入住人们家里的机会，滋长了美国家庭的内部敌意，至少在猫的敌人——狗的眼中，是这样。

虽然花了半个多世纪，但猫已经取代狗成了美国的宠物之最。仅计算人类"拥有"猫，而不包括与人和平"共存"的野猫，美国宠物用品协会（American Pets Products Association, APPA）在2016年就估计，目前美国家庭中有8500多万只猫，而狗只有大约7780万只。

猫砂不仅使数百万城市居民和郊区居民将猫养在室内，而且该发明还帮助创造了今天每年10亿美元的"猫产品"销售额，如逗猫激光棒、玩具老鼠、磨爪杆、猫架、猫家具、高科技猫饮水器和自动喂猫器等，所有设计旨在令养在室内的无聊的猫得到营养、锻炼和娱乐。

鉴于我自己与猫之间的冷淡关系，当我搬到城市开始做记者，我结交了爱猫者，他们与动物的关系完全超出我的认知，这令我觉得非常有趣。以纽约人保罗·罗沙为例。他曾是住在曼哈顿的独角戏演员。在我们见面的时候，毫无疑问，他的猫杰西——一只他的姐姐送给他的流浪猫，是他宇宙的中心。

杰西在窗台上有一张特殊的床，在那里它可以观察世界。它有只小小的玩具老鼠可以四处玩耍，罗沙的电视遥控器上有激光笔，可以与它玩追逐游戏消遣。罗沙和它交谈。他在网上分享杰西睡在他头上或者肚子上的照片和视频。我敢说，如果它睡在他的大衣上，即便他马上要去时代广场宣传他的喜剧俱乐部，他宁可剪掉袖子也不会叫醒它。在它逐渐衰弱的日子里，罗沙用静脉输液帮助杰西衰竭的肾脏，不惜花费重金请兽医延长它的生命。由于罗沙精心的护理，杰西享年23岁。罗沙现在同样溺爱他的新宠，一只名叫"切"的黑白斑点流浪猫。

虽然我和保罗都是婴儿潮那一代，但在对猫的态度上分别代表着两种截然不同的态度。我无疑反映了"二战"前农业一代祖父母的偏见，认为动物不是宠物，是无薪劳动者。而保罗则预先表现出今天的千禧一代与他们的宠物，尤其是与猫之间的关系。没有人比21世纪之后出生的这一代年轻人更爱，甚至是溺爱他们的猫了。

2015年，宠物食品制造商雀巢-普瑞纳（Nestle-Purina）对人们及其宠物进行了一次广泛调查。他们发现，1982年到2004年出生的美国人，拥有的猫比之前任何一代人都多，在同龄人中占的比例也更高。千禧一代中近半数人每人拥有至少一只猫，相比之下，我们婴儿潮一代养的猫只有他们的三分之一。（奇怪的是，婴儿潮一代和千禧一代中间的那一代，即所谓的"X一代"，宠物饲养率远低于另两代。）

此外，千禧一代还与他们的猫（狗）存在一种特别的家族关系，这在历史上也是独一无二的。

"宠物正在成为孩子的替代品。"简·腾格（Jean Twenge）说。她是圣地亚哥州立大学的心理学教授，著有《我这一代》（Generation Me），这是本关于千禧一代的书。"它们花不了你多少钱。在你还没准备好与某人一起生活或结婚时，你仍然可以养一只，到底是个伴。"

千禧一代对猫的亲切感可能源自被经济萧条时代影响的三观，特别是发生在布什政府执政时期的经济衰退，深刻地影响了这一代人的人生观。随着越来越多的人成年，他们发现自己面临一个并不友好和极不稳定的就业市场。十年后，就业市场虽有好转，但依旧缺乏安全感。这使得规划事业和家庭变得困难。

千禧一代在30岁之前结婚的不到四分之一，而超过三分之一的婴儿潮一代在30岁之前和高达三分之二的所谓"最伟大的一代"在"二战"期间就结了婚。千禧一代推迟生育并要求灵活的工作安排比如多在家里工作，研究人员说，这些都与较高的宠物饲养率息息相关。

许多千禧一代发现自己频繁更换工作、住处甚至城市，这迫使他们总需要和不同的同事和朋友打交道。在快速变化的社会环境中，宠物可以提供友情和安定感。

猫看起来像是为千禧一代的生活方式量身定做的。它们天性独立，你不需为它制订计划，如果养狗，就要带它去散步并按时喂食。猫体型小，而且爱干净，很适合在小房子里养（近一半的千禧一代租住在公寓里）。与狗相比，猫不用频繁打理外貌，只要稍加训练，也不用常去看兽医，成本更低。

这些都可以解释为什么千禧一代与猫形成了如此深的牵绊；这种关系在我父母那一代，甚至是我自己，都可能会觉得，嗯，有点奇怪。千禧一代被称为"猫奴""铲屎官"，并非贬义，而是象征着荣誉（60%的人并不反感这些标签）。

一半的千禧一代猫主人与他们的猫分享秘密，他们将猫视为亲人，尊重猫的独立性和社会性；57%的人说他们的猫在生活中和朋友一样重要；40%的人认为他们的猫是自己的"至交"。近90%的人认为他们的猫与他们活跃的生活方式是"同步"的——虽然三分之二的猫从未出过门。

无论他们属于哪一代人，大多数美国人认为宠物是家庭的一部分。但千禧一代做得更甚，例如愿意与宠物一起吃饭，带它们去娱乐和锻炼的地方，并通过科技手段包括在家中安装摄像头密切关注工作日它们在家的一举一动。

甚至千禧一代中不养猫的人也声称，猫潮流成为世界最重要的社会媒体消费。大约60%的网民看猫的视频，在千禧一代中该数字更高。这种热情已经将猫捧为网络巨星，与卡戴珊姐妹的地位不相上下。

这种趋势始于2006年左右，在一段名为"键盘猫"（keyboard cat）的粗糙视频中，一只名叫法索的黄色斑猫在弹钢琴。源短片是在20世纪80年代由查理·施密特（Charlie Schmidt）创作的，他是一名视觉艺术家，而创作意图不过是娱乐自己和朋友。

21世纪初，一位朋友建议施密特将数字化后的"键盘猫"视频发布的时候，正值YouTube获得广泛关注之际。他以为这不过是将一个无足轻重的小视频分享给他女儿罢了。然而在短短几个月的时间，"键盘猫"像病毒一样传播开来。点击量已经超过4700万次。

"我确实不知道YouTube是什么。就好像互联网已经为它准备好了，这只猫遥遥领先于时代。"他回应道。

"键盘猫"的走红令施密特措手不及。当初那只猫已离世很久，他找了一个年轻的替身，出现在超级碗（Super Bowl）广告上、海外卡通频道的士力架糖果包装上和达美航空的乘客安全演示录像中。但是猫在互联网时代的潜力尚未完全被发掘出来，直到2012年"Tarder Sauce"的出现，这是一只小不点猫，主人塔巴沙·邦德森曾是一名服务员。

这只猫因其坏脾气而广为人知。它是一只讨人喜欢的矮虎斑，长着个"地包天"，这使它与卡通片中的加菲猫有相似之处。2012年邦德森的弟弟在红迪网（Reddit）上首次发布了"不爽猫"（Grumpy Cat）的照片。人们质疑照片经过了处理，所以邦德森的弟弟又拍摄了一系列视频。不爽猫爆红后，在脸书（Facebook）上最终获赞700万。它的成名方式在以往任何时代都是难以理解的，创造了无底洞般的商品价值，被拍成电影，相关书籍被译成57种语言，等等。不爽猫为它的主人赚了一亿多美元。

搭着它的便车，另有几十个蒙神恩宠的互联网猫走红，比如Lil'Bub，一只侏儒小猫，由于基因突变，长了多余的脚趾和收不回去的舌头；还有一只名叫维纳斯的"奇美拉双面猫"。截至2015年，超过200万段猫视频发布在YouTube上，平均每个都有1.2万的浏览量——这一数字高于YouTube上的任何其他类别。如果你想一夜成名，请看《如何使你的猫成为互联网名人：财务自由指南》(*How to Make Your Cat An Internet Celebrity: A Guide to Financial Freedom*)，摘录如下：

> 现在正是你抓住毛茸茸的巨款的好时机。事实上在你的猫还没能为你带来一夜暴富的这段时间里，网络上已经充斥着天花板猫、肥猫Maru、吐舌头的Li'l Bub和不爽猫。它们的主人已经了解21世纪的赚钱原则可以总结为一句话：在金融投资上，没有什么投资能比你的猫给你更好的回报了。

虽然到目前为止没有任何衡量拥有猫对社交媒体的影响的研究，但最近的调查表明，千禧一代养宠物不仅为了陪伴，而且为了它们能够带来的网络社会地位。猫主人在社交媒体（如Facebook、Snapchat、Instagram）上发布的猫照片是他们自拍的两倍。

根据韦克菲尔德研究机构（Wakefield Rescarch）营销公司的合伙人内森·里希特（Nathan Richter）的研究，千禧一代给宠物买衣服的人是婴儿潮一代的两倍，原因是他们无法满足于社交媒体的使用，并需要得到同好的认同。

"对他们来说，衣服是一个表现的机会——他们给狗或猫穿上衣服，带它们去散步，在网上发布照片，"里希特说，"由此获得越来越多的点赞认可。"

成长在这样一个世界中，千禧一代的生活是在持续的网络密切关注下进行的，难怪千禧一代对时尚、罕见或者至少是古怪的（最著名的互联网猫往往具有独特性如突变的花色）宠物感兴趣，这也标榜了他们自己和他们的生活方式。

这一趋势引起了宠物收养界的关注。根据"最好的朋友"动物协会的调查，千禧一代比年长的美国人更有可能通过宠物店或育种者（尤其是在线广告）去寻找购买宠物，而不是通过传统的实体收容所和当地救援站。

但总的来说，至少从猫的角度，很难说年轻一代猫主人有什么过错。根据ASPCA的统计，千禧一代养宠物的人数和高度的兴趣，推动了当前全国范围内动物收养的整体热情。即使一些人喜欢购买而不是收养，对宠物的热情最终令数百万只猫和狗逃过了安乐死。

相同的趋势也发生在英国和印度，这两个国家近年来宠物收养率都出现了大幅上升。由英国宠物制造商协会对8000名该国宠物主人的调查发现，英国人，特别是英国男人喜欢养猫。该调查估计，英国男性在两年间养了近100万只猫。今天，英国男猫奴是女猫奴的两倍。

想知道原因？为英国网络杂志《都市地铁新闻》（*Metro News*）写诙谐小文的博主艾伦·斯科特（Ellen Scott）大胆断言，这都是约会闹的。

"爱猫的男人很性感。"她写道，"我们可不只想抚摸他们的猫。（好吧，我们确实也想。但是在爱和对呼噜声的追求里，这些都算公平嘛。）"

但这个想法并不牵强。拉斯维加斯内华达大学人类学家彼得·格雷（Peter Gray），对进化心理学的基本原则做了测试：女性倾向于分配更多资源来抚养孩子，而男人花更多的时间来追求交配机会。在此基础上，他和他的团队推测，对宠物好的男人对女性更有吸引力；另外，男性比女性更有可能利用宠物来吸引伴侣。

格雷的团队调查了1200多名宠物主人。瞧瞧，近四分之一的男性承认他们将宠物作为诱饵来"泡妹"。千禧一代30多岁的男人最爱炫耀他们的宠物，超过三分之一的人说他们用宠物来吸引女性。这似乎是一个成功的策略：调查中三分之一的女性表示，她们更容易被养宠物的小伙子所吸引。（给男人们的小贴士：如果你从宠物收容所领养宠物，那你简直性感爆了。）

在我们决定将宠物带回家时，我们不经常思考宏观文化问题。但是从驯化的早期开始，豢养动物的方式就受到人类文化的影响，而且通常是在潜意识层面运作的。

纵观整个历史，猫被当作户外的物种。它们的主要功能是捕捉啮齿动物。正是这个功能促使它们被驯化。但是，感谢创新（如猫砂、猫粮和互联网），我们与猫的社会关系已改变，向好的方向发展。它们已经搬到室内，成为家庭的一部分。但在半个世纪前，这又导致了一个不可思议的问题：应该允许猫在户外吗？

第十三章

流浪猫的忧郁

> 从一个糟老头儿那里得到一只扔向我的鞋,
> 从垃圾桶里得到我的晚餐。
>
> ——流浪猫乐队,《趾高气扬流浪猫》(*Stray Cat Strut*)

迪士尼乐园于1955年开张,通过标志性的睡美人城堡,沃尔特·迪士尼想为客人提供一种特别的体验。正当他和一群迪士尼乐园"想象工程师"在大楼里穿行时,他们遇到了许多携带大量跳蚤的被遗弃的猫,居住在未竣工的建筑里。需要采取措施才能使工程进展下去,但沃尔特知道简单"消灭"猫会引起众怒。所以,他让工人们设法抓住猫,并在迪士尼乐园员工中找到可以收养它们的家庭。

同时,户外主题公园所占用的160英亩的土地以前是个橘园，现在是模拟乡村环境的景观，这里也滋长了啮齿动物，而不仅仅是预想中的大使——米奇和米妮。研究过这个问题后，迪士尼乐园的人们意识到，园区内已经存在的猫，提供了一个有效且自然的方式，毫不声张地将公园里的老鼠（当然不包括米老鼠）数量降至最低。事实上，它们比我们人类做得都好。因此与其驱逐猫，倒不如让它们为城堡工作，这成了迪士尼乐园供养并照顾它们的政策。

虽然客人偶尔会看见猫在"灰熊山峰"上晒太阳或漫步在"美国小镇大街"上，但其实迪士尼乐园的猫很少被注意到，几十年来都是如此。但在2011年，演员瑞恩·高斯林（Ryan Gosling）在电视节目《柯南深夜秀》中出现，引起全国性关注。被问到频繁访问迪士尼乐园时，高斯林提起了猫，以此为例形容他对这座著名的主题公园爱恨交织的情感。

他声称，迪士尼乐园养着一支猫的军队。而且不是普通的猫，是具有一套特殊技能的猫。"它们就像猫突击队。"他若有所思地说。晚上这些猫离开了它们的"军营"，抵达园区，向老鼠发动战争。"这就是我喜欢迪士尼的地方，因为他们是如此诡谲地思考一切……"

"一切都太乱了……我之所以讨厌它们……是因为整个迪士尼帝国的基础（主人公）就是一只老鼠。"高斯林冷嘲热讽地说，"可现在感觉如果你是一只老鼠，进入了迪士尼乐园，就不能活着离开。"

高斯林弄错了一些细节，不，是大多数细节。并没有特别秘密的养猫项目，让数百只猫每天回到"军营"就像……嗯，放牧猫似的。但事实上，一群数量稳定在大约200只的猫居住在迪士尼乐园，它们在园区漫步，大门关闭后消灭啮齿动物。猫并未接受突击训练，事实上，公园尽可能少地管理它们，以防它们与游客太过友好。与人太亲近的猫通常会和工作人员回家。

鉴于很多人对迪士尼乐园以及对高斯林的偶像崇拜，猫不可避免地在社交媒体出现，还有了自己的网站、Facebook页面、Twitter账号、Instagram页面，拥有5.3万名粉丝。人们写出某些猫虚构的"个人经历"，列出猫最喜欢的食物和游乐设施，再添上猫最喜欢在公园里出没的真实信息。有一只很受欢迎的猫，名叫弗朗西斯科，长着摄人心魄的绿眼睛，它甚至有一个名为"弗朗西斯科星期五"的专题，粉丝在里面上传图片和"打卡"。弗朗西斯科被当成游园的"彩蛋"，就像在公园里发现一个隐藏的米奇图标一样。

迪士尼乐园有一处特色主题园区叫作"明日世界"，人们在这里可以一窥未来。创造者准确预言了未来的月球漫步、微波炉、州际高速公路系统和视频电话的到来。对野猫的未来，迪士尼同样做了大胆预测。捕获野猫、实施绝育手术后再释放，这些做法都被证明了他们远远走在时代的前列。

20世纪50年代，英格兰的猫的拥护者开始尝试捕获、结扎、再释放野猫回到社区的做法。20世纪60年代，TNR（捕获、结扎、释放的首字母）随着实践而闻名，获得广泛关注，当时《时尚》（*Vogue*）杂志红极一时的英国模特西莉亚·哈蒙德（Celia Hammond）开始致力于推广全新的动物权利和动物福祉理念。

哈蒙德从青少年时起就是素食者，但颇具讽刺意味的是，她居然成为欧洲顶尖的皮草模特之一。但在亲眼看到了捕猎海豹后，她发誓再也不穿皮草走秀，并从那天起说服别的模特停止穿皮草。她以行为艺术的潮流方式为动物发声，一度把自己锁在伦敦摄政街上的一个笼子里，以唤起人们对工业饲养的鸡的关注。

自从在英国的一间公寓里发现一只被抛弃的猫和三只死去的幼

崽，哈蒙德开始利用知名度引起公众对被遗弃的宠物猫的关注。她开发了设备捕捉野猫，将它们安置在她与吉他手杰夫·贝克共有的一处庄园里。起初，她试图驯服和收养它们，但后来因为太花时间而放弃了，用她的话说："既没希望又低效。"

她不情愿地接受了捕获、接种疫苗、结扎/取掉卵巢、放回户外的做法。通过这种方式，她认为可以控制猫的数量，同时为那些在户外过着岌岌可危日子的猫提供更好的生活。

哈蒙德的努力正值大多数人在英格兰和其他地区为少有人关注的无主"烦人"猫呼吁自由生活之时。这些猫嘈杂的交配、争斗和有害的标记区域的习惯常会导致恼火的人给动物控制办公室打电话投诉，它们的疾病引起人们对公共健康问题的注意。"人道"的解决方案主要涉及安乐死针、毒药、射杀、致命的陷阱和可怕的减气压室。

哈蒙德经常与当地动物控制部门和环境卫生部门对抗，想执行她自己的TNR程序。但渐渐地，她几乎单枪匹马扭转了舆论，将英格兰野猫的地位从几乎等同于害虫提升为值得人道对待和公众同情的动物。

与此同时，美国仍然停滞不前。随着21世纪的到来，美国在控制野猫方面盛行的风气可以简单归纳为"捕捉并杀死"。这是几乎所有市、县动物控制权威机构使用了一个世纪之久的解决方案。而且所有大型国家动物权利组织都认可这一举措，包括美洲人道协会、美国人道协会、美洲防止虐待动物协会和善待动物组织。

1989年动物活动家、作家爱德华·杜文（Edward Duvin）写了一篇颇有影响力的文章《以仁慈的名义》（In the Name of Mercy），刊登在《动物连线》（Animalines）上，对动物控制系统进行了措辞严厉的控诉。此文现在被视为"无杀戮"收容所运动的重要宣言。

文中，杜文将社区动物控制描述为"一个令人费解的系统，把'安乐死'放在了优先于预防性教育的位置"。

"避难所不能成为另一种屠宰场，动物的朋友不能以仁慈的名义杀死健康的生命。"他总结道。

1990年，贝基·罗宾逊（Becky Robinson）发现自己身处这样的环境：当时她和朋友路易丝·霍尔顿（Louise Holton）在华盛顿亚当斯摩根街区的一条小巷里抄近路，发现了一个野猫聚居地。她们没有打电话给动物控制部门，因为这就意味着这些猫死定了，她们决定自己处理。早在20世纪70年代，霍尔顿在自己的祖国南非，作为一个动物拥护者，在为"TNR野猫项目"工作时，已经有了相关经验。

在其他志愿者的帮助下，她们开始捕捉猫和幼崽，给猫做绝育。小猫和与人较亲近的猫被留在家中，其余的放回到小巷，由看护者照顾。

除了稳定住猫的数量，志愿者还发现绝育有助于抑制它们令人讨厌的行为，如交配、打斗和游荡，这就使居民不再那么难以接受附近的猫。新增猫砂盒，定期喂食，根据猫的规模制定食品供应量（这点很重要，以免食物过多吸引"外面的"猫或其他野生动物），以上措施都进一步帮助平息非爱猫邻居们的怒意和投诉。

通过自然减员和领养，7年后猫的数量从超过54只减到6只。最后一只猫于2007年去世，享年17岁。

与此同时，媒体关注和口耳相传带来雨后春笋般的猫救援人员和信息寻求者。通过负责照看野猫殖民地几个月以后，这些女人形成了非营利性"野猫盟友"，向别人提供支持和技术。她们意识到，她们正在开启一场革命，将彻底改变猫的命运，还将触动那些放任猫死去的人敏感的神经。

关于猫的神话和迷信从欧洲中世纪持续到今天：想想黑猫和万圣节，或讲故事的人常将恶棍比喻为恶猫。（还记得《王牌大贱谍》中主人公奥斯汀的对手邪恶博士的无毛猫比格沃斯的台词："邪恶博士生气，比格沃斯就心烦意乱；比格沃斯心烦意乱，有人就要遭殃！"）

此外，反对者对健康、安全、环境，以及户外猫随意游荡所带来的威胁越来越担忧。焦点集中在户外猫身上，尤其是无主野猫的滋扰——噪音、有毒、携带病菌；而且它们是超级捕食者，每年杀死数百万（有人声称数十亿）小动物，尤其是非本地鸟类。

鸟类学家，普通人眼中的专业"鸟类观察者"，记录了进入20世纪之时鸟类种群的广泛缩减现象。最具影响力的忠实记录者是于1908—1929年从事马萨诸塞州鸟类研究的爱德华·豪·福布什（Edward Howe Forbush）。1916年，他出版《家猫：鸟类杀手、捕鼠器、野生动物毁灭者》（*The Domestic Cat: Bird Killer, Mouser, and Destroyer of Wild Life*）一书。这部世著至今仍然是许多野猫反对者撰写文章和研究报告的模板。

福布什利用鸟类观察者的逸事和模拟研究成果，表明猫是造成鸟在美国减少的主要原因。尽管该研究带着科学的基调，但本身仍是可疑的。例如他过分夸大了猫的繁殖能力，将每只雌性的平均繁殖数量翻了一番，却一笔带过一半的野猫在断奶前即死亡。

福布什曾一度与自己的观察相矛盾，即四处游荡的猫每年杀死大约10只鸟，而其他25名观察人士（都是鸟类观察爱好者）声称每年亲眼所见猫杀死20—50只鸟。而且福布什未能将栖息地减少作为鸟类损失的主要原因，杀虫剂中毒这个辅因也未算在内。

尽管有这样那样的错误，福布什的书还是成为一代又一代鸟类观察家关于野猫争论的基础。早在2011年，内布拉斯加州立大学的推广服务中心发布了野猫控制文件,一位评论家形容其为"一个加了注释的、呆板的、套用福布什的小册子"。

然而,该文件分析的威胁鸟类生存的因素,包括被猫捕食,是不对的。在美国鱼类和野生动物服务机构以及各种环保组织的年度报告里,可以确定三分之一的北美鸟类需要紧急保护行动,以避免灭绝。1154种鸟类中,高达432种处于危机之中。

无须争论,野猫和户外猫增加了鸟类的负担。纵观世界,猫被认为是一种非本地入侵物种,与63种灭绝动物(包括40种鸟类、21种哺乳类和2种爬行类)有关。(具有讽刺意味的是,当涉及非本地入侵物种造成的灭绝时,猫的排名仅次于它们的对手——老鼠。)

根据美国人道协会的调查研究(这是一项艰巨的编写任务,旨在准确统计美洲有多少猫类朋友),美国大约有三四千万的闲散野猫,还有几千万只人们养的猫,它们会去户外探索,猎捕小鸟、爬行动物和哺乳动物。同样,科学家们尝试着去估算这些猫带来的死亡率,但得出的数字参差不齐。

2013年之前,说起猫在北美全境导致的鸟类死亡率,最频繁引用的数字是5亿,约为撞击窗户致死的一半。但在2013年,在史密森学会、美国鱼类和野生动物管理局资助的一项研究中,研究人员彼得·马拉(Peter Marra)、斯科特·劳斯(Scott Loss)、汤姆·威尔(Tom Will)极大地挑战了这个数字。这项研究发表在《自然通讯》(*Nature Communications*)上,声称户外猫仅在美国一地每年就杀死多达37亿只鸟——比原来增长了大约7倍。

研究人员称,70%以上的死亡率是无主野猫造成的。2016年,史密森尼候鸟研究中心(Smithsonian Migratory Bird Center)负责人马拉出版了一本颇具争议的书《猫战争:带来的灾难性后果的可爱杀手》(*Cat Wars: The Devastating Consequences of a Cuddly Killer*),

主张应将捕获、下毒或射杀野猫作为公共政策，该"处方"一个世纪前福布什就提出过。

如果你买马拉博士的数据的账，那么户外猫，主要是野猫，在美国任何一年都谋杀了周邻五分之一的鸟类。这种断言引起猫捍卫者和一些记者的哭诉："没有的事！"

"猫是猎手，其他动物的确成了牺牲品。"芭芭拉·金（Barbara King）在全国公共广播电台（NPR）说道，"但仍存在严肃的理由怀疑这些最新的、极端的关于猫杀手的统计数据。"

作者提出的最大的假设，是野猫和户外猫的数量。马拉估计这个数字在3000万—8000万。美国人道协会估得较为保守，在3000万—4000万。但是最近几十年没有人对野猫数量做过全面研究，所以也就没有人真正清楚到底是多少。然而这一数据对于由游荡的猫引起的鸟类死亡是至关重要的。

此外，作者那霸占头条的宣言——"放养的家猫每年杀死1.4亿—37亿只鸟和69亿—207亿哺乳动物"在美国引发了严重的信用危机。比如，他们的鸟死亡率数据代表了北美大约47亿陆地鸟类中惊人的28.5%—75.5%（相对于水鸟，陆上鸟并不适合在水生条件占主导地位的环境中长期生活，因此更容易受到猫的攻击）。

"这些数据若极精确的话，大陆很久以前就没有鸟类了。"彼得·沃尔夫（Peter Wolf）说。他是"最好的朋友"动物机构的"猫计划"分析师，也是爱猫博客"为猫发声"（Vox Felina）的博主。

与史密森学会同时，加拿大政府研究人员实施的一项研究显示，猫每年在加拿大杀死了1亿—3.5亿只鸟，其中大约60%被野猫杀死。但负责该研究的彼得·布兰切（Peter Blancher）无法保证所提交的数据比马拉及其同仁的更具准确性。

布兰切承认，首先，数据源自在加拿大以外地区所做的研究

（主要是美国，也包括欧洲）；其次，国内野猫的数量——在任何国家全国性的数据推测中都是至关重要的数据——是"非常粗略的估计"。

从福布什的著作到最新的这些研究中，关于猫的大量捕食的预测依靠的是小型的、通常具有缺陷的数据。其研究结果是基于当地高度的可变性推断出来的，包括州、国家，甚至大洲。

简而言之，我们关于户外猫对野生动物种群影响的量化认知，特别是对鸟类，是有根据的猜测。此外，他们还猜测，基于猫在某些地区威胁鸟类和生物多样性的前提下可以得出结论，它们在所有栖息地构成的威胁无处不在。

回过头来说一说鸟的灭绝。几乎所有情况下与猫有关的本地动物灭绝都涉及岛屿，而岛屿是个高度脆弱的环境，有着微妙的捕食者-猎物关系。迄今为止，还没有数据表明在这些独特的环境之外，猫造成过物种灭绝。然而，许多反对猫四处游荡的人，想像在南太平洋一个无人居住的岛屿上一样，在芝加哥推行严格的根除政策。

TNR的倡导者经常反驳，在城市，几个世纪甚至百万年以来，鸟和猫共同进化，声称猫打破了生态平衡的言论是可疑的。事实上，根除猫可能弊病更大，因为猫为人类和鸟类提供的具有经济价值的服务就是减少啮齿动物。此外，许多猫保护者认为，野猫和户外猫主要捕食生病、衰老或年幼的鸟，健康的鸟类会继续繁殖。

即便如此，北美仍有数以千万计的四处游荡的猫，包括野猫和有主的猫，鸟类面临人类带来的很大危险，否认猫在其中"发挥的作用"是不可能的，也是武断的。农药中毒、风力发电机、高压电线、通信塔、石油废水池、石油泄漏、渔网和钩子、与车辆和建筑窗户碰撞，当然还有猫，都是人类统治世界的一部分，却对鸟类居民并无善意。但让猫成为鸟类减少和灭绝的罪魁祸首，无异于假装看不到房间里有一只800磅的大猩猩,即便是那些为鸟类而战的人也这样认为。

"我认为,鸟类面临的三大威胁是栖息地丧失、栖息地丧失和栖息地丧失。"康奈尔鸟类学实验室的肯·罗森伯格(Ken Rosenberg)说,"我们正在一寸一寸地失去战场。"

奥杜邦协会(Audubon Society)的加里·兰厄姆(Gary Langham)对此表示赞同。"栖息地丧失是头号问题,"他说,"在某些情况下,比如在加州,我们已经移除或改造了99%的河岸(溪边)和95%的湿地栖息地。这些对鸟类造成巨大的影响。"

"我们应该停止争论猫吃掉多少鸟,"佛罗里达大学兽医学院救护医学教授朱莉·利维(Julie Levy)说,"我们可以认为它们吃了很多鸟,并同意减少猫在社区游荡,然后看看我们的选择实现得如何。"

的确如此。至少从福布什博士那时起,由鸟类学界、野生动物保护者、动物管理部门和野生动物管理人员倡导的控制野猫的主要政策,已经杀死了大量自由生活的野猫。但是这种方法并未被证明特别有效。事实上,关于削减野猫数量,最知名、最完备并有记录可循的成功案例(即大规模杀害猫是控制猫的可行性解决方案)一直受到质疑而不是支持。

南非开普敦东南1350英里处,马里恩岛从南印度洋的波涛汹涌中升起,形成一个巨型火山锥。数百万海鸟居住在290平方公里的植被稀疏地带,这里还有大量企鹅和少量海豹。近海处,越冬的鲸鱼从附近经过。这些有商业价值的海洋哺乳动物的存在,导致马里恩岛在19世纪受到鲸和海豹猎人的热烈追捧。

大约在1810年,一艘船靠岸(或因海难),将第一批家鼠带到岛上。老鼠独自繁荣了一个多世纪后,科学家才在20世纪40年代末在马里恩岛建立了一个气象站。这些啮齿动物对生态造成的破坏以及给人带来的麻烦令研究人员惊慌失措，于是工作人员进口了五只猫来灭鼠。没人想到要给它们绝育。

到1977年，马里恩岛上猫的数量激增到3400多只。猫确实捉老鼠，但也破坏了当地的穴居海燕种群，它们每年杀死多达50万只海燕。1977年，监督该岛的科学权威部门开展了一项旨在彻底消灭猫的计划。这是非人道的。

第一阶段，他们用具有高度传染性的猫瘟热病毒感染了96只猫，引发的流行病在18个月内造成猫的数量减了一半。然而，随着时间的推移，猫开始反弹，并对病毒免疫。之后又尝试了其他各种方法，包括下毒、捕获和用狗猎杀，但都没有成功。

最终，他们雇了配备猎枪和聚光灯的八支两人一组的猎人团队。三年后，再加入五组人。在最后一年的根除行动中，猎人部署了1387处陷阱，也诱捕了数百只鸟。此外，3万只被塞满了毒药的雏鸡被用来诱捕并杀死其余的猫，却造成数不清的本地物种中毒。

总之，人们花了两年去研究对策，花了14年去努力落实，不知道花了几百万美元来消除马里恩岛上的猫。2002年，类似事件发生在南美阿根廷海岸的阿森松岛——在27个月内以每只猫耗资2200美元的代价，消灭了635只猫。后来发现，其中近40%是人们的宠物。

正如史密森的马拉指出的那样，物种的价值无法量化。该问题并不能折合为一个成本效益问题。当然，与恢复一个濒临灭绝的物种（阿森松岛的军舰鸟有了复苏的趋势）要花费的成本相比，每只猫2200美元，貌似合算。

正如这些所揭示的那样，只要有足够的时间和资源，并在受控环境（比如人烟稀少的岛屿）中，彻底根除入侵物种的努力就可以成功。在某些情况下，猫被认为严重威胁到本地野生动物时，这种

第十三章　流浪猫的忧郁

做法似乎是合理的。

然而大自然可是一个会带来出人意料后果的危险情妇。近年来，阿森松岛的老鼠数量爆炸，几乎和那些被清除的猫一样可能威胁到本地鸟类。老鼠对乌燕鸥的危害特别大，尤其是在该地区鱼类资源减少已经在削弱这种濒危鸟类的前提下。

"移除顶端捕食者就给了中间环节捕食者发展空间。"伯明翰大学鸟类学家吉姆·雷诺兹（Jim Reyndds）这样警告，消除阿森松岛的猫可能会产生负面影响，"老鼠正从山上向海鸟繁殖地进发。"

与此同时，老鼠也如潮水般返回马里恩岛。保护组织"南非鸟盟"（Birdlife South Africa）发现，最后一只猫被消灭的14年后，"老鼠几乎统治了岛上的每一个角落"，夸祖鲁-纳塔尔省《水星新闻》（Mercury News）的托尼·卡尼（Tony Carnie）说。现在，岛上的老鼠对海鸟造成严重危害，其中包括信天翁雏鸟。

偏远的无人岛屿是独一无二的、可以严格控制新物种数量的环境。在保护涉及濒危物种时，消除非本地外来物种所花的费用和努力似乎是值得的。采取严厉措施从这些脆弱的栖息地消除猫、鼠、狐狸和其他入侵物种是有道理的。

然而同样明显的是，如果控制和根除小岛上猫的数量都如此难度大、花费高，那么在像美国或澳大利亚这种幅员辽阔的国家控制或消灭野猫，在财政、后勤上，甚至对整个社会来说都是不可能的。真的不是不想尝试。

提到入侵物种，澳大利亚比大多数国家，甚至比大多数大洲都遭受了更多苦难。尤其是老鼠、兔子、红狐狸、野猫的危害，它们都威胁到本地野生动物，导致某些已经濒临灭绝。

澳大利亚一直是精准打击、限量捕杀的积极倡导者。2015年7月，国家政府宣布"对野猫开战"，目标是到2020年杀死200万只。

但令许多人吃惊的是，这个项目的初步实施效果竟然为一些团体（如"野猫盟友"）的核心假设提供了强有力的科学支持，这些假设认为TNR才是控制野猫数量的更好办法。

为了验证"精准打击、限量捕杀"控制方法的效果，澳大利亚研究人员在塔斯马尼亚岛实施"猫根除项目"，他们发现扑杀实际上增加了野猫在有利的野生动物栖息地捕猎的数量。在两个扑杀地点对猫进行调查，发现在其中一个地点，咄咄逼人的扑杀导致猫的数量又增长了75%，而其他地点的猫则增长了两倍多。

据研究人员介绍，很可能扑杀导致了最大胆、最具领地防御性的猫的死亡。它们的消失导致其他猫茁壮成长，允许新的猫进入被扰乱的领地，并开发利用不受保护的资源。

该研究和TNR多年来一直倡导的不谋而合：试图通过致命的方法根除猫的问题在于，当一只猫被除掉，另一只就会以不断补充数量的方式取而代之。澳大利亚的研究人员比利·拉赞比得出结论："你可能无意中造成的伤害比善举要多。"

同样的结论来自地球另一边的凯特·赫尔利（Kate Hurley），她是加州大学戴维斯分校救护所医学项目的主任。赫尔利在加州的圣克鲁斯开始了她作为一名动物控制官员的职业生涯，使用致命的管控方法是她的责任。

"我喜欢猫，但我认为控制它是为了它自身的利益，并保护其他野生动物。于是我设陷阱抓捕并杀掉它们。"她说。

但随着时间的推移，她意识到在她的社区，付出的努力并没有产生被认可的效果，反而令工作人员沮丧，救护所的猫被捕获并实施安乐死。

"为了消灭野猫，你需要付出巨大精力去处理每个繁殖个体。然后，到最后一只猫了，你不能诱惑它入陷阱。因为它怀孕了。

"我想很多人来这里（TNR）是因为他们无法想象杀死一只猫。就我个人而言，如果这样做会拯救一只海獭，我会射杀猫。但事情并不是这样。这样做也没什么用。"

"看看马里恩岛，这是14年的努力，超过14000个小时昼夜不停的猎捕，设陷阱，动用直升机扩散病毒感染猫。一个200平方公里的岛上居然有3500只猫！估计在美国得有3000万—8000万只野猫。"她说。

据凯特透露，没有任何地区的任何研究支持野猫的数量可以通过诱捕和杀戮的方法得以控制，更不用说根除了。其他人也同意。

"我认为没有哪个部门有足够的预算去实施旧的'抓捕-安乐死'政策。"国家动物控制协会前主席马克·库姆普夫（Mark Kumpf）说。"自然规律让更多的小猫出生了。"

越来越多的证据表明，TNR可以稳定或减少野猫的数量，甚至在某些情况下，可以消除野猫聚集地。例如在北卡罗来纳州兰道夫县，对六个野猫群进行绝育导致两年多的时间里野猫减少了三分之一；在意大利罗马，对103个猫群的监管人员的一项调查显示，整体数量减少了22%，尽管有21%的"猫移民"率是由流浪猫和被遗弃的猫进入聚集地导致的结果。

TNR最有名的成功案例是在马萨诸塞州的纽伯里波特。该镇距波士顿仅56公里，曾经是一个繁荣的渔村。今天，这里是著名的夏季旅游胜地。人们蜂拥而来，参观历史上殖民时期的房屋，漫步于风景如画的船港，在别致的餐厅和古雅的商店购物，沿着热闹的码头和鹅卵石大街游览。

1992年，居民简·德威特在"船长小屋"餐厅喝咖啡时，看到三只小猫崽在垃圾桶里尖叫。德维特把小猫带回家，但她意识到会有更多只猫在严酷的冬天死去。所以她写了一封信给商会主席雪莉·马尼安蒂（她也是个爱猫之人），希望从当地的商人那里寻求帮助。

德维特呼吁团结当地企业主，建立人道的解决方案来帮助数百只野猫。马尼安蒂支持这项提议，并成立了委员会来创建一套TNR程序。她们向当地企业（这些企业大多数位于河的沿岸，那里有大批猫居住）筹集资金。

"这是一个艰难的斗争。"马尼安蒂回忆说，"一些商家不喜欢我们给猫喂食，他们更希望我们下毒。"

许多人没抓住重点：捕捉猫是为了再次释放。一些人无法认同这个观念：消灭一个领地只会为另一个领地创造空间，并对食物来源产生新的需求。但该组织仍坚持，即便资金只能七拼八凑，也要支撑下去。当地兽医雷吉纳·唐尼博士赞助了30次免费的绝育手术和平价的疫苗。志愿者开始捕猫了。

新成立的梅里马克河畔猫科动物救助协会（MRFRS）创建了一个救护所来收容最友好的猫，其中大部分是被遗弃的宠物，有些小猫还没有学会害怕和躲避人类。第一年，他们从河岸边迁走了120只小猫。

"现在致力于减少数量。"史黛西·勒布朗（Stacy Lebareon）说。她在MRFRS担任主席17年，"但主要目标还是确保它们有食物、水、医疗、救护所，为它们提供质量良好的生活。"

很快，其他社区开始给他们打电话寻求帮助和建议。勒布朗告诉我，从一开始他们就意识到需要一个全面的、全社区范围的教育和预防计划，以便将来减少或消除社区的野猫。MRFRS扩展到附近的城镇，最终在马萨诸塞州创建了教育和兽医服务计划，不仅帮助别人建立TNR体系，而且还提供服务，以帮助将更多的猫养在家里，防止它们被遗弃。

今天，该组织仍在工作。其服务包括一条电话服务咨询专线，指导人们带猫去进行节育手术；移动的"猫医疗站"，执行廉价的绝育服务和节育手术，以及周日绝育诊所（主要针对野猫）。此外，该组织还提供经费，帮助低收入猫主人支付兽医服务费用。"过桥"项目在特殊情况下为猫主人提供寄宿服务，并帮助家猫在家庭之间的过渡适应。

MRFRS的统计数据令人印象深刻。他们总计已经帮助了114000多只猫，将20500多只猫安置在家里，在TNR诊所对13000多只野猫进行了绝育手术，另外53700只猫则在移动诊所里接受绝育或节育手术。他们还帮助数十家社区创建TNR体系，并对如何更好地落实TNR提供宝贵意见。

今天，勒布朗在浩瀚的互联网用她自己主持的播客节目分享TNR的信息。据估计，她已经与超过80个社区的野猫福利组织合作。我问她，从事野猫救援工作有何经验供其他与野猫战斗的社区参考。

"首要任务是让社区每一位猫主人能够承担或免费获得为猫绝育或阉割手术的开销。许多中产阶级了解并给猫实行节育手术，但生活在城镇较贫困地区的居民往往消息闭塞或负担不起费用。"她说，"只需要一对猫作为亚当和夏娃，就能形成一个野猫领地。"

"遗憾的是，亚当和夏娃可能四处留情。如果这样，那么在它们被遗弃之前你就要想到给它们做绝育。"她说。

她认为，不杀戮的收容所的出现给予了帮助，因为如果人们觉得当地救护所将尽一切可能为它们找到家园，他们就不会把猫遗弃在大街上了。她还主张建立中立性收容并开放收容条件。

"一旦我们成为开放式收养中心，我们就不再看到猫被一股脑儿丢在（野猫）喂养站了。"她说。

但这并不意味着让人们轻易弃猫。她举了一些实例，比如士兵需去海外服役，罪犯需要劳改，病人长时间住院。在这些情况下，寄养可以帮助弥合隔阂，成为可行性选择。

"各种各样的计划使您能够像案例管理人一样工作。"她说，"对于每一个猫与人之间的问题，没有放之四海而皆准的解决方案。"

梅尔马克河畔猫科动物救助协会证明了社区范围的TNR计划可以运行。2009年，野猫海滨领地的最后一只猫"佐罗"寿终正寝。

尽管有300多个地方政府将TNR纳入他们的动物控制政策和实践中，为数千个野猫团体和个人提供护理服务，但在美国也只有三十分之一的野猫被切除卵巢或阉割。

野猫保护者和TNR的支持者说，并不是阻止人们（约十分之一的美国人在喂野猫），而是让他们联合起来，或形成TNR组织，TNR可以提供极其重要的绝育/节育控制和其他服务，旨在保证动物的健康和福祉，让更多动物不再流浪街头。

"猫的数量就摆在眼前，现在不是在有猫或没猫之间进行选择，而是在对猫的数量有管理的社区和没有管理的社区之间进行选择。"领养慈善组织（PetSmart Charities）项目经理布莱恩·科提斯（Bryan Kortis）说。

第十四章

惹人怜爱

> 与猫在一起从不觉得浪费时间。
>
> ——法国作家西多妮-加布里埃勒·科莱特
> （Sidonie-Gabrielle Colette）

丹佛集市的口号是"就这么诡异"。恰如其分！这个游乐场不像林林兄弟马戏团，更像太阳马戏团，但却是未经包装的太阳马戏团，给人一种粗俗廉价的感觉。

企业家特蕾西·威尔（Tracy Weil）和达纳·凯恩（Dana Cain）于2011年在传统的县集市的基础上创立了城市景观集市。两人认识到，需要一个取代年度动物表演和竞技的活动，也就是一些时髦的，也更贴合丹佛年轻人和城市化人群需求的活动。

为此，集市拥有你不可能在其他地方看

到的特色，比如庆祝《星际迷航》五十年的"极客展"，还有"X-Treme早餐"，你可以选择将蚱蜢放在你的煎饼最上层。这里还有一个传统的"从农场到餐桌"的区域，用来展示当地农民的农产品。一年中，展会也要准备一个有争议的"从种到吸"的大麻展位，展示大麻种植者的商品。不过这个展已经被弃了，取而代之的是更受欢迎的精酿啤酒展（科罗拉多人喜欢烟草，但更喜欢啤酒）。

作为丹佛夏季活动中的佼佼者，集市在三天周末时间里吸引了近25000名游客。发起人希望通过一位嘉宾的莅临令这个数字在2016年有所提升：双面猫"维纳斯"。维纳斯是世界上最著名的互联网猫。2012年，它一夜成名，它的照片在24小时内获得了120万的点击量。

维纳斯有什么不寻常之处吗？它的脸一半是乌黑的，长着琥珀色眼睛；而另一半是传统的虎斑蓝眼。它是一只"嵌合体猫"。如果它活在古埃及，肯定会被尊为女神贝斯特的化身。

我第一次认识这只猫不是在网上，而是在贴满全城的、令人愉快的集市艺术海报上。起初我以为这是某位艺术家丰富想象力的产物。但我很快就意识到，维纳斯真的存在，它就要出现在丹佛集市了。我得去瞧瞧。

所以在7月下旬，我来到丹佛集市，没有穿戴我的标志性服饰——短靴和牛仔帽，而是换上散步短裤、拖鞋和有冲浪标志的T恤。集市的口号名副其实，我首先遇到的是孩子骑的独角兽。这只带着神话色彩、有着彩虹颜色的独角兽上面全是小朋友，由扮成身穿高档塔夫绸礼服（上面有刺绣图案）的公主带领着。

查阅手中的节目单，我发现错过了"丹佛集市变装皇后选美大赛"（该死！），但"落基山轮滑女孩赛"将在当天晚些时候盛大举行并进行热议（赚了！）。维纳斯将在下午1点整于小猫馆登台表演。

我发短信给朋友们，让他们在轮滑女孩比赛处集合，前往小猫馆，那是集市最大的动物展，有场猫展正在进行中。因为我从未参加过猫展，所以真的不知道有何期待。我只想说，我完全不想看到猫咪发烧友们牵着猫在展台上溜达。果然没有令我失望。

有好几个展台根本就算不上是真正的展台，而只是放在笼子前面的桌子。每个工作人员都要评判不同的品种。当一个品种赛完，可能包括一只到十几只猫甚至更多，这些猫就会被带走，再将下一组带上来。

实际进行评判时，裁判走近每一个笼子，打开门，把猫抱到检查台上，开始发表评估。最酷的一件事，至少对我来说，是每个裁判都有一个无线麦克风，这样他就可以向观众解释该品种的历史及其主要特征，还会分享一点他们做出判断的依据。

我关注着一位年长的、头发花白的裁判——帕特·哈丁（Pat Harding）。她从笼子里举起一只长毛西伯利亚猫，说："他们给这只猫喂了水泥！"我们都笑起来。然后她拿起一支金属棒，开始挥舞，猫跟着她的动作，用爪子去抓棒。几秒钟后，帕特放下棒，用手轻轻握住猫的头。

"让我看看你的头。"她边说边检查了一遍，"真不错！"

帕特一边抚摸猫一边鼓励它追逐手里的棒，同时告诉我们，西伯利亚猫在地球上最寒冷、最严酷的气候条件下扮演着义务农场灭虫员的角色，原因在于其奢华的毛皮和庞大的体型。1871年在首届"官方"水晶宫猫展中展出后，这种猫就在20世纪大部分时间里销声匿迹了，直到1990年苏联解体才在俄罗斯重现。国际猫协会（TICA）1992年认证了该品种，其主要竞争对手——国际爱猫联合会（CFA），在2000年也认证了该品种。

帕特把猫放回笼子。后来，我在TICA的展台找到她。她告诉我,她已经参与猫展63年了,在担任评委后足迹遍布世界各地。她买的第一只猫是暹罗猫,起名莫克斯,于1953年购于纽约金贝尔百货商店。在那个时代,运送猫和猫砂这种业务并不存在。(显然,艾德·罗伊尚未打开曼哈顿的市场。)她把猫放在纸箱里,两侧打了空气孔,周围缠上麻绳。

"我抱着箱子进屋,我妈大发雷霆,"她笑着说,"但是我坚持要养莫克斯。它是最漂亮的暹罗猫!"

后来她全家搬到新墨西哥州,帕特在环球航空公司的客机上把盛着莫克斯的箱子放在膝盖上。她开始对猫展产生兴趣,并开始参赛,渐渐地,裁判开始不认同这只从商店买来的猫是暹罗猫。

"事实证明,它可能是任何一种猫,但就不是暹罗猫!"她笑着说,"但我仍然认为它很漂亮。"

既然尝到了猫展的滋味,她干脆从英国进口了两只暹罗,深度研究赏玩。大约在1960年,猫友联会这个世界最大的纯种猫注册机构问她是否愿意成为一名裁判。

"我必须研究品种、参加考试、参加比赛,还要当学徒。但最重要的是,我经手成百上千只猫。你只能用自己的手去评判。"她告诉我。

除了检查猫,裁判还必须让它们在展台上感到安全。这是一个比在犬赛上看到的更微妙的判断过程,犬赛的狗需要学会从趴着到立正,正确移动,忍受观众的噪声和混乱,面对陌生人。而面对一个陌生的环境和不熟悉的人,一只受惊的猫很容易逃窜或丢失,所以裁判必须亲手感知和体会猫的情感。

"判定猫,更多的是要亲身体会。你必须善于理解它们的需求和它们主人的需求。你对它好,主人们看起来也放心。"她说。

根据帕特所说,她开始职业生涯时,只有几十个品种得到承认。多年来，各种猫协会又增加了几十个品种，到今天，大约有80个品种被认证。使我感到惊奇的是，有很多品种最近才被培育出来。不像狗，人类至少花了几千年有选择地进行培育和完善；而对猫进行有选择的培育是在近两个世纪才开始的。

得到公认的80种猫中，只有13种是在19世纪中期以前就存在的。其中一些被我们称为"本地种"的土著品种，其形成几乎完全取决于当地的环境和气候。波斯猫就是一个例子，这是一种古老的猫，进化出长毛，以适应伊朗的扎格罗斯山脉以及伊拉克和土耳其寒冷的冬天。

具有讽刺意味的是，在国王冈比西斯二世使用埃及猫作为盾牌洗劫了贝巴斯特后，波斯猫很可能作为战利品抵达波斯。在波斯，为了适应寒冷的冬天，埃及神庙猫的祖先与毛长、健壮的本地猫交配，至少神话中是这样说的。更有可能的是，在寒冷气候的山区环境中，自然选择有利于长毛猫的生存。

但迄今为止，绝大多数的猫品种是由猫友在20世纪30年代至今这段时间发展出来的。在猫展上，你会发现有些品种诞生的年龄可能还没你岁数大。比如布偶猫，因性格友好而广受欢迎。

布偶猫和与之亲缘较近的褴褛猫都是长毛猫，类似于古代的伯曼猫品种，只是体重较大，颜色也有变化。这种猫的独特之处在于，当它们被抱起，就会变得懒懒散散，完全放松，像布娃娃一般。

布偶猫的故事始于20世纪60年代的一位育种人，这个故事广为流传。传说一名加州女人有一只血统不纯的波斯种白猫，名叫约瑟芬。约瑟芬在一场车祸中受了伤，当时已怀孕。它的盆骨摔断了，但兽医救了它和小猫。小猫出生后，女人发现它们异常柔软和温顺，她将此归因于事故的冲击。

一个名叫安·贝克的育猫人买了这些友好的小猫，开始系统繁育布偶猫。

这个故事当然是无稽之谈：意外不可能影响约瑟芬后代的基因。但这是个巧妙的说法。人们喜欢皆大欢喜的故事，特别是涉及宠物时，贝克知道她的猫需要一个相当精彩的故事。所以，安·贝克做了个不寻常之举——品种注册，多年来，她凭借自己的独家品种协会控制了市场。到了20世纪90年代，国内布偶猫超过了3000只。

然而，想繁育和参展的人，对此并不怎么激动，他们开始热衷于培育变种——基路伯、蜜熊和襤褛猫。异型杂交使这些品种增添了新的颜色，并矫正了一些由于安·贝克严格控制布偶猫繁育池而导致的基因缺陷。

在丹佛，我观察了所有的品种，还第一次邂逅了明星——邪恶博士的助手"比格沃斯先生"。天哪，它可真丑！实际上，它只是比格沃斯先生的近亲之一。这是一只北美无毛猫，属于科罗拉多斯普林斯的梅根·迪基。和布偶猫一样，它也是一个相对较新的品种，是由一种数量非常少的变异猫培育出来的。

迪基是个教科书式的疯狂爱猫女。她穿着一件T恤式长裙，前面印着无毛猫，两条胳膊上文着与真猫等大的斯芬克斯猫的像。她甚至长着一张独特的猫脸，有着狭长瞳孔的杏仁形眼睛、拱形的眉毛和菱形的鼻子。

因为皮肤上没有毛，很多人认为斯芬克斯猫是现存最丑的一种猫。迪基说，它们就像蓝纹干酪——是一种培养出来的爱好。迪基有点反传统，勇于打破局限，她在很多年前见到这个品种后，就被它们吸引了。

在研究了几年之后，她终于买了一只。但是由于健康问题，这只猫没能活很久。她指着一只手臂告诉我，这个文身就是为纪念它的。之后，她从科罗拉多州的培育人那里得到了两只猫，很快发现它们"具有选秀的品质"。就像选秀界司空见惯的那样，培育人说，如果不带它们去参选，那将是一种耻辱，于是她开始参加猫展。

"我觉得这将提升我作为一名疯狂爱猫女的地位。"她告诉我。

在《猫的世界：猫科动物百科全书》中莫里斯指出，无毛猫是"所有现代品种中最具争议的猫"。在猫的传说中，逸闻和争议是共存的。

1966年，加拿大一只黑白相间的猫生下了一只光秃秃的小公猫。主人给它取名"梅梅"（Prune）。当地大学一名理科学生听闻此事后，讲给了他的母亲。他的母亲雅妮亚·巴娃（Yania Bawa）是暹罗猫的育种人，她将小猫连同母猫一同买了下来。

将这只公猫与它的母亲逆代杂交，产生了第一代无毛猫。该品种被取名"斯芬克斯猫"（Sphinx cat），因为这种奇特的变异猫看起来很像古埃及人供奉贝斯特女神的猫雕像。

由于近亲繁殖，斯芬克斯猫发生大量繁殖和其他问题。在寒冷的户外即便停留片刻，这种猫也可能会被冻死，许多人认为这很残忍。最终，人们发现了另一种无毛变种猫，给该品种增添了活力，将其从灭绝边缘拯救了回来。

该品种声名鹊起，是1997年一只名叫"比格沃斯先生"的斯芬克斯猫出现在迈克·梅尔斯（Mike Myers）的电影《王牌大贱谍：神秘的国际人》中，它是奥斯汀的死对头邪恶博士的助手。今天，梅根告诉我，一只具有选秀级别的斯芬克斯猫售价为2500—5000美元。

当我在猫展上浏览各类品种，我发现纯种狗世界里的问题现在在纯种猫世界里也有危险的苗头。例如，我停下脚步观察暹罗猫，这是我小时候最喜欢的品种。我的邻居也是位猫咪狂热爱好者，她养过好几只。每天，她都会仔细地将肝脏切成一口大小的方块，喂给它们。我记忆中，它们有着圆脸和健壮的身体。但是丹佛集市的选秀猫跟我印象中的暹罗猫"判若两猫"。这些猫的脸清瘦，长着尖尖的耳朵和瘦长的身体。而在另一个极端，几个短吻品种如波斯猫，它们的面孔变得凹陷，鼻梁都快成向内曲线了。

据我观察，显而易见，在犬赛中出现的对品种特征的极端改良倾向，在猫发烧友之间也没能避免。我们只能希望他们能有意识地有所收敛，减少对很多品种造成负面影响。

最后，维纳斯亮相了。正如广告所说，它万众瞩目。

它的主人克里斯蒂娜告诉我们，维纳斯是一只谷仓猫，出生在北卡罗来纳州的一个奶牛场。和所有猫一样，它是猫之间随机自然交配的产物，非定向繁殖。她说，现在有很多访谈节目和活动（像丹佛集市这样的），利用维纳斯的明星效应，来分享收养猫咪的信息。

"能够借助大家对维纳斯的关注，为需要家的猫做点事情，真的很不错。"她说。之后，我参观了她的展台——非常有策略地被安排在一个驯养野猫的收养组织展位旁边。赞助该活动的纯种猫组织的展位上，倒是只有少数游客在翻看它们的宣传小册子。

今天，人们从宠物店和纯种猫饲养者（比如在丹佛集市上）那里购得的猫约占5%。大约20%的猫来自朋友或亲戚赠送。但绝大多数，近四分之三的猫，都来自动物收容所和救助站，或在大街上，用它们自己的方式，找到一个友好的家庭。

第三部

牛

我将在此地赐予你们的牛群牧草，好叫你们吃得饱足。

——申命记11∶15

第十五章

芝士汉堡：一段自然史

> 发明汉堡包的是个聪明人，发明芝士汉堡包的是个天才。
>
> ——演员马修·麦康纳（Matthew McConaughey）

16岁的莱昂内尔·斯特恩伯格（Lionel Sternberger）正处于长身体的年龄，总是处于饥饿中，他在位于加利福尼亚州帕萨迪纳的家庭烧烤餐厅打工时，将一片美国奶酪放在了铁板烤着的汉堡肉饼上。美国最具代表性的食品——芝士汉堡，就此诞生了。

那是在1926年。工人刚刚修成66号公路——一条传奇的高速公路，可以从芝加哥风驰电掣般抵达洛杉矶。在到达终点圣莫妮卡码头之前，这条"美国大街"会经过斯特恩伯格打工的名副其实的小餐馆"仪式现场"（The Rite Spot）。对许多疲惫的旅行者来说，这是他们太平洋之旅前的最后一餐。

1845年，芝士汉堡的"基础"已经由德国发明家奠定了，他拥有一个非凡的名字：卡尔·弗里德里希·克里斯丁·路德维希·弗莱赫尔·德莱斯·冯·索尔伯恩男爵。除了发明打字机和一种早期的自行车（也称为手压车），德莱斯还设计了世界上第一台机械绞肉机。德国人对"汉堡牛排"情有独钟，这是一种由搅碎的肉做成的肉饼，而德莱斯的绞肉机使肉饼的加工变得非常方便快捷。汉堡肉饼跟随德国移民到了美国，在这里极受欢迎。

有人想了个好点子，就是把肉饼夹在切片面包或从中剖开的法棍面包里（圆面包后来才出现），这样就可以边走边吃了。到了20世纪，汉堡在餐馆、集市中很受欢迎，特别是工厂附近，那儿的工人可以从移动午餐车购买一份快捷、便宜的食物。

然而，美国人对肉馅儿的嗜好完全被1906年出版的厄普顿·辛克莱（Upton Sinclair）的小说《屠宰场》（The Jungle）给破坏了。写这本书之前，辛克莱在恶劣的条件下，在芝加哥的牲畜饲养场工作了七周。他在"派金镇"（Packingtown）的经历驱使他在书中描述了骇人听闻的不卫生操作和违反健康法规的肉类生意。

1921年，两名堪萨斯州餐馆老板——沃尔特·安德森和比利·英格拉姆，着手重塑汉堡的公众形象。这两个男人确信他们的汉堡包餐馆一定会展现出健康的氛围。餐厅内部摆放着不锈钢橱柜，瓷砖地板闪闪发亮，员工的白色制服一尘不染。甚至连锁餐厅的名字"白色城堡"，都让人联想到纯洁和宏伟。

为了使汉堡包有益健康的信息传递到位，他们聘请了一位著名生物化学家设计了一个新颖的实验。他让学生伯纳德·弗莱舍在13周里只食用"白色城堡"的汉堡和水。虽然他最后感到厌倦，但没有任何不良反应。2004年，摩根·斯普尔洛克（Morgan Spurlock）

拍摄了类似的实验纪录片《超码的我》(Super Size Me)，却获得了令人吃惊的相反结果。

弗莱舍的故事传播开来，"白色城堡"的销售额飙升。几十个模仿者随后出现，就连取的名字都很像，比如"白色玛纳"（在新泽西州）和"皇家城堡"（在佛罗里达州）完全模仿了"白色城堡"的整洁、标准和快速的服务模式，创造了第一波快餐行业。

快餐汉堡店在"二战"后进入黄金时代。一连串新的连锁餐厅（大多数来自加州）席卷了全国。其中一家是由麦当劳兄弟经营的莫德斯托餐厅。世界于是变得不同。

每天，全世界大约1%的人在36500多家麦当劳餐厅就餐，每秒有75个汉堡被吃掉。作为世界上最大的连锁餐厅，麦当劳象征着美国饮食文化的全球化。根据国际特许经营协会（IFA）的数据，今天快餐行业的营业额每年超过5700亿美元，超过了世界上82%的国家的国内生产总值。

快餐行业的全球增长满足了人们对高度加工、高度标准化西餐的需求，比如典型的麦当劳汉堡包、薯条、软饮料或奶昔。其证据是，人均消费日益增长的快餐——汉堡包，其主要原料是牛肉和乳酪。

自20世纪60年代初以来，世界人口翻了一番，牛的数量却翻了两番。今天，在全球范围人们的饮食中，牛肉的占比是1961年的两倍。全球人口对牛奶的需求（其中绝大部分是制成奶酪销售）将在2050年猛增36%，其中大部分来自繁荣发展的拉丁美洲和亚洲。

关于快餐行业对全球肉牛生产的影响已经有很多报道。《快餐国度》(Fast Food Nation)的作者埃里克·施洛瑟（Eric Schlosser）和《杂食者的两难》(The Omnivore's Dilemma)的作者迈克尔·波伦（Michael Pollan），将注意力集中在肉牛繁殖、饲养、肥育和宰杀上。他们在书中揭示了全球快餐行业的增长已经大大改变了国内和全球肉类包装行业的格局，还有鼓励集约化、压缩成本以及许多对员工和牲畜都不太人道的现象。

很少被提到的是乳品企业对工业肉类生产的贡献。大多数人没有意识到，对售卖汉堡包和三明治的三大汉堡餐厅——麦当劳、汉堡王和温迪来说，乳制品行业才是最大的贡献者。在国际领先的牛肉食品零售商——好市多和沃尔玛（牛肉市场上两个最大的卖家），奶牛肉也占有一席之地。无论你在哪里购买，几乎所有商家和餐馆的牛肉中都含有一定比例的奶牛肉。

在我当牛仔的那些年里，我天真地认为快餐店和零售商销售的汉堡包里的肉完全来自于肉牛（专为吃肉而饲养的牛），就像我在科罗拉多山脉饲养的一样。但事实上，只有约40%的汉堡肉是"牛肉边角料"，也就是宰杀牛做牛排时剩下的碎肉；其余60%来自奶牛。

除非你养牛，否则"奶牛淘汰"（Culled Cow）这个术语可能并不会进入你的餐桌谈话内容。由于要承受保持最高产量的压力，美国奶农每年会直接宰杀大约四分之一的奶牛。这相当于约230万头之前还在产奶的奶牛，会直接进肉类加工厂。大约80%的奶牛是要被宰杀的，它们的产奶量或健康状况会在4—6岁之后有所下降。销售奶牛的肉占奶制品总收入的5%—15%。

奶牛除了被宰杀，小牛生下来后会立即断奶，这样牛奶就可以转供人类食用。大多数被称为"小母牛"的年轻雌性，被饲养或卖给其他奶牛场去取代无法再产奶的奶牛，而它们那些不幸运的同胞兄弟们则变成餐桌上的小牛肉或低档牛排。无论何时，反正几乎所有的奶牛最后都会被盛放在餐盘中。

由于奶牛肉又柴又老，不适合做牛排，所以要和更肥、口感更好的肉牛肉混合起来，制成牛肉糜，提供给快餐店做汉堡包和超市零售。年老和没有奶的奶牛在牛肉市场上价格最低，这就保证了快餐的低价格。

快餐行业抑制成本和增加利润的能力取决于肉糜以及奶酪、黄油和牛奶有竞争力的价格。在过去几十年里，乳制品行业确确实实榨取了更大更多的生产能力，让保持低价成为可能，而榨取对象就是本书即将提到的明星：荷斯坦奶牛（Holstein dairy cow）。

第十六章

无性奶牛和超级公牛

> 我觉得很对不起奶牛,它们不得不夸耀自己已经被打包邮寄这件事。
>
> ——作家E. B. 怀特(E. B. White)

想象一头奶牛。我敢赌100美元,在你的脑海里,它绝对是黑白相间的。

北美最受欢迎的六大奶牛品种——爱尔夏牛(Ayrshire)、瑞士褐牛(Brown Swiss)、更赛牛(Guernsey)、荷斯坦黑白花奶牛(Holstein)、娟姗牛(Jersey)和乳用短角牛(Milking Shorthorn),除了一种外都是暗棕色,那就是荷斯坦黑白花奶牛。虽然少数荷斯坦奶牛是红棕色和白色的,但绝大多数是黑色带白色斑点(或相反)的。

荷斯坦奶牛是现代乳品行业的明星,常出现在广告、乳制品包装和万圣节服装上,甚至在炸鸡快餐连锁店Chick-fil-A的广告牌上,都会有一头荷斯坦奶牛抱着油漆刷恳请我们"去吃鸡"。所有与乳制品有关系的事情都要在白色背景上添加黑色斑点,以示象征意义。这是每个人都能理解的。

作为目前数量最大、最多产的奶牛品种,荷斯坦奶牛是全球乳业的支柱。在北美,荷斯坦奶牛占全部奶牛的86%。在澳大利亚(亚洲奶制品的主要供应商),荷斯坦奶牛占全国奶牛的82%。在每一个大陆,几乎所有的牛奶生产国,都能发现荷斯坦奶牛的身影。

荷斯坦品种起源于荷兰西北部濒临北海的潮湿、常年绿色的草原上。众所周知,弗里斯兰省是弗里斯人(Frisii)的家乡,基督诞生前就有牧民居住在这片土地上。大约公元前100年,第二批人——巴达维亚人(Bataria)迁徙至此。黑色的巴达维亚牛与弗里斯人的白色或棕褐色牛杂交,产生了独特的黑白相间品种。

从13世纪开始,荷兰成为欧洲黄油和奶酪的主要供应地。为满足需求,荷兰育种者需要奶牛尽可能多地产奶、产肉。他们将目光投向荷斯坦-弗里斯牛,在荷兰,这种牛因产奶量大而闻名。通过选择身型尤为庞大且高产的良种牲畜,荷兰人繁育出又壮又多产的奶牛。

1852年,马萨诸塞州一位名叫温斯洛普·切纳里的男子从一位荷兰船长手里买了一头荷斯坦奶牛。这头牛曾经在荷兰人的船上为船员提供新鲜牛奶。切纳里很快意识到,与当时受到新英格兰人青睐的英国短角牛相比,这头荷兰奶牛更具优点。

在落满灰尘的随笔中,切纳里写道:"就产奶来说,必须承认荷斯坦奶牛是出色的。它们长期以来被繁殖和培育的目标,就是将产奶量开发到极限……"

引进自己的牛群后,切纳里诱导奶农将注意力转移到这些产奶量惊人的奶牛身上。荷斯坦奶牛的育种者进口了近8800头牛,这群牛奠定了今天美国荷斯坦牛的基础。

1919年，卡尔·戈克里尔（Carl Gockerell）在华盛顿州的康乃馨实验农场找到了一份挤奶的工作。上岗的第一天，他就注意到一头特别的荷斯坦奶牛，其产奶量是其他牛的两倍。六个小时后他又来挤奶时，发现这头牛又产奶了。第二天如此。第三天依然如此。卡尔立即喜欢上了这头牛，每当快到挤奶时间，它总是抬起头寻找他。它名叫"Segis Pietertje Prospect"，但饲养人总是亲昵地称它为"负鼠宝贝"。

1919年12月19日，卡尔开始仔细测量"负鼠宝贝"的产奶量。他制作了一张严格的时间表，每天挤奶六次。在一年中，它生产了37361磅牛奶——超过此前的纪录2吨（约4400磅）。（牛奶是用磅来计量的，这既是传统做法，又是为了诚信，如果牛奶用大单位的容器批发出售，体积比重量更容易被做手脚。）

世界各地的记者报道了"负鼠宝贝"的故事，它成了国际明星，知名度与威廉·霍华德·塔夫脱总统在白宫的宠物——奶牛保利娜·韦恩（Pauline Wayne）不相上下。20世纪20年代最著名的重量级拳王杰克·邓普西（Jack Dempsey）来看望它，还喝了一杯它产的牛奶。

1929年，康乃馨实验农场在入口处骄傲地竖立了一尊"负鼠宝贝"的雕像。短短几年后，荷斯坦奶牛就超过泽西奶牛，成为美国最受欢迎的奶牛品种。在接下来的几十年里，荷斯坦奶牛逐渐主宰全球乳品行业。和几个世纪之前的荷兰奶牛"负鼠宝贝"一样，今天的荷斯坦奶牛仍是实验的主要对象，用来检测人类究竟能将奶牛的产奶量提高多少。

今天，"负鼠宝贝"曾经辉煌的壮举不会被特别关注了，切纳里说。威斯康星大学兽医学院的乳品专家奈杰尔·库克（Nigel Cook）说，今天奶牛平均每年产奶23000磅；还有特别高产的牛群，每头牛产奶量超过30000磅。而且他经常发现每年产奶超过50000磅的佼佼者。

"我从没想过有生之年会看到奶牛一天生产200磅牛奶。这在20年前是无法想象的。"库克看着令人惊叹的数据说,"我预感这数字不会封顶。"

确实。2010年,一头名叫"Ever-Green-View My 1326-ET"的荷斯坦奶牛,属于威斯康星奶制品厂的一对夫妇金和汤姆·凯斯特尔,从沙滩球大的乳房里产出72168磅牛奶。为便于理解,我们换算一下:这足以为115472个汉堡每个都盖上一片1盎司的奶酪;或为365所学校的孩子每人每天提供一杯8盎司的牛奶,持续一年。这几乎是"负鼠宝贝"产奶纪录的两倍。根据19世纪荷兰乳牛场主的粗略描述,这大约是切纳里时代荷兰顶级奶牛产奶量的四倍。

"1326-ET"当然是出众的,而且是奶牛产奶量飞速提升的标志。在1990年,每头牛的平均产量比现在要少8000磅。

"1326-ET"的高产大部分要归功于孟山都——一家跨国农业生物技术公司。这家公司给我们带来了滴滴涕(DDT)和橙剂,还给乳制品行业引进了重组牛生长激素(rBST)。这种有争议的合成激素,现在由礼来公司(Eli Lilly & Co)以品牌"保饲"(Posilac)销售,可将奶牛产奶量提高11%—16%。

尽管在20世纪90年代末发生了消费者革命,迫使牛奶生产商和奶制品零售商在给奶制品打标签和销售时标明"不含rBST",但美国的奶牛每六头中就有一头使用了激素以提高产奶量,42%的拥有500头牛以上的奶牛场使用了该产品,构成了乳制品行业增长最快的一部分。

没有明确的证据证明rBST奶牛产的奶或制成的奶酪对身体有害。当然,也没法证明完全无害。就这个问题,到目前为止,学界尚无定论。尽管如此，出于人文关怀，许多国家已经禁止使用这种激素。

一份有影响力的欧盟报告得出结论，使用rBST的奶牛往往产生与乳腺炎（乳腺和/或乳腺组织的急性炎症）、步行障碍和生殖问题有关的"严重的和不应出现的疼痛、痛苦"。加拿大、澳大利亚、新西兰、日本、以色列、阿根廷和欧盟禁止使用这种激素，但"1326-ET"所在的农场仍允许使用。

然而，在牛奶业的最近历史中，通过生物化学技术提高生产效率是奶牛进步的后盾。与它20世纪的祖先相比，21世纪的奶牛是基因优越的乳品生产者。这很大程度上是因为生殖技术和互联网已经彻底改变了奶牛的养殖方式——允许奶农通过联邦快递的接收和运送服务，从任何地方选择最好的公牛和母牛。

比如1326-ET，就由一头特别多产的牛，名叫斯塔德·莫蒂-ET所生。它有67000个同母异父（或同父异母）的姐妹生活在世界各地15000多个奶牛群中。它们的父亲莫蒂，实现了惊人壮举，它并没有与母牛实际交配生育，而是通过将精液快递到跨国"后宫"，"寄"给处于排卵期的母牛。这种先进的技术虽然缺乏浪漫，却非常高效和安全，因为像莫蒂这样的公牛，被挑逗时也可以凶猛如野兽。

大多数奶牛场没有公牛，所以在美国，大约四分之三的荷斯坦奶牛是人工受精的。这个过程的第一步是收集精液，有两种方法：第一种是"电刺激诱导射精"（electrojaculation），技术员将电子设备插入牛的直肠。这种仪器——也许你在成人用品店能找到——通过强大的电击来刺激射精。但这种方法不常用。

在大多数情况下使用第二种方法，非常接近脱衣挑逗。首先，用一头性感的母牛，或者更常见的是温顺的被阉割的公牛去诱导，实际上被称为"挑逗"。如果公牛没有充分勃起,精液采集员可能还会在周围喷洒含有牛激素的喷雾。

为了更真实,公牛会隔着金属架子骑一只并无意愿的对象,架子是为了保护参与者双方。但在性行为完美结束之前,技术人员就要冲过去把公牛的精液收集在一个里面垫有乳胶的橡皮管中。有时,浪漫的插曲(更像手淫)在大约90秒内就完成了。

收集后,要检测精液的活性,混入稳定的"精液保质剂"和抗生素以防细菌滋生,然后分装到类似吸管的塑胶管里,用液态氮极速冷冻,并存储在仓库,等待奶场工人的要求。

买家可以指定购买"性交"产生的精液,它已经被分离到(几乎)只含用于生产雌性小牛的配子。性交产生的精液比常规精液更昂贵,受孕率更低,但减少了徒劳的、不受欢迎的雄性小牛的诞生。许多奶农把精液储备起来,留给最好的母牛,用来生出尽可能多的高质量小母牛,来取代它们挤不出奶的、衰老的母亲。

一头公牛精液的价格取决于它的"验证"(Proof),即证明能够繁殖出产奶量高的奶牛,且具备其他可取的特性。像莫蒂这样的顶级种牛,一管精液就能卖50美元以上,而差一些的公牛一管只卖到5美元。每次射精可以产生少则50管多则500管精液。

一头特别有"性致"的公牛可能每天都射精,而"懒牛"(也许只是渐渐厌倦了按部就班的诱导射精过程),可能一周只射精一次。在精英公牛育种的供求市场中,懒牛的精液贵如黄金。

拥有最高"验证"的公牛在国际乳品界就像好莱坞电影明星。杰可(Jocko)是一头身价不菲的法国公牛,"捐赠"过170万管精液,在17年的"牛郎"生涯中繁育了三四十万后代。它去世时,路透社将它的讣告刊登在头版头条上,称"全世界的母牛都在哀悼超级明星公牛杰可"。

但和"奇迹"（Toystory）相比，莫蒂和杰可都逊色了，这头威斯康星州的公牛有着旺盛的性欲（它一周可采精9次），堪称奶牛场界乔治·克鲁尼。

10年间，"奇迹"在50个国家繁育了50万头小母牛，打破了纪录。这头公牛成功装满了240多万根管子，贡献了总共大约600加仑的精子。它于2014年感恩节去世，粉丝们纷纷抢购纪念品，包括印着它的帽子、T恤以及精液管。

"奇迹"出生在威斯康星州中部的神秘河谷农场。场主米奇·布鲁尼格（Mitch Breanig）之所以给这头发育迅速的小公牛起了这么个名字，是因为他女儿最喜欢皮克斯动画电影《玩具总动员》。它六个月大时，布鲁尼格按照约定将这头前途无量的小牛以4000美元的价格卖给了业界翘楚吉纳克斯（Genex）家畜育种公司。在那里，"奇迹"继续成长，轰动了整个乳品界，为该公司获利数千万美元。

"奇迹"人气高涨，因为它将一个无与伦比的生殖能力和遗传基因传递给它的后代。它的精液很稳定，使母牛受孕的比例很高，这就确保了牛奶的稳定供应。它较易生产雌性后代，产奶量高，体格健壮。为了以示尊重，吉纳克斯的公牛管理员将"奇迹"埋在不远处一个以它的名字命名的新繁育园区里。春天，人们为这头最著名的公牛举行了追悼会。

吉纳克斯公司是控制了美国每年价值2.25亿美元的牛精液业务95%的五家公司之一。精液购买者可在该公司网站扫描浏览列表，上面有内含深意的名字，这些牛的名字比如沃尔夫冈（就像莫扎特）、勒布朗（就像詹姆斯），甚至是麦乐鸡（对，就像鸡块）。快速点击会显示公牛的照片，还有一系列详尽的统计数据和指标，来帮你选择。

例如，一个农民的牛奶要用于制作黄油或奶酪，就选择后代可以产生含更多脂肪或蛋白质的牛奶的公牛。另一个农民想要双腿结实的牛，可以负担它们庞大的奶袋，他就会寻找体格出众的牛。

每年，美国三大公司向全球牛产业销售超过2100万管冷冻牛精液。像"奇迹"和杰可这样顶级公牛的精液可以带来高达300万美元的年利润。这是很大一笔钱，也意味着繁重的采精任务。

即便并非廉颇老矣，这些公牛电影明星般的日子也已经屈指可数了。急于提高产量，为生产有着特殊骨骼结构和强壮体魄来支撑负荷大量奶的"超级牛"，育种公司现在着重推销年轻、未经验证的公牛，这些牛纯粹基于遗传标记来表明自己具有各种理想的特征。

约翰·贝克曼的农场"苹果疤"（Applenotch）上在俄亥俄州的明斯特，他曾经在生产顶级乳品的"种子"公牛上处于全国领先地位。他告诉我，像杰可、莫蒂和"奇迹"这些祖父年纪的牛曾拥有的辉煌，可能是今天的公牛永远无法企及的。

在20世纪90年代，科学家们开始绘制牛的基因组图，贝克曼解释道。随着科学进步，他们能够准确定位在经济上具有理想特性的公牛和母牛的特定基因组合。

"他们发现的第一组基因能控制牛奶蛋白质的百分比。很快，他们描绘出了整个基因组。今天，基因组学主导了这场游戏。"贝克曼告诉我，"现在，甚至不需要等待牛'验证'自己，因为可以从基因上识别出需要的性状。"

仅仅十年，通过基因来测试将要出生的是小公牛还是小母牛已成为可能，还可以预测诸如牛奶产量、乳脂含量、体格（体型），甚至后代是否长角（"截角"或无角的牛通常更方便摆布，因为不会刮住围栏、机器或操作员）。这就使得奶农不用等到后代成熟和产奶，即可进一步做出取舍决定。

实际上，今天每个奶农都是一位遗传学家，可以为自己的畜群选择所希望的DNA特征。贝克曼告诉我，最终，将很少有作为一头奶牛种牛的公牛，能享受漫长而悠闲的一生。

"事实是，你可以从一头年轻公牛那里收集大量的精液，等它三岁就送去宰杀，因为你已经收集了足够出售的量。而它已经是明日黄花。"他总结道。

简而言之，在达到"牛生巅峰"之前，公牛已经被更年轻的"枪手"取而代之，这些"枪手"是受惠于实验室的具有遗传优势的一代。很少有育种公司愿意通过传统的人工授精方法在一头有前途的公牛身上坚持六年甚至更久，让它与几千头母牛试验，测试牛奶产量，以证明它的价值。

明星公牛消亡会产生什么样的影响？与路透社的头条相反，人们怀疑牛是不是会哀悼失去的像杰可、莫蒂、"奇迹"这样的超级公牛。和大多数牛一样，比如1326-ET的妈妈，以及莫蒂的后宫里成千上万的其他牛，甚至从来没有见过超级公牛本尊。更甚者，越来越多的小牛都不会有太多时间与它们的亲生母亲在一起。

因为越来越少的顶级母牛都在忙着繁育后代。如果一头注册奶牛的名字里出现"ET"的字样，就意味着这头母牛或公牛是胚胎移植的产物。即在胚胎发育早期，从基因优越的母亲的子宫中取出，放置在一个较差的代孕母牛体内。

想迅速改善牛群素质的奶农越来越多地使用胚胎移植。在正常情况下，一头奶牛每年只能生一头小牛。但在繁殖季节，每21天就会发情一次。如果给它注射激素刺激卵泡，那么它每个周期都会排出不止一个卵泡，会是十个或更多。这些卵泡可以与顶级公牛比如莫蒂的精子人工受精。

一周后，饲养员用生理盐水冲洗它的子宫，用细的导管将胚胎重新移植到代孕母牛体内。通常情况下，一头奶牛每次冲洗都可获得六个活体胚胎，每年即可生产几十只小牛。

另一种拓展优质牛的基因影响力的方法就是体外受精，即在培养皿里生产胚胎。它的优点是，卵泡可以取自有生殖问题的母牛、10个月大的小母牛，甚至已经产犊的母牛。

通过互联网提供精液的种牛和提供受精卵的超级母牛，并非21世纪养牛高科技世界的顶峰。还有克隆技术存在。这意味着至少在理论上，不仅可以创建完全由1326-ET的姐妹们组成的奶牛种群，而且，很可能建立一个群体，成员全都是1326-ET自己。

第十七章

科学怪牛?——克隆和转基因

> 红肉不会对你有害。蓝绿色肉才不好!
>
> ——喜剧演员汤米·斯马瑟斯(Tommy Smothers)

美国的第一头克隆牛,有个精灵古怪的名字"基因",它在1998年横空出世。从那时起,科学家开始制造出数百乃至数千头克隆牛和奶牛。

我启程去得克萨斯州潘汉德尔(Panhandle),参观一个新事物,也是为了满足我对于克隆动物看起来,甚至感觉起来是什么样子的好奇心。我此行所看到的牛是如何被复制的,堪称本书最奇怪、最吸引人的故事,我迫不及待地要分享给大家。

克隆在阿马里洛附近的一个屠宰场开始进行,科学家泰·劳伦斯(Ty Lawrence)双目烁烁放光,他是西得克萨斯州农工大学肉类科学项目的主任。劳伦斯在以养牛为生的家庭长大，在评估牛肉方面是个专家。他经手过数以万计的牛。

在劳伦斯的办公室里陈列着一套牛的胴体的玻璃纤维模型，从第12根肋条处切开，展示肋眼的横截面。美国农业部的肉类检验员就通过看这里来给肉的质量和"产量"（可以作为牛排肉被卖掉的比例）评分。美国牛肉行业的顶级产品是肋眼牛排，如大理石花纹般的脂肪使得肉嫩、多汁、美味，而且切片外层没有多余的厚厚的脂肪。

"只有膏腴的美味，没有脂肪的累赘。"劳伦斯打趣道。

在美国农业部的分级系统里，这种肉在质量和"精肉率"上都是顶级的，如同一个身高160厘米的职业篮球运动员一样罕见。那是因为它是对立的结合。精瘦的牛很少长出顶级的肉，你会发现除了在高档餐厅，你几乎看不到这种肉。

顶级牛肉是相当珍贵的——全国只有约2%的牛肉能达到这个等级。但根据劳伦斯所说，你可能需要看一万头或者更多牛的身体，才能找到一二例顶级的、产量一级的牛肉。当你这么做的时候，你已经失去了牛的繁殖潜力。因为它优秀的基因最终完结于莫顿或德尔莫尼克餐馆某人的餐盘里。正是这些，使得劳伦斯对克隆非常感兴趣。

"说到克隆，我们的想法是在这些基因进肚子前把它们夺回来。"他这样告诉我。

一个偶发事件使劳伦斯确信，是时候把他的想法付诸行动了。一天晚上，劳伦斯在阿马里洛一家肉类工厂，两头顶级牛在不到十分钟的时间里相继经过他眼前。

"就像被闪电击中两次，但是恰逢其会。"他说。劳伦斯掏出手机，打给他的老板迪恩·霍金斯："我们必须尝试克隆。"霍金斯表示万分同意。

劳伦斯的研究团队从肌肉细胞的细胞核中提取DNA，然后把它插入供体奶牛的去核卵细胞中，然后用电击将二者融合。大约一个星期后，他们将胚胎植入受孕牛体内，使它就像孕育自己的小牛一样。

项目开始开花结果。第二年夏天，一头被命名为"阿尔法"（Alpha）的公牛诞生了。它成长为一头英俊的牛，有着安格斯牛的体型以及和牛的肉质，后者以生长周期长并拥有大理石花纹的肉闻名。次年冬天，三头来自不同"肉片"的黑色小母牛摇摇晃晃地站起来。研究团队将它们命名为伽马1、伽马2和伽马3。

"来参观小母牛的人通常惊讶于它们就像复印出来的一模一样。"劳伦斯说，"它们是同卵三胞胎。"

双亲是肋眼和菲力牛排的牛引起了轰动。《国家地理》（*National Geographic*）派出科学作家罗伯特·孔齐希（Robert Kunzig）去现场获取第一手材料。参观牧场的时候，他和管理员凯利·琼斯不得不乘坐饲料车逃离，因为三胞胎像热情的小狗一样跟着他们。用奶瓶喂养，亲手养育，小母牛已经变成凯利的牵挂。他是西得克萨斯州农工大学的博士生，从克隆牛出生以来就在照顾它们。

宣传克隆牛时，正好遇上一起指控，涉及两头在美国克隆自一头奶牛的公牛进入英国的食物系统，但与劳伦斯团队的实验无关。克隆后代使国际媒体关于克隆动物伦理和安全的辩论再度活跃起来。在欧洲，媒体和公众的反克隆情绪压倒了科学家和生物学家。尽管他们的专业意见是，克隆动物及其后代的肉和奶与自然繁育的动物没有什么区别。

公众的杞人忧天不幸被美国人道协会（HSUS）主席韦恩·帕

塞乐（Wayne Pacelle）言中。在为旧金山海湾地区本地报纸和网站SFGate撰写的社论中，帕塞乐写道：

> 过不了多久，农业综合企业的生物技术公司就要宣布将计划出售商业克隆食品了。克隆火腿、牛排，甚至鸡腿都可能出现在未来的零售业中，没有法律禁止销售克隆实验室生产的肉或奶。

我问泰·劳伦斯，是否认为克隆动物的肉会进入食物系统。他的回答斩钉截铁："不会。"

"为了食肉克隆动物，成本太昂贵，又低效。如果这样做，那是要破产的。"他说。

克隆一头奶牛的成本是15000美元或更多，尽管随着时间的推移，无疑会下降，但劳伦斯认为，对于牲畜的饲养者，克隆永远竞争不过农场天然养殖的动物。乳制品动物也如此，用传统的饲养方法改良牛群更具成本效益。

为什么要克隆呢？部分答案可以在得克萨斯州峡谷郊区西得州农工大学的南希牧场找到，劳伦斯和他的团队正在这里进行克隆实验的第二步。在克隆了第一代动物后，研究人员使用人工授精将"阿尔法"和"伽马"杂交。劳伦斯认为这是第一个由克隆动物交配产生的克隆动物。

春天，13头小牛出生了，它们全是"阿尔法-伽马"兄弟姐妹。虽然它们的父母是克隆的产物，但它们的基因是随机混合的，就像你父母的基因混合创造出你一样。这种正常的有性生殖，已进行了数十亿年。

南希牧场这13头小牛中，9头是公牛，4头是母牛。劳伦斯用其中2头公牛和4头小母牛来繁殖。但有7头公牛被阉割，并作为阉割牛被养大，长到五六百公斤重后，它们会在西得州农工大学的肉类实验室被宰杀。结果有点简单粗暴，但是很美味。

阉割牛中一头是顶级，三头是高级，三头是平均水平——较低。牛排的脂肪少了16%，多了9%的肋眼，大理石花纹比行业标准高出45%，十分惊人。

"我们的长期研究目标，是看看我们是否可以提高美国商用牛肉系统制造的基因优良、内质上乘、牛龄年轻的牛肉的比例，"劳伦斯说，"以及能够提高多少。我们不知道这个答案是什么。但我们希望在未来几年里可以实现。"

劳伦斯和他的团队正在培养一种新型牛，一种能够生产优质牛肉且效率更高的牛。这种改良牛可能会成为种牛，提高养牛者畜群的整体价值，并改善餐馆和食品杂货店里肉的质量。这是养牛者热切期盼的结果，毕竟肉类储藏室已被猪肉和鸡肉霸占了数十年。

但是公众舆论可能会阻碍克隆动物后代的商业化。盖洛普咨询公司在12年间所做的民意调查显示，约五分之三的美国人不赞同克隆动物，即便仅用于防止濒危野生动物的灭绝。

似乎大多数人在直觉层面都持消极观点。罗格斯大学食品政策研究所在2000—2006年进行的17项公共调查得出的结论是，虽然美国人、加拿大人和欧洲人强烈反对克隆动物，"大多数人缺乏遗传学的基础知识，对生物技术和传统的动物育种实践也所知甚少。"

罗格斯大学另一项针对家境富裕的、受过大学教育的新泽西郊区居民的调查显示，他们对克隆动物同样持负面看法。然而他们对动物制造背后的科学基础一无所知，大多数人甚至不清楚克隆和转基因（GM）之间的差异。

在此澄清一下，克隆体与被克隆的动物基因完全相同。或者用兽医、马克隆专家格雷格·维纳克拉森（Gregg Veneklassan）的话说："它们是双胞胎，只是出生的时间有先后罢了。"

而转基因生物，无论是植物还是动物，都是人为地将新基因插入DNA的结果。基因转移（transgenics）是一个通用术语，由"转移"（transferred）和"基因"（genes）这两个单词合成。尽管这些基因可能来自同一物种，但大多数人用它来指代来自两个不同物种的基因组合。

为了说明这一点，我们不妨认为DNA是一首歌，就像披头士的经典歌曲《随它去吧》（*Let It Be*）。现在，改变一个字，就会变为"让它流血"（Let It Bleed），或"让它自由"（Let It Free）。或改变一个音符，或改变一个和弦，它仍然是同样的调子，但有了一个新的、不同的表达方式。这就是转基因食品。而克隆是另一个完全相同的拷贝，就像另一张黑胶唱片。

市场上第一个转基因食品是一种叫作"FlavrSavr"的番茄（又叫莎弗番茄）。这种番茄利用了某些番茄的基因，生产出能在藤蔓上成熟的产品，比普通的口感好，还能更长时间保存。它亮相后，由于暴风雪一样的负面新闻，在农业市场上并不景气。媒体讽刺地给它贴上"弗兰肯食品"（Frankenfood）[1]的标签。

转基因生物的批评者有时会将莎弗番茄与"鱼番茄"混淆，这是另一种长期饱受争议的转基因番茄，里面含有比目鱼基因，但从未上市。有趣的是，第一种被美国食品药品监督管理局（FDA）批准的可以上餐桌的转基因动物是一种生长快速的鱼——AquAdvantage三文鱼（AAS）。

美国人并不全盘否定转基因生物。比如许多人很容易就接纳了

---

[1] 源自英国作家玛丽·雪莱的科幻小说《弗兰肯斯坦》（*Frankenstein*）。——译者注

"荧光鱼"（GloFish）——一种转基因斑马鱼，由于转移了其他海洋物种的基因，身上闪烁着彩虹般颜色的光。但是，在大多数人心目中，家中水族箱里养一条转基因鱼是一回事，而沙拉的番茄有鱼的基因是另一回事。

第一头转基因牛"赫尔曼"（Herman），是1991年的一项生物工程成果。在它胚胎发育的早期，科学家就将赫尔曼的DNA与一个对人类婴儿成长非常重要的牛奶蛋白的基因编码进行拼接。研究人员希望实验能使赫尔曼生出的母牛产的乳汁具有更完善、更有营养的乳铁蛋白。

赫尔曼出现的消息在关心转基因食品安全性的欧洲人中引起了一场轩然大波。尽管如此，荷兰议会仍允许科学家们用赫尔曼的精子通过人工授精使奶牛生下了55头小牛。这些奶牛确实产出了人类所需的牛奶蛋白，但从来没有在市场上销售过。具有讽刺意味的是，荷兰法律要求在实验结束后杀死赫尔曼，但由于公众抗议，赫尔曼幸免于难。它活到13岁高龄，差不多是一头公牛的平均寿命。

参与转基因研究的科学家为"为什么转基因植物和动物应该被允许进入食物系统"提供了令人信服的理由。例如，假设你是第三世界国家的一名儿科医生，行医时遇到买不起疫苗的贫穷家庭，你可以给他们含有疫苗的转基因香蕉。只吃香蕉就能够挽救孩子的生命。

同样令人信服的证据也存在于转基因动物身上。在南达科他州，一家生物技术公司制造基因工程牛，生产大量的人类抗体蛋白，帮助去除身体里潜在的致命病原体。通过为牛接种疫苗，科学家们可以使它们产生抗体，这些抗体再被取来制作人类的药物。最终可能有助于产生针对传染病（如埃博拉病毒）的快速应急药物。

还有一些可以使牛和人类同样受益的转基因实例。例如，研究人员已经制造出对疯牛病免疫的转基因牛。疯牛病是一种可怕的神经细胞病变，牛和人都会被感染。

科学家也将基因调查工作从肉牛品种转到奶牛品种。生产出无角的奶牛，从而避免牛在去角过程中的痛苦，人们处理起来也更安全。

再举一个例子，非洲近三分之一的地区没有牛，因为采采蝇。采采蝇携带致命的牛传染性疾病。科学家认为狒狒的基因可以改变奶牛的基因，这样就可以与疾病抗衡。分子遗传学家史蒂夫·坎普（Steve Kemp）说，这将大大减少撒哈拉以南地区人们的营养不良和饥饿，而不是出于你想的其他目的。

"西方人不了解牲畜在发展中国家农业中的角色。"他说，"西方人想的是牛排和牛奶。但牲畜是最基本的。有些人以种植玉米为生，如果他有一头公牛可以拉犁，还可以拉车去市场，那就很得力了。"

据统计，牲畜为世界上一半的农田耕作提供了动力。没有黄牛和水牛，贫困的农民只能用手犁地。

使用转基因技术，也可以令常见的食物变得更安全。新西兰科学家研发出转基因奶牛，产出的牛奶不会引起过敏——牛奶是仅次于花生的常见过敏食物。全世界数以百万计的儿童发生过敏反应，很可能是由于在庞杂的各类加工食品中无意间摄入了奶制品，但这可能危及生命。

尽管转基因作物和动物有很多优点，但绝大多数美国人对此表示不信任。针对美国消费者的调查显示，92%的人认为政府应该要求转基因食品贴上标签。作为回应，2016年，美国国会通过立法，为转基因食品打上某种形式的标签。

对此，谁都很难反驳。作为消费者，我们有权知道食物中都含有什么，并做出明智的决定。然而，我们已经在两眼一抹黑的情况下吃了几十年了。事实上，加工过的超市食品中大约70%都已经包含了转基因作物。我们应该担心吗？

目前，美国生产的转基因作物占全世界种植作物的一半。美国农业部统计，美国生长的94%的大豆和93%的玉米都是通过基因工程种植的。

转基因玉米用于制造玉米糖浆和葡萄糖，它们可以被添加到甜谷类食品、饮料、蛋糕、饼干，甚至番茄酱和咳嗽糖浆中。其他玉米食品添加剂包括玉米淀粉（酱汁增稠剂）、玉米粉、焦糖和其他香料，以及防腐剂和防结块剂。源自大豆的添加剂，如豆油和纤维植物蛋白都是更常见的原料。

转基因玉米和大豆也构成了几乎所有喂养未经有机认证的牲畜的谷物。与直觉相反，这个事实可能是最好的证明，至少在这一点上，转基因生物似乎不会对我们或我们的动物的健康构成威胁。

随着对转基因食品有史以来最全面的研究的开展，加州大学戴维斯分校遗传学家艾利森·范伊内纳姆（Alison van Eenennaam）回顾了引入转基因农作物前后近30年间牲畜健康和生产力的数据。这些数据涉及超过1000亿只动物。

研究人员发现，自1996年首次引入转基因种子以来，食用转基因作物的动物在健康方面并无异常。据估计，喂养转基因作物的动物目前已经吞吃了超过一万亿顿饭。然而，健康受到影响的无限接近于……零。我们可以合理地得出这样的结论：尽管公众争论还在进行，但科学的辩论已经结束。

无论我们是否意识到，我们都是进行了几十年的转基因实验中不知情的参与者。如果你出生在20世纪80年代末或更晚，那么你第一次咬下一个多汁的芝士汉堡，你就极有可能正在消费转基因副产品。这就是奶酪。

在奶酪生产的过程中,制造商使用一种叫作"凝乳酶"的凝固剂。凝乳酶可作用于牛奶蛋白质,使其抱团,形成凝乳。传统上,凝乳酵来自尚未断奶的小牛的胃黏膜,小牛用它来分解和消化母乳。但在20世纪70年代,美国人日益增长的奶酪需求量与不断高涨的反对宰杀小牛犊的呼声之间产生了激烈的矛盾。

20世纪80年代,遗传学家发现了一种方法,可以把牛的凝乳酶的编码基因转移到单细胞微生物中,诱使它们变成凝乳酶微工厂,从而炮制出大量的与原物基因完全相同的产品。1990年,美国食品和药物管理局将发酵制成的凝乳酶归为"通常被认为是安全的",即科学家的共识是它不对人类健康造成危害。今天,美国90%的硬奶酪用的是这种转基因衍生的凝乳酶制作的。

如果知道奶酪是转基因副产品,这会让你感到不适,那么你可以选择有机认证的奶酪,即不使用发酵凝乳酶生产的奶酪。可是,如果你是和我一样的动物爱好者,以下提醒可能会打扰你——制作有机奶酪的凝乳酵,来自出生几周内还在吃奶中就被宰杀的小牛犊的胃。

大多数生物科学家认为转基因食品是非常安全的。为了找到原因,我会见了微生物学家马克·约翰斯顿(Mark Johnston),他是美国遗传学会杂志《遗传学》(Genetics)的编辑。马克的研究领域是酵母细胞。他的团队突破性地发现,酵母营养转移有一天会帮助我们战胜糖尿病。贴切的是,我在一个弥漫着浓郁发酵啤酒气味的酿酒厂里幸会这位酵母专家。马克喜欢这里,下班后经常来喝一杯。

马克的观点是这样的,人类从种植第一粒种子那一刻起,就开始改变大自然的平衡。在植物和动物中选择我们需要的性状(更高的产量、独特的口味或可以抵抗疾病或干旱),是我们进行基因改造的第一种形式。我们将有利于健康和生存（或者只是使我们更需要它们）的遗传性状传给了下一代。

有利的基因通常来自动物基因库的自然变异，但并非总是如此。新基因也可能源于突变，基因和等位基因的自然变化，给植物或动物基因蓝图带来一些新东西。一些突变是有益的，有些则不是。

但基因也可以从一个物种转移到另一个物种。这个过程被称为水平基因转移，根据约翰斯顿的研究，近期的发现颠覆了反对转基因生物的声音。

科学家现在知道，人类体内至少驻扎了145个从其他物种处转移来的基因。这些基因从细菌、真菌、其他微生物和植物那里跳入或嵌入我们的DNA序列，在人类的代谢、免疫反应和基本的生物化学方面扮演着角色。大自然似乎运作转基因生物工程多年了。

"物种之间的基因转移有很多方法，"我们喝完了啤酒，约翰斯顿说，"所以，工程生物的DNA并不是什么新鲜事或不自然的事；就像自从农业的黎明开始时我们做的事情一样，只不过那时候我们的实验室在田间。现在我们更有效率。"

当谈到克隆，政府和学术界的科学家和食品安全专家更加让人放心。即使克隆动物产品——肉、奶酪等进入人类食品系统，科学也向我们保证，它们是完全无害的。嗯，至少不会比我们已经吃进去的食物有害。

美国国家科学院（NAS）预测到了畜牧业克隆动物的商业化，对克隆动物及其后代进行了全面研究，包括当时几乎所有的克隆牛。2007年，科学院研究人员得出结论，与通过正常有性生殖产生的后代相比，克隆动物的后代并无差别。

此外，科学家与美国食品药品监督管理局广泛关注克隆动物的健康记录和验血结果，类似于我们的年度体检。他们发现克隆动物在行走、成长、成熟等方面和传统育种的动物无异。日本、英国和欧盟的科学家小组都得出了同样的结论。

阿伯丁大学（University of Aberdeen）微生物学名誉教授休·彭宁顿（Hugh Pennington），完全支持克隆动物及其后代产品是安全食品。"从遗传的角度，它们和它们的双亲是一样的，没有问题，非常安全。"

但食物系统中克隆牲畜的概念并不合每个人的口味。自2006年以来，美国天然食物产业链的龙头企业——全食超市，禁止销售来自克隆动物的产品。该企业主管质量标准的副总裁玛格丽特·威滕伯格说，大多数美国人仍然不知道克隆动物产品可能已经进入食品系统。

"很多美国人对此一无所知。"她说，"你在媒体上听不到关于它的消息。当你认真告诉别人时，他们会看着你说：'你在开玩笑吧？他们不会这样做的。他们为什么要这样做呢？'"

目前，美国食品药品监督管理局已经要求肉类和奶制品生产商自愿从市场中撤出克隆动物产品。但没有立法就不可能禁止克隆。即使有必要的手段和充足的资金来支持政府检查，但克隆技术几乎是检测不出来的。

尽管泰·劳伦斯这样的人保证，克隆动物的主要目的是为了繁殖，但一头用于育种的克隆奶牛所产的牛奶仍然可能会被出售，用于育种的克隆肉牛和奶牛会变老，被宰杀。目前在美国，无法阻止奶牛场老板或牧场主将克隆牲畜作为食物出售——除了他的良知和意识外，至少在目前，大多数北美人还是不想在餐盘里见到克隆食物。

在我们讨论克隆动物后代的产品时，牛已经离开了谷仓。在美国或欧盟,对用克隆动物后代生产的食品没有安全要求或限制。此外,在国际食品系统里无法追踪数十亿生产食品的动物的血统信息。要想做到这一点,不仅要追踪克隆动物的后代,还要追踪它们后代的后代,无穷无尽。

技术先进的育种实践只会使责任问题复杂化。想象一下,与其哀悼伟大的公牛"奇迹",它的主人还不如转而选择克隆它。与其精确复制"奇迹",不如选择转基因,生产出"奇迹二世",比如一头为生产不会造成过敏反应的牛奶而进行基因编码的公牛。

冷冻精液让转基因"奇迹二世"去育种成千上万个新的或基因突变的后代。很容易想象,为了避免牛奶过敏诉讼或只是具有产品和营销优势,加工食品行业将迅速采用"奇迹二世"的牛奶。

转基因牛已经打入肉牛产业。2011年,高温热浪导致美国中西部成千上万头牛死亡。这让牛仔们开始考虑,如何在全球变暖的时代养牛。他们面临的挑战是如何强化牛群抵御高温的能力。传统的杂交可能无法达到预期效果,即高产率和耐热性的完美结合,无法跟上这个星球快速升温的步伐。

所以,两位研究人员,一位来自范德比尔特大学,另一位来自中田纳西州立大学,把思想整合在一起,提出了一个想法,即生产一只活生生的矛盾体——白色的黑安格斯牛。

通过将决定颜色的基因从另一个品种,即罕见的银色加罗韦牛中转移过来,他们计划重新设计高产的安格斯肉牛,让它长有白色的皮毛,更适合上升的气温。事实上,提取其他牛身上的白色基因使整个事情看起来自然得多。其实科学家从白色鸡身上提取颜色基因也很容易,但使用家禽的基因可能会让人们对它们的后代心生恐惧,以至于不被认可。

如果实验成功,白色的安格斯牛比其黑色祖先更耐热,研究人员就可以复制基因组，创建一个基础繁殖池。以后在应对人口增长、气候变化、水资源短缺、农田减少时，这样由基因驱动的解决方案在动物和作物农业方面将越来越普遍。

在21世纪全新的畜牧业界，一切皆有可能。人工繁殖技术允许我们快速推进家畜生产力，甚至改变其产品的特点。

科学家们在很大程度上得出结论，转基因生物和克隆动物是安全的。从他们的角度来看，只要是有性生殖，物种甚至跨物种基因的变异和突变一直在继续。只是当今在科学进步的帮助下，我们现在在实验室中做的，比数千年来使用传统选育的方法更有效率。

基因科学可以利用动物解决棘手的人类疾病，如癌症。科学生成的动物，如携带免疫疾病的采采蝇，能够帮助救活数百万人类。它可以帮助缓解全球变暖带来的困境，使奶牛更高效地产肉和产奶，从而减少数十亿牛在地球上生存对环境造成的影响。

除非全球禁止转基因和克隆，否则这些事情都将会发生——不止牛，还有鸡、羊、猪，以及其他农场的动物。很多人们脑海中仍有待回答的问题是，为了我们自己心安理得，动物付出了多少代价。

第十八章

三家奶场之一：生奶和巴氏奶

> 牛是人类的养母。从古老的印度到现在，人们的思绪转向这个友好且慈善的生物，视其为人类力量的主要供给来源。
> ——《哈罗德奶农》（*Hoard's Dairyman*）杂志创始人W.D.哈罗德

1月温暖、阳光明媚的一天，我从丹佛出发，开始了拜访奶牛场的旅程。第一个，我选择访问位于科罗拉多州落基山脉一个小型、多样化的生奶"微型乳制品厂"，然后是俄勒冈州一家有240头牛的有机乳制品厂，以及科罗拉多州一家大型封闭式乳制品厂。这三家厂代表了当今乳品管理和营销策略的各种形式。与此同时，他们也代表了在现今美国，面对相关健康福利、动物福祉以及乳制品成本等问题时，不同消费者的态度。

鹰峡谷农场（Eagle Canyon Farm）面积不大，位于科罗拉多州里昂郊区。一个多世纪以来，里昂的石匠开采了一种极坚硬的红色砂岩，用它打造的建筑群，在托斯卡纳风格建筑中占有举足轻重的地位，这就是科罗拉多大学博乐得分校，就在农场南部仅20英里处。

我驱车前往白色的二层农舍，一群好奇的猪冲到电动栅栏边，好像要尽职尽责地检查我的卡车。在对面，用建筑废料临时拼凑搭建的鸡舍里，鸡群咯咯哒地叫着。矮松树和杜松树丛点缀着山丘，一个临时的电动牲畜栅栏圈着三头娟姗牛，它们是农夫杰克·塔克夫全部畜群的一半。

我敲门的时候，期待欢迎我的是位中年嬉皮农民，扎马尾辫，留着未经修剪的胡须。然而正相反，我通过玻璃门窥到了一对情侣——杰克和他的女朋友亚历克西斯·马洪。这对尚在热恋中的年轻人，正在厨房里接吻。

杰克快30岁了，他周到地等着我到达后再给奶牛挤奶。他把棕色工装裤塞进黑橡胶靴子，抓着一只不锈钢桶和两只不锈钢奶罐，带我穿过由新鲜植物覆盖的畜栏，来到一个小挤奶棚。他量出一品脱那么多的饲料，内含小米、葵花籽、苹果醋和海藻，又加了一勺有机糖蜜。

"对牛来说，这是一份很好的早餐，"他告诉我，"能量和矿物质充足。其他时间，它们就吃好的草料。"

一头牛拱开门，看到是我，停住了。它用又大又温柔好奇的棕色眼睛看着我。杰克叫它放心，说我是好人。不知是否这种安慰起了作用，它的焦虑很快被习惯和饥饿所克服。它自己走进小屋，把脸伸入钢闸门，这样就可以够到谷物槽。杰克关上闸门上锁，让它在挤奶时保持原地不动。

杰克对我说："来见见梅宝。"我看着棕黄色脸的奶牛满足地大吃特吃，就像万圣节吃糖果的小孩子。他俯下身，开始用温肥皂水清洗梅宝的乳房，探头跟我说："它来自新西兰的奶牛群。新西兰人不喂谷物，因为他们牧草过剩。所以那儿的奶牛更适合放养。（在原料乳奶农之中）从新西兰引进公牛精子已经变成常事，它们还保留着古老的吃牧草的基因。"

荷斯坦牛的产奶量最大，但娟姗牛奶含脂肪和蛋白质最丰富，是生产黄油、奶油、奶酪的最佳原材料。杰克养的牛群会生产一种比其他牛奶更健康的牛奶蛋白，他称它们为"A2 A2"牛。我问他这是什么意思，他说："这很复杂。"于是后面几天，我发现自己被淹没在研究材料里。

确实很复杂，原因包括详细的各种牛奶蛋白质和奶制品的遗传因素，但我会试着尽可能简单地解释。最初，所有的牛奶都是A2品种。但大约5000年前，自然突变在欧洲奶牛身上产生了一个变异类型——A1。A1品种身上的单个基因突变允许人体消化酶剪掉一种氨基酸——β-酪啡肽7（beta-casomorphin-7，简称BCM-7）。

这种氨基酸是一本颇具影响力的书的主题。该书名为《牛奶中的恶魔》(*Devil in the Milk*)，作者基思·伍德福德（Keith Woodford）是新西兰林肯大学农场管理专业的教授。BCM-7是天然的阿片类物质。阿片类药物可用于缓解疼痛，以及让人感到兴奋。常见的阿片类药物包括海洛因、可待因、吗啡和鸦片本身。

为什么牛奶中会含有BCM-7？曾有一种解释是这会使牛更加温顺。但牛喝的是水，又不是牛奶。然而也有可能，A1牛奶的镇静作用可能减轻小牛在离开母牛后的精神痛苦。这可能也是为什么喝一杯热牛奶有助于晚上入睡，或者为什么有些人沉迷于奶昔。谁又能说清楚？

然而，杰克说，BCM-7被食用之后，会导致某些疾病的风险增加，如儿童自闭症、精神分裂症、心血管疾病、1型糖尿病。出于这个原因，含A2基因的娟姗奶牛生产的牛奶蛋白不含BCM-7。这意味着他出品的牛奶对健康有很大好处，对有健康意识的消费者来说很重要。

在健康食品和奶制品界，A1牛奶是否具有健康风险是一个热门话题，尤其在澳大利亚和新西兰，几家公司大量营销打着A2品牌的奶制品。我注意到，A2牛奶在美国食品零售店也有销路。其支持者在传统媒体、网络特别是YouTube视频上把A1牛奶妖魔化了，称其为"新谷蛋白"和"突变牛奶"。

然而在2009年，欧洲食品安全局进行了调查，发现没有理由质疑A1牛奶的健康风险。但这并没有阻止人们高价购买A2牛奶。

杰克的手机响了，他一边接起电话，一边用闲着的另一只手继续给梅宝挤奶。梅宝的奶很容易挤，甚至无须挤压奶头，奶就会像细细溪流一样流出来。不到十分钟，牛奶装满了两个半加仑牛奶罐中的一个。

梅宝从桎梏中被放出来，缓步踱出门。另一头牛阿比盖尔用鼻子开路，进入挤奶棚。

挤奶完成后，我们回到厨房。杰克从架子上拿了六个半加仑的玻璃牛奶罐，然后仔细将牛奶过滤到容器中。之后，他将客户的名签贴在牛奶罐上，再将罐子储存在车库里的冰箱中，以便日后送走。

杰克养了六头牛，其中两头在指定时间可产奶，在鼎盛期，每天生产大约50磅（6加仑）牛奶。但我去拜访时，阿比盖尔和梅宝的产量已经下降到5加仑。杰克考虑将另一头叫"蒲公英"的小牛送走，这样他就可以挤奶了。我问如何处理小牛。

"最好的小母牛留下，其他的卖掉。市场对含食草基因的A2奶牛需求很大。"他说，"刚开始养奶牛的人都知道这种牛能赚大钱。"

他会挑出脾气最臭的一头牛，把所有季节生产的小牛都交给它来喂养大概6个月，这样就可以保证其他母牛的日常生产。两头奶牛的牛奶可供应大约30个家庭。杰克说他每个月都卖光了，尽管每加仑20美元，在当地超市的售价是标准全脂牛奶的五倍，是有机牛奶的三倍。

"有些人说我是漫天要价，但我只是告诉他们，慢走不送。"杰克说。

"我得让我的付出和收获成正比。我不偷工减料。当你一天只给两头牛而不是两千头牛挤奶，你就会更多地关注细节。它们得到最好的食物和最好的照顾。我生产的牛奶让我感觉很好，也让喝的人感觉不错。"

但牛奶只是鹰峡谷农场收入的一部分。杰克给猪喂牛奶乳清和废干草，再把猪变成培根、猪肉和小猪。他把一些猪油油脂涂在奶牛的乳房上，防止皲裂。他还替客户屠宰猪出售，但他更喜欢通过他受欢迎的家庭屠宰课来销售肉。

"这些可以让我收取更多费用。"他说。

他的鸡负责从牛粪中挑干草的种子吃，各处牛、猪、鸡的粪滋养了牧场和菜园。鸡和谷仓猫吃猪内脏，并吃掉生虫的鸡蛋和啮齿动物，高效防控苍蝇和害虫。夏天，杰克和马洪卖掉鸡蛋，杰克宰鸡卖给客户。这个养殖系统中几乎是"零浪费"，其协调性给我留下了深刻的印象。

鹰峡谷农场得益于地理位置接近博尔德，在这个自由的城市，中等家庭收入超过11.3万美元，中等房价是54.8万美元。在教育、健康和生活质量方面，博尔德常年在全国城市中位居前列，这里的人们喜欢土鸡和有机猪排，也有钱买得起20美元一加仑的牛奶。

杰克相信他的农业模式有益于他人，这其中也包括困扰于财富和健康的婴儿潮一代、X代科技勇士和信托基金千禧一代。他指出，一个世纪以前，大多数美国人住在小而多样化的农场，为自己、邻居和社区种植蔬菜、水果和谷物，饲养牲畜。非但不过时，小且多样化的农业甚至是未来的潮流，他说。

"当前的养殖模式不能持久。真的没有意义，这些玉米种植出来，喂的牛整天站在混凝土上。你可以把土地转为牧场时，为什么还要用玉米喂牛？你不用喷那些化学杀虫剂和除草剂，用粪便施肥给牧草就可以了。"

"你不需要一个实际的农场来耕种，"马洪插了一句，"把一堆动物扔到后院去就行了。"

当我们坐下来讨论小而多样化的乳品业，马洪烤了一些面包，又将台球大小的一块黄油放在桌子上。黄油呈深黄色，融化在热腾腾的面包上，十分诱人。杰克递给我一杯鲜奶，十分钟前它还在一头奶牛体内。我犹豫了。

关于食源性疾病的风险，我并不陌生。住在墨西哥时，有几次我患了严重的食物中毒。我不想再体验由街边摊油腻的小吃或用了受污染的水制作的冰沙而导致的胃痉挛、呕吐、腹泻。食物中毒不仅不好玩，而且可能致命。

牛奶培养细菌的水平不亚于培养皿，这就是为什么它离开冷藏环境会腐败得如此之快。巴氏灭菌法是在快速加热和冷却的过程中杀死导致牛奶变质或引起疾病的微生物。但某些菌株作为孢子仍能生存下来。正是这些孢子成为活跃的细菌，导致巴氏杀菌奶凝固甚至腐败。

原料奶更容易受到微生物污染，因为在挤奶过程中会引入致病微生物（来自不受控制的粪便残渣，长在乳房上的细菌，或不注意卫生的装瓶人）。所以不经过巴氏灭菌不行。

尽管一个世纪前现代医学就已经能有效控制伤寒等疾病了，但在今天，未经高温消毒的牛奶中食源性致病菌的威胁仍然存在。几十年来，美国疾病控制与预防中心（CDC）和美国食品和药品监督管理局都警告消费者不要喝生奶。

他们说，原料奶中藏着各种细菌，如沙门氏菌、弯曲杆菌、李斯特菌，还有一种大肠杆菌（E. coli O157:H7），这是一种可能致命的变种细菌，35年前还不存在呢。

在美国，你是否可以合法购买生奶取决于你住在哪里。在9个州和哥伦比亚特区，根本无法买到生奶。在16个州，生奶只能在生产的农场直接购买。只有10个州允许杂货店销售生奶。

然而，在大多数州，包括科罗拉多，喝自家奶牛产的生奶并不违法。所以，像许多生产商一样打擦边球，在出售股份的幌子下，杰克违法销售生奶给消费者。他并非藐视法律，只是利用了允许存在的漏洞。禁止销售生奶，但允许销售奶牛股份帮助各州限制了生奶的分销，提高了被公认具有卫生风险的产品的可追溯性。

在科罗拉多州普韦布洛（Pueblo），一家奶牛股份乳制品厂的生奶导致20人患病。那里在南部，距离杰克的农场两小时车程，买牛奶的人很容易识别和联系。如果牛奶在商店出售，就不会这样了。

生奶的风险引发激烈辩论，在商业乳制品生产者、政府和健康食品倡导者、有机产品零售商、手工奶酪制造商以及像杰克这样的农民之间。

"我认为很多人（部分的）有这类回归自然的倾向，想要支持当地的农场,吃到有机食物。我认为生奶运动的发起源于这种意向。"美国疾病控制与预防中心的流行病学家汉娜·古尔德(Hannah Gould)说。尽管她认为这算是对健康有好处,但她所在的组织经常告诫人们,生奶和鲜奶奶酪不一定是安全的,若遭细菌污染可能导致严重的后果,比如肾功能衰竭致死。

生奶倡导者,或全脂牛奶的拥护者(他们喜欢这样称呼自己)说,巴氏灭菌法降低了牛奶的营养,破坏了味道。由于具有浓郁的口感,含大量维生素和消化酶,生奶已经成为其忠实追随者愿意争取权利去购买的一种产品。生牛奶是否安全,已经持续争论了一个世纪。

在20世纪初,肉并不是唯一在公众心目中名誉扫地的食物。城市化在19世纪中后期缔造了一定程度的公共卫生危机,其中一项就是婴儿死亡率升高。5岁以下儿童的高死亡率是城市生活中的可悲事实。报告显示,1840年在纽约,该年龄段的死亡率是50%。尽管城市的生活条件有所改善,"但统计学家很清楚,在19世纪后半叶,婴儿死亡率实际上仍在上升。"巴纳德学院历史学家德博拉·瓦伦齐(Deborah Valenze)指出。

卫生官员指出,牛奶是主要嫌疑犯。医生知道,最大数量的婴儿死亡发生在一年中最热的几个月。他们甚至给这种季节性疾病起了名字:暑泻。众所周知,比起母乳喂养,奶瓶喂养的婴儿患暑泻的比例更高。英国伯明翰的一位卫生官员估计"人工喂养婴儿的死亡率至少是母乳喂养的30倍"。人们迅速认识到受污染的牛奶是致病原因。

牛奶不仅导致暑泻流行,还导致了某些疾病的传播,如结核病、布鲁氏杆菌病、猩红热、白喉和伤寒。然而,问题通常在牛奶本身,而出在收集、装瓶、存储、运输,或者经常性的粗心大意和不讲卫生上。比如一个患肺结核的送奶工就可以将他的疾病传染给数百个家庭。

19世纪90年代，个人冒险进行的牛奶改革开始了，这个人就是内森·施特劳斯（Nathan Straus），一位纽约成功的零售商，是梅西百货和"亚伯拉罕和施特劳斯"（A&S）品牌的共有人。这位德裔犹太移民认识到，需要卫生的新鲜牛奶来帮助母亲们，尤其是贫穷的母亲们。1893年，这位慈善家在第三街码头滨水区创立了"内森·施特劳斯巴氏杀菌奶站"。牛奶来自于定期检查的奶牛场和无病牛，并且在一个专门为此项目而制造的无菌设施中处理。

由于施特劳斯的努力，在1864年7月，纽约的婴儿死亡率就下降了7%；8月，下降了34%。施特劳斯牛奶站在纽约的数量扩大到12个，每年分发出去成千上万瓶巴氏杀菌奶。世纪之交，像施特劳斯这样的巴氏杀菌奶站在主要城市如芝加哥、费城和波士顿都有设立，大多数由慈善机构运营。同时，有影响力的支持者和儿科健康专家帮助宣传施特劳斯的"清洁牛奶运动"。

1913年，纽约州暴发伤寒，夺走了上千条生命。《纽约时报》上的一篇文章把流行病归因于受污染的牛奶。目前为止，牛奶可能携带的伤寒杆菌可以用巴氏灭菌法扑杀。伤寒疫情平复后，纽约开始认真对待牛奶安全问题。到1914年，95%的牛奶都经过了巴氏杀菌。

通过在《妇女家庭杂志》《进步报》《读者文摘》等报刊发表文章严重警告生奶的安全问题，美国鼓励采用巴氏灭菌法。医学博士罗伯特·哈里斯（Robert Harris）发表在《宝冠》（*Coronet*）杂志的一篇文章，描述了中西部一个叫十字路口镇的地方暴发的骇人听闻的波状热（布鲁氏杆菌病）。关于此次传染病的流行，他写道："在十字路口镇，每四人中就有一人倒下。尽管有两名医生和国家卫生部门的努力,每四名病患中仍有一人死亡。"

事实证明,整个事件完全是虚构的。在随后约翰霍普金斯大学J.霍华德·布朗的采访中,哈里斯承认没有真实疫情发生。没有十字路口镇,也没有任何病人。但杂志和报纸记者仍对生奶风险大做文章,数千万美国人都在阅读。

到1917年,美国几乎所有大城市都通过了法令,要求食用巴氏杀菌奶。到40年代初,整个国家遍布安全牛奶律例。

今天,生奶继续引发恐惧的火焰。例如,《时代》杂志的亚历山德拉·西费兰(Alexandra Sifferlin)撰写的关于生奶暴发疫情的文章在美国产生爆炸性影响。文中,她提到预防疾病控制中心报告说,2007—2012年,有将近一千人因生奶而患病,73%去医院就诊。

即使生牛奶比巴氏杀菌奶容易导致食物中毒,但与乳制品相关的食物中毒概率实际上很小。自1998年以来,在美国只有两人因直接喝生奶而死亡,还有两人是因为食用了生奶奶酪。相比之下,平均每年有15人死于食用生蚝。值得注意的是,2009—2011年,三大食物中毒事件的罪魁是花生、鸡蛋和甜瓜,导致39人死亡,但疾病预防控制中心并未警告美国人不要吃这些食物。

尽管因受污染的生奶而患病的风险看似微乎其微,但这并不能安慰吉尔·布朗和杰森·扬,这对年轻的父母两岁的孩子凯利因生奶感染了大肠杆菌O157:H7。2012年,俄勒冈州威尔逊维尔的农场生产的生奶导致19人患病,15人在19岁以下,这名儿童也在其中。4名患儿因肾衰竭住院治疗。凯利因为移植了她妈妈的肾而幸存。他受到中风和心力衰竭的折磨,在医院待了近200天。

吉尔·布朗说,选择生奶喂养来自一个信念——从当地农民处购买生奶比从乳制品企业购买牛奶更健康。以健康为由,她拒绝了企业生产模式,转向本地食品运动。她的很多朋友归咎于此。

"我想知道我买的牛奶是从哪儿来的,"她说,"我研究过,所以相信从当地农场买的生奶会比从商店买的牛奶更健康。"

"如果我知道现在所知的一切,我不会用生奶喂我女儿。"

坐在杰克农舍的桌子旁,看着玻璃杯中几分钟前刚从奶牛那里挤出来的牛奶,目睹了杰克如何仔细处理过程中的每一步以及他给予牛的关心,我不会为自己的选择感到苦恼。我咬了一口面包,热情洋溢地夸赞自制农场黄油鲜美的口感,并将这杯鲜奶一饮而尽。口感丝滑、满足、细腻……赞。

我会从杰克那儿买牛奶吗?也许吧。这很奢侈,但是你买到的是杰克绝对爱护的奶牛品质卓越的产品。他的牛看起来真的幸福,所以牛奶是美味的。风险会困扰我吗?并不一定。任何放进嘴里的食物都有风险,还有很多食物远比生牛奶更危险。

但是,就我自己而言,应该仍会选择巴氏灭菌牛奶。

第十九章

三家奶场之二：机器奶牛

> 牛不过是台机器，使我们人类可以变相适应吃草。
>
> ——记者约翰·麦克纳尔蒂（John McNulty）

还记得上次你看到一群奶牛在草场上是什么时候吗？在过去的几十年，这种风景似乎已消失。这令我产生疑问："奶牛去哪儿了？"

在从丹佛到西雅图的三天车程中，我找到了答案。沿着爱达荷州南部的高速公路，有一个开放式的畜棚，有两个足球场那么长，四周围着混凝土的喂食槽和灰色钢筋。在堆满的粪便后面，是成千上万头荷斯坦牛。

在过去的四十年，乳制品行业经历了一场戏剧性的变革。天翻地覆。小农场破产，大奶牛场的畜群都从1000头增加到3万头。西部各州超级大农场都在蓬勃发展，而东北部和五大湖区的传统乳制品业却一败涂地。由于生产能力的巨幅增长，尽管养着史上最少的奶牛，美国却生产出了更多的牛奶。

今天，全国一半的牛奶和奶酪仅由全国3%的奶制品农场制造，根据美国农业部统计，每家农场都拥有1000多头奶牛。超级乳品企业，比如伊利诺伊州的菲尔奥克斯农场（Fair Oaks Farm）和俄勒冈州东部的三英里峡谷农场（Threemile Canyon Farm），都有3万多头牛。这足以满足芝加哥市所有人的牛奶需求，或北达科他州、南达科他州和蒙大拿州牛奶需求量的总和。

相反，小型奶牛场，像绣花和拉犁一样，已经落伍。1970年，美国有47万个奶牛场。今天这个数字已经狂跌至不足6.5万。在过去的40年，纽约州和威斯康星州总共减少近100万头牛。

但在西部，就是另一番景象了。同一时间，加州的奶牛场老板为自家增添了近100万头奶牛，该州目前奶牛数量达180万头。与此同时，他们还创造了一个新型乳业模式，即全球乳制品行业家喻户晓的"加州模式"。

加州大学戴维斯分校乳制品经济学家莱斯莉·巴特勒（Leslie Butler）这样解释道："加州模式就是你不需要自己种草、弄饲料，只要进口饲料、水等所有需要的东西，就能在不到250亩的土地上养1000头奶牛。"

"CAFO"是集中型动物饲养经营（Concentrated Animal Feeding Operations）的简称，常用于农业——将大量动物有效饲养在较小空间中。动物权利活动家对这一做法有他们自己的术语：工厂化养殖。

当然，我曾读到和听过工业化奶农场的残忍行径。我看过网上秘密拍摄的视频，揭露了封闭的奶场工人如何虐待奶牛。我曾与"怜悯动物"机构的调查员科迪长谈,他用视频记录了工人如何在没有实施麻醉的情况下切断牛尾巴,以及一位奶场老板用拧管子的扳手敲打一头牛。但是我觉得还是需要亲眼看看一个大型封闭奶场,才能形成自己的观点。

所以我联系了西部乳业协会(WDA),这是一个主要由科罗拉多州、怀俄明州和蒙大拿州拥有自家奶厂的家庭组成的组织。找到一个允许参观的大型农场,这是一个可能被打掉牙的艰难过程。WDA生产关系高级主管比尔·基廷(Bill Keating)的担心是可以理解的,我这是要在乳制品行业做出点出格的事。

基于我之前与基廷先生的谈话,很明显,WDA已经变得极其敏感,最近来自像"怜悯动物"机构、美国人道协会、农场动物避难所等机构的负面关注如雨点般落在乳品业的养殖措施之上。经过数周邮件往来、电话面试、与WDA董事会讨论,我终于争取到一个机会,可以拜访科罗拉多州一对奶场夫妇。

在电话里,我问老板我是否能在早上挤奶。他向我保证任何时候都可以。他说,1500头奶牛每天挤奶两次,24小时都在挤奶。我在黎明时到达,在连着挤奶仓的一间小办公室外等待。

微弱的晨光中,一个男人挎着来复枪走来。他并无侵略性,反而脸和发型都与前总统乔治·布什相似,而且看起来像那种会很乐意跟他喝一杯啤酒的人。

"抱歉,我不得不先去解决一头病牛。我真不想这样开始我的一天。"他伸出一只手,介绍自己名叫乔·斯拉茨基。他把我带到小且无窗的办公室,把来复枪搁在枪架上。他在椅子上瘫了一会儿。我保持沉默,感觉这一天的头一个任务仍然在拖累着他。满怀敬意的默哀之后,我们开始交谈。

乔和他的妻子苏珊·摩尔经营着拉露娜乳制品厂,该厂位于丹佛和柯林斯堡中间的小镇惠灵顿。落基山脉为这个历史悠久的360多亩的农场提供了一个戏剧性背景，此地从20世纪初以来一直用作牛场。

20世纪70年代，他们在加州大学河滨分校相遇时，乔和苏珊都自称是嬉皮士。虽然他们没有农业教育的背景，但都对动物感兴趣。与生奶生产商杰克和马洪不同，他们在科罗拉多农村租了一个地方饲养农场动物。起初是鸡、兔子和几头猪，然后是绵羊和山羊。他们最感兴趣的就是山羊了。他们开始繁殖和展示动物，同时挤奶和制作奶酪。

"我们在爱好上花费了很多，所以决定开始做生意。"乔说。

但是没有银行愿意给两个嬉皮士牧羊人投资。他们认为，羊奶根本没有市场。虽然乔已经取得了科罗拉多州立大学动物科学的高级学位，苏珊曾在乳业改进协会（DHIA）从事检测牛奶的工作，但他们缺乏日常运营的知识。所以，乔在当地奶场找了一份工作。

后来，他们遇到另一对经营奶场的夫妇，要搬回威斯康星州。1981年，乔和苏珊买了64头牛，加上两台拖拉机，并给农场起名"拉露娜"（苏珊说这个名字是西班牙语"月亮"的意思，源于一本关于跳上月亮的山羊的童书）。

"即使是这样，开始营业也是困难的。"乔回忆起早年的日子，"全部亲力亲为，我们两个每天工作24个小时。"

从第一天开始，他们就采取了一种渐进的方法制造奶制品。他们请了一位营养师来改善奶牛的生产力和健康，并稳步改善牧群以增加牛奶产量。某一天，奶牛第一次生产出足够的牛奶，多到溢出了他们古董挤奶室的储奶罐。

"我们觉得非常酷，直到我们意识到钱打了水漂。"乔回忆说。

到1985年，他们获得了农业贷款，买下了乔曾工作和学习的那个老牧场,将畜群增加到200头奶牛,并开始雇员工。在接下来的20年里,他们继续将畜群扩大到500头,然后是1500头(加上后代),乳制品行业的压力使他们往更大规模的方向发展。

像拉露娜这样的大型奶场,面对小型生产商时是有显著优势的。根据美国农业部的研究,随着群体规模增加,每100磅牛奶的生产成本大幅下降。拥有1000头奶牛的大型农场,比奶牛在500—1000头的农场的生产成本要低15%。而拥有不到100头奶牛的小型农场,最为弱势,在每单位售出的牛奶上需要多支付高达35%的生产成本。

很大一部分储蓄来自资本利用率。如果你安装了最先进的挤奶设备,昼夜不停地使用它是最具成本效益的,就像拉露娜这样。银行通常会给大型农场提供更好的贷款利率,供应商在供应和批发饲料时也会给予优惠。根据乔所说,生产规模的扩大也方便农民扩大畜群数量。

"一旦你已经投资土地和所有设备了,再添个一二百头牛并不是什么难事。"乔告诉我。

谈话之后,乔带我参观奶棚。挤奶室的棋盘状地板由彩色橡胶垫组成,为工人们提供缓冲和牵引力。通道两侧升高的托板将牛的乳房抬高到与眼睛水平的位置,拯救了一整天弓背弯腰劳动的工人。三个工人,两男一女,边用西班牙语聊着天,边清理上层地板,用高压水枪和扫帚将一堆粪便清理到下水道。门打开,荷斯坦奶牛涌进来,将自己对准鱼骨式排列的挤奶位,每边20头。

工人们快速蹲下,在安置真空吸奶杯之前先用消毒剂挨个清洗奶牛的乳房。随着泵有节奏地跳动,牛奶立即开始流入透明塑料管。当工人们处理好生产线上最后一头奶牛,前面的奶牛的牛奶已经开始溅射。工人们返回,"砰"的一声把杯子拔下来,在空气中发出嘶嘶的声音，用消毒剂清洗一遍，再罩到牛的乳房上。

当最后一头牛被处理好，气动门开启，"嗖"的一声，门开了，挤干奶水的奶牛通过远端一扇门慢慢踱出去。下一组奶牛从近端的门进入，这个过程再次开始循环。

每小时约200头奶牛挤奶，每头牛每天挤奶两次。每天需要两辆油罐卡车，每辆盛装6000加仑的牛奶，才能把一天的牛奶运到格里利的"美国奶制品加工厂"。

回到办公室，乔用电脑监视他的牛。每头牛耳朵上的耳标上都安装了一只应答器，记录着这头牛生产牛奶的磅数和速度。程序将牛的产出形成电子表格，乔据此评估它的生产力。如果牛奶的体细胞数在升高，乔也可以一眼看出，这表明它可能患了乳腺炎。他告诉我，他通常可以在奶工在挤奶室指出问题之前就确定牛是否生病了。数据还有助于乔做出捕杀的决定。

乔说，他的每头奶牛每年平均产出约2.8万磅牛奶，这表明它们是管理卓越和高效的畜群。拉露娜每月的牛奶产量约为300万磅，受牛奶的商品价格波动，会带来43万—77万美元的收入。但是，乔指出，大部分钱花在了日常开销上——饲料、育种、工具、设备，以及28个全职员工和一些兼职员工的薪水。

"现在，必须扩大规模。"乔说，"如果养1200头牛才能抵掉成本，那么就得养1300头牛，所有的利润来自于多出的100头牛。"

换句话说，利润率对像乔这样的奶牛场老板来说非常重要。盈利能力会受到牛奶和奶酪加工厂价格波动的影响。在我去拜访拉露娜的两年前，牛奶价格曾创历史新高，每百磅24美元；那时饲料价格也低，拉露娜赚得盆满钵满。但16个月后，牛奶价格已经跌至每百磅仅16美元，基本回到乔和苏珊在20世纪80年代初刚入行时生产支付的费用。

我那一天见到苏珊时，她告诉我他们夫妇背着100万美元的债务已经有几年了，他们希望奶价继续上涨。繁荣和萧条的循环在乳制品行业很流行，这足以把农民压得喘不过气来。即使是最大的奶牛场，往往也属于家庭经营，其中许多人世世代代从事这个行业。

乳制品农场的收入很少有稳定的时候，受到诸多因素的影响，如商品价格衰退、饲料成本升高、高贷款利率、干旱、洪水、牛奶生产过剩，以及其他更多变量。农民需要付出更多钱来生产牛奶，而后才能出售，这并不罕见。

长时间的金融危机导致食品生产商绝望。美国农民的自杀率是普通人群的两倍，奶农比大多数农民更脆弱。乔告诉我，所有奶农所面临的问题之一，是当牛奶价格低于成本时，却没有办法关闭阀门；即便赔钱，奶农仍被迫持续花钱。

"价格下降时，没有办法降低生产或解雇工人，因为当价格回升时，你已经卖掉了牛，而且人手不足。"乔说，"这跟大多数行业不同。不是关闭比萨烤箱就能解决的。"

2009年初，正值缅因州最严重的经济衰退期，一个奶农在他的谷仓里上吊自杀，还有两名饮弹自杀。加州也有两名奶农自杀了。2010年，养了100头牛的纽约农民迪恩·皮尔森，走进谷仓，枪杀了51头每天挤两次奶的奶牛，然后把0.22口径的步枪对准了自己。

设立于加利福尼亚莫德斯托的西部乳业联合会前首席执行官迈克尔·马什（Michael Marsh）解释说，农场家庭传统和农业社会内部强烈的自给自足伦理，带给现在这一代奶农巨大的负担，甚至使他们无法应对外部的经济挑战。

"假设你的农场是你的家族从19世纪80年代就开始运营的，而且多年来整个家族世代都干这个，"他说，"你的曾祖父母、祖父母、父母建造了它。在这里你有工作，有所有美丽的动物、谷仓、挤奶室和员工。然后，有一天，它们都不见了，这多么令人沮丧。"

饲料是最大的支出，一位动物营养学家告诉我，一个农民约60%的开销用于购买饲料。即使牛奶价格很好，利润仍可以被昂贵的饲料价格抵掉。因此，饲料成本控制是拉露娜的关键。乔总是搜寻最好的饲料。

挤奶后，吃完饲料的奶牛回到畜栏。拉露娜的牛的饮食相当标准，但随着当地饲料的供应也时有差异。我看到一辆半挂式卡车，将一堆饲料原料倾倒在地上。原料有着咖喱般惊人的颜色，像玉米粉一样黏稠，我从未见过有人用这个喂牛。即使混合其他饲料，这东西也一定会沾在牛脸上，就像蜜蜂身上的花粉。

原来这些干玉米是酿酒厂废料，来自温莎的乙醇工厂。乔说，拉露娜采购饲料时也会买湿的酿啤酒的谷物，比如柯林斯堡百威啤酒酿造厂的副产品。虽然最初我怀疑这些食物的营养，但事实证明，酒厂谷物高能量、低淀粉、富含脂肪和蛋白质，可以提高奶牛的生产力。作为工厂的副产品，它们很便宜，牛似乎也很爱吃。

除了挤奶或在谷槽中进食，奶牛大部分时间都在沙土上休息。沙土是非常不错的"床垫"，不滋生细菌，很凉爽，干净舒适。开放的畜棚牛栏允许牛小范围四处溜达，使它们躲避夏季日晒和冬季寒冷。

动物权利组织批评封闭农场让动物脱离了"自然"环境。这十分令人费解，因为"驯养动物"的定义即不生活在自然状态下。例如在印度，牛的数量居世界之首，数百万牛生活在拥挤的城市如孟买和加尔各答，吃人类的垃圾，躲避交通工具。对它们来说，这就是自然。但对牛应该以牧草为食，不应该被圈在封闭畜棚里吃玉米和酒厂谷物这件事，很难给予反驳。

然而，尽管没有绿草茵茵的牧场，拉露娜的牛似乎仍很满足。它们很随意地从一个地方走到另一个地方；它们熟悉程序，也习惯于人类的管理。乔的工人不使用电动触牛棒，因为牛已被训练得适应笼头的牵引。乔礼貌地请求我将澳大利亚牧羊犬昂达留在车里，因为牛不习惯看到狗，会很生气。乔认为虐待动物适得其反，他对奶农虐待牛的行为感到不解。

"培训员工时，我会教他们不要驱赶牛。我们不希望牛被拍、击或踢，伤害它们会降低生产力。一头牛如果浑身充满肾上腺素，是不会产奶的。即便有奶，它也不让挤奶。"

"从人道的角度来说，我们就是无法容忍虐待。我们喜欢动物，这是我们的生活方式。"他继续说，"当我走在牛群中，我想到的第一件事就是它们多么美好。"

经过一个上午与牛同处，我还参观了"医院"——一个检疫区域，工人会将生病或受伤的牛安置在此。并不像网络视频中骇人听闻的画面，我看不出这里有溃疡伤口、子宫脱垂、干粪便结块在腿上或其他迹象。

作为与大型农场动物打交道的人，令我印象深刻的是拉露娜的人确实很关心动物。拉露娜作为科罗拉多州立大学兽医专业及其乳制品项目的教学中心，一直受到关注。

所以我很想知道乔对"怜悯动物"机构发布的视频有何想法。

"我们能说什么呢？我们行业中人最初认为他们是在演戏。没有人多想，也没有人想看……真是令人不安和失望。"他说。

乔很忙，他允许我在农场里转悠。我看到小牛的畜棚和"托儿所"，乔的妻子苏珊和女儿赖莎接待我，带我去看了古旧的挤奶室。现已废弃，尘土飞扬。他们买下这个农场时，就是在这儿拼命地干。我们走到一间牛棚，怀孕的母牛被养在这里，让人吃惊的是，其中一头正要开始生产。

"哦，很久没遇到生小牛了。"苏珊说。自从农场进入自动化生产牛奶模式，她显然不用亲自动手干活了。趁着母牛努力地生小牛，我借机与赖莎攀谈，问她是否想要接管家族的乳品业务。

"不，"她说，"我是一名反种族活动家，从事民权工作。我在这里长大，这里大部分是西班牙裔工人，我在成长中逐渐意识到人们，特别是少数族裔人群在这个国家过得很艰难。妈妈在很早的时候就把这个观念传给了我。"

苏珊告诉我，她想退休了，但乔还想做下去。除此之外，她还说："我会想念那里的人和两种文化的经历。"

对工厂化农场的主要批判来自环保主义者和动物权利激进分子，他们大部分属于左翼政治派别，我问开明豁达的赖莎，对运营大型农场时在奶牛身上使用重组牛生长激素（rBST）这一问题有何见解。

"老实说，我不知道，我觉得有好有坏吧。关键在于有多少人关心动物，这比规模更重要。

"虽然我并不反对荷尔蒙，但孟山都公司在世界各地做的那些事，真是不怎么样。我的父母和他们做生意，确实给我带来了困扰。"

乔曾经说过，rBST提高了牛的生产力，并不觉得有何不人道的。良好的管理实践和兽医的关注，帮助他对抗乳腺炎，这是rBST的常见不良反应。但同时，他说，rBST"是个肉中刺"。

我问他是否考虑过有机，他说不能。"若要获得有机认证，你的牛一年至少得花120天在牧场上。这对我们来说是不可能的，因为没有土地。在科罗拉多州，生长季节只有四个月。限制令你身不由己。"

回到牛棚，母牛正在因分娩而呻吟，小牛的两条腿已伸出产道。这是一个缓慢而艰巨的过程，全职员工恩里克赶过来看它是否需要帮助。但他刚一到达，湿漉漉的小牛就出生了，轻轻落在地面上。母牛探鼻过来，嗅了嗅新生儿。

几分钟后，母牛开始把小牛舔干，这有助于促进血液循环。恩里克推来一个超大号的手推车，抱起小牛放在车上，把它送进小牛托儿所。

"马上就得带走小牛，"苏珊说，"母牛和小牛之间还没有时间形成羁绊，这样就容易得多。"

事实上，母牛似乎根本不想念小牛，它甚至没有回头目送恩里克离开，就走到食槽处，开始和另一头母牛吃干草。我听说过的关于分离的痛苦故事非常骇人，它的冷淡让我感到意外。我不禁感到悲伤。我想，这正是行业的一部分，人们都习惯了。但亲眼看到这一幕让我更明白，牛奶更适合小牛犊，而不应转而用来滋养人类。

在我离开之前，苏珊带我去奶场入口看一些东西。那是一个老旧的风向标，上面刻着奶场的名字，手绘着山羊跳过月亮的图案。苏珊告诉我早期养山羊的农民们的事情，声音充满伤感。在内心深处，我感觉她想念那些简朴的年代，也许她对于在从一小群山羊到一大群奶牛的创立过程中所做的一些妥协感到后悔。

她告诉我，他们梦想变得富有，与墨西哥移民员工分享繁荣，把员工的孩子送去读大学。但随着成本控制的不断推动，梦想永远不会实现。压缩的利润率、牛奶和饲料价格的波动，让乳制品行业面临尼克松时代农业部长厄尔·布茨那句名言"要么扩张要么倒闭"的无情压力，使社会平等和中产阶级梦想变得遥不可及。

乔告诉我，他付给工人月薪，但其实是按每小时10美元加绩效奖金来计算的。尽管工资低，但大部分员工仍会留任。这个工资高于在餐厅后厨工作或做酒店服务员，而且工作稳定。至于奶牛，是没有周末或假期的，每天都是工作日。

第二十章

三家奶场之三：翡翠牧场

> 人对自然的态度当今是至关重要的，多半是因为我们已经获得了决定性的力量去改变和摧毁自然。但人是自然的一部分，对抗自然就不可避免地要与自己斗争。
>
> ——蕾切尔·卡逊（Rachel Carson）

> 有机是一个杂货店术语，意思是"贵两倍"。
>
> ——喜剧演员吉姆·加菲根（Jim Gaffigan）

如果你想轻松度过周末，开车游览田园风光，俄勒冈州亚姆希尔县（Yamhill County）一定是不二之选。

驾车从波特兰一路向南，沿途风景由米色房屋和郊区购物中心变成被常绿松树覆盖的山坡。向下驶入威拉米特河谷，可以看到被溪流和大叶枫树林分开的耕地。

有着百年历史的木头谷仓和谷物升降机——大部分现在仍在使用——见证着该地区由来已久的农业传统。"土耳其拉马"（Turkey Rama）也是传统之一，这在麦克明维尔举行的为期三天的土耳其烤肉节日。由亚姆希尔的土耳其农民于1938年创建，当时这个繁荣的市场是亚姆希尔县财政的主要来源。

现在土耳其人走了，取而代之的是繁荣的葡萄酒产业。亚姆希尔县在地理和经济上都处于俄勒冈州33.5亿美元葡萄酒产业的中心位置。亚姆希尔县种植葡萄的面积比该州任何县都要多。

你还会在这里看到奶牛，大量奶牛。牛奶是亚姆希尔县第三大农产品，每年带来2250万美元的收益——大概占农场总销售额的十分之一。在全县奶农中，有一位鲍勃·班森（Bob Bansen），他是"翡翠面纱"农场的主人。

《纽约时报》普利策奖专栏作家尼古拉斯·克里斯托夫（Nicholas Kristof）在一家樱桃农场长大，是鲍勃的同学。他形容鲍勃"非常爱笑并善于自嘲"，作为第三代奶农"知道如何经营一家既有效率又有灵魂的农场"。鲍勃就是要带我去看有机奶场的人。

大约在2004年，鲍勃的"翡翠面纱"从传统乳品业向有机乳品业转换。或者说，他回到有机乳品业。今天大多数的农业进展在一个世纪前并不存在，他的祖父彼得·班森从丹麦移居到加利福尼亚，开创了一个奶牛场。但在20世纪中叶，农业发生了本质变化。

1939年，瑞士化学家保罗·穆勒（Paul Muller）发现了滴滴涕的杀虫能力，也就是DDT。其优点是可杀灭多种昆虫，很容易买到，而且很便宜。因而被誉为农业奇迹，迅速蔓延到整个世界。

DDT引发了"绿色革命"，这种新的方式很大程度上依赖于合成化学。通过控制害虫、杂草和其他对玉米有害的物种，战后农业创新方法帮助农民们稳步消除了大规模饥荒和饥饿。作物产量不断攀升，导致食品价格越来越低。

DDT也从昆虫传播的疾病中拯救了数百万人的生命，这些疾病包括疟疾、伤寒和登革热。1948年，保罗·穆勒因获得诺贝尔医学奖。

十年后，作家、环保主义者蕾切尔·卡逊收到她最亲密的朋友奥尔加·哈金斯的愤怒来信，内容关于DDT喷洒在马萨诸塞州面积约12亩的鸟类保护区产生的致命效果。不久之后，卡逊在拜访哈金斯时，刚好有飞机正在喷洒DDT来控制蚊子。第二天，她心痛地看到已死和濒死的鱼，还有螃蟹和龙虾在被毒药浸染过的水里挣扎。

这些经历迫使她在接下来的四年里调查与农药相关的环境和人类健康问题，尤其关注DDT。1962年，她那本具有里程碑意义的《寂静的春天》(*Silent Spring*)面世。

《寂静的春天》讲述了杀虫剂和除草剂的广泛使用对动物种群（特别是鸟类和鱼类）造成的伤害，以及对生态系统的破坏，长期暴露会对人类健康产生潜在危害。

就像辛克莱的小说《屠宰场》引起了公众对肉类加工业的强烈抗议，《寂静的春天》引起大众对滥用杀虫剂的普遍担忧。乔妮·米切尔（Joni Mitchell）深刻表达了美国人对化学烟雾的担忧，她20世纪70年代的热门歌曲《大黄色出租车》(*Big Yellow Taxi*)中唱道："嘿，农民，农民，放下DDT。给我带虫洞的苹果吧，放鸟儿和蜜蜂一条活路。拜托了！"

《寂静的春天》催生了现代环保运动，直接导致产生了像"环境保护基金会"或"地球之友"这样的草根组织，这些组织扩展了环境保护的意义，不再局限于保护土地、限制化学污染对环境的影响和核扩散。

《寂静的春天》还要求政府给予回应，约翰·肯尼迪会见了卡逊，并委托她研究DDT，这种关注一直持续到尼克松执政时期。

1970年，尼克松总统组建了一个机构来制定和执行环境法规，美国环境保护署（EPA）受到国会两党的支持和批准。第一批措施之一就是禁止使用DDT，并严格控制所有注册和使用的杀虫剂。

十年后发生了逆转，重商的罗纳德·里根总统放松了尼克松时期环保署设立的限制。在时代沉浮中，农用化学品公司积极推广使用杀虫剂、除草剂和合成肥料。今天，美国政府注册的有毒化学物质列表（包括除草剂、灭鼠剂、杀虫剂、杀菌剂和微生物杀灭剂）已收录超过2.1万条。

平均而言，今天农民超过5%的经营预算花在农药上，大多数用于控制杂草和昆虫。在许多州，92%—100%的经济作物如玉米和大豆（通常用作动物饲料）使用杀虫剂。这两种作物的转基因品种实际上已经发展出了耐除草剂、草甘膦（又名"农达"）的能力，虽然作物本身被认为是安全的，但科学家们提出了对农药的担忧。

在美国食品系统中到处都有农药残留。根据食品药品监督管理局的检测，农药残留出现在30%—40%的食品中。很多都是已知的致癌物质、内分泌干扰物和神经毒素，在某种程度上都是危险的。食品药品监督管理局的任务之一是限制这些化学物质在作物中的含量，但没人知道这种暴露水平是否真正安全。与DDT类似，长期健康风险一般很难确定。因此，食品药品监督管理局设定的标准基于权衡成本与利益。但这利益与你我无关，而是与农产品生产商有关，比如"农达"的制造商孟山都。

1989年2月，一起事件引发了公众对美国依赖化学物质的食品系统安全性的新疑虑。哥伦比亚广播公司（CBS）新闻节目《60分钟》里出现了一个片段，涉及常见水果和蔬菜中的23种农药。其中阿拉（Alar），是一种合成化学物质，喷在苹果上可渗透到核心。它监管水果的生长，防止成熟的水果从树上掉落。这有助于减少意外损失，在存储期间保持苹果又红又诱人。

美国国家资源保护委员会（NRDC）的一份报告揭露阿拉是一种强有力的致癌物质。4000万观众收看了该节目。在意识到孩子们的苹果汁和每天午餐袋里闪闪发亮的苹果都可能含有致癌物质，父母们迅速采取行动。在一年之内，美国环保署禁止了阿拉的使用，美国农业部还启动了一个项目来测试食品中杀虫剂和其他农药的残留。

随着《60分钟》节目里对农药的披露，越来越多的消费者和农民不再信任化学公司、大型农业和联邦政府负责食品安全机构的保证。到今天，"返乡嬉皮士省"的有机食品成为主流。

今天，有机食品在美国的销售额约为500亿美元，而且正在经历两位数的年增长，从1997年在百货市场所占份额不到1%到现在的5%。乳制品是有机市场的领导者，与婴儿食品不相上下。

全食超市是北美健康食品发展趋势的风向标，二十种畅销商品中有三种是有机乳制品——全脂牛奶、低脂（2%）牛奶和无盐黄油。行业贸易杂志《哈罗德奶农》称有机乳制品为"有机市场的门户"，因为牛奶通常是消费者开始转向有机农场之路旅程的第一个产品。

鲍勃·班森在这种趋势出现之前就开始思考有机农业了。20世纪80年代鲍勃所在学院的一个项目就是设计一项业务，他选择了有机苗圃。但即使有机乳制品市场在成长，鲍勃仍不确定他是否要冒这个险。因为从一个传统的牧场过渡到一个有机牧场至少需要三年时间，转换成本通常要花费上万美元。

他开始小心翼翼地涉足有机农业实践，所做的第一件事就是停止使用抗生素。传统的方式经常使用抗生素，并且是直接注射到牛乳房。医药销售人员称，挤完奶再这样做有助于防止细菌感染。但他很快就发现，停止使用也没有问题。

"我发现并未从抗生素那里获得任何益处。"他告诉我，"多年来我一直在浪费钱。"

不仅如此，鲍勃还注意到他的牛实际上是健康的。他意识到，乳房注射实际上为病原体创造了途径。他说，只要牛在牧场上保持清洁，似乎没有必要频繁使用抗生素和其他药物。

"大自然有处理事情的方法，在化工业介入之前，一直都是这样过来的。"他说。

鲍勃发现，如果供应商愿意致力于将有机饲料谷物卖给他，有机就不再是一个困难的问题。

他从来没有在牧场上喷洒杀虫剂或施用化肥。循环的放牧系统、健康的土壤、几十年的放牧使得田地杂草较少。牛的粪便使草地肥沃。鲍勃也一直反对给牛群使用激素。

"孟山都公司每三个月来一趟，提供免费试用品。但我拒绝了。我主要是反对一直戳我的牛，"他说，"除此之外，人们已经开始怀疑rBST了，这就像棒球运动员使用类固醇。没有人信任它。"

在消费者和农民的压力下，美国农业部更新了有机标准，规定有机奶牛每年必须留在牧场至少120天，在法定放牧季节，牛的饲料中必须包含不少于30%的牧草。3600多亩优质牧场足以养活他的牛群，在新规定生效之时，鲍勃已经满足了这一要求。

"自从有机化，我的奶牛每年都出去放牧，"他说，"这不仅有利于奶牛健康，而且有利于调节我自己的情绪。挤奶的间隙我把它们放出去，让它们自己照顾自己。"

冬天"翡翠面纱"的牛待在室内或畜栏里,春天就把它们放去户外。"就像圣诞节、复活节、独立日所有假期一起过。奶牛们玩耍、交配、奔跑……直到它们想起脚边有甜草。"鲍勃说。

美国农业部对牧场提出要求是有机乳品业运动的关键点。最初支持者认为不仅食品应该安全,动物更应该得到更好的照顾,应该生活得更自然。但并不是每个人都像鲍勃那样坚守规范。

2009年,有机监管机构聚宝盆研究所(Cornucopia Institute)对美国最大的有机乳品生产商——科罗拉多州博尔德的欧若拉有机奶场提起诉讼,指控欧若拉的高原奶制品产自没有按照联邦有机标准要求放牧的奶牛,这代表他们涉嫌欺诈消费者。

法院裁定,欧若拉的牛奶符合有机标准,并允许欧若拉"以歪曲的方式培育和饲养奶牛"。欧若拉不承认己方有罪,并以750万美元解决了诉讼。

这不是欧若拉第一次为大型连锁超市(如好市多、西夫韦、沃尔玛等)供应贴标牛奶,这损害了该公司在有机产品方面的诚信。2006年,美国农业部发现欧若拉违反了14项有机规定,包括封闭牲畜饲养场,无放牧,将上千头"传统"(非注册)的牛带入有机公司。

批评家抱怨欧若拉和其他大型生产商利用有机乳制品的繁荣,冲淡了应放在有机产品第一位的道德。与鲍勃这样的有机小奶牛场相反,聚宝盆研究所这样的批评者声称,欧若拉,及其竞争对手地平线有机奶业,以及其他奶源来自集中型动物饲养经营(CAFO)的食品商,都与传统工厂农场不可分割。

例如欧若拉在六个农场养了4万头牛,四个农场在科罗拉多州,两个在得克萨斯州。科罗拉多州吉尔附近的高原奶场拥有超过1.4万头奶牛。在得克萨斯州还有2400头。虽然给牛喂的是含干草、蛋白质和谷物的有机饲料,产出的奶不含rBST,但仍哄骗消费者相信这些牛奶来自像"翡翠面纱"这样的小型家庭农场。

"人们愿意为有机产品花更多的钱,是因为他们认为农民所做的是正确的,他们人道地对待动物,产品的质量是不同的。"美国有机消费者协会(OCA)执行主任龙尼·卡明斯(Ronnie Cummins)说,"历史上从未有过像地平线或欧若拉这样的有机农场。强令限制是不可能的。它们属于B级有机物。"

聚宝盆研究所小农场倡导团体的马克·卡斯泰尔(Mark Kastel)说,大型农业公司似乎越来越多地入侵有机乳业。"自从2010年制定新的放牧要求以来,我们看到(有机)封闭奶场从2个增加到20个,坏人仍然不遵守规则。"他说。

卡斯泰尔告诉我,"真正的"有机农场在向以牧场为基础的生产转换过程中,为了提高牛奶的营养特性,保护动物的健康,付出了巨大的财政投资。

"而商业主导的大型企业乐于仅在口头上遵守有机准则。"他总结道。

聚宝盆研究所对有机生产者进行评估和定级,主要基于企业自我报告以及员工的实地调查。他们对奶制品进行打分,5分是杰出的,0分属于有"缺陷"。40多家有机乳制品生产商收到0分成绩单,包括欧若拉和地平线。

鲍勃和他的两个兄弟都经营有机奶场。鲍勃和弟弟乔通过农民合作社"有机山谷"出售他们的牛奶,聚宝盆将他们的牛奶评为4级,即"优秀"。

"有机山谷"始创于1988年,威斯康星州七个志同道合的有机奶农联合起来贩卖牛奶。20世纪90年代,它扩张为第一个全国范围内的商业有机乳品生产商。"有机山谷"几乎全由少于300头奶牛的小型农场组成，他们严格甄选合作社成员（如每6亩地最多养3头牛），通过定期访问强制执行。

  黎明前几个小时，我从西雅图驱车抵达，刚好赶上7点钟的挤奶时间，开始了对鲍勃的"翡翠面纱"奶场的访问。挤奶室里的牛不需要强迫就自动站成一列，它们摇晃着涨奶的乳房，发出哞哞的抱怨声，争抢着减轻乳房的负担，并获取几磅口粮作为奖赏。

  每次有16头奶牛，大步冲进人字形挤奶室，将脸埋在食槽里，鲍勃和他的拉丁裔助手擦洗乳房，装上吸奶器。奶牛们开始吞食量好的有机口粮，有几头开始敲不锈钢饲料箱。鲍勃告诉我，这是它们的小技巧——这样做可以挑出一些松散的谷物，然后用巨大的粉舌头舔食。

  一头奶牛的乳房悬在离水泥地只有几英寸的地方。鲍勃客观地看待它，告诉我，"很快会卖掉"。这是一个令他心痛不已的决定，就像那天上午我拜访的乔必须杀掉一头牛那样痛苦。

  与动物权利组织如"怜悯动物"或善待动物组织（PETA）经常描绘的农民相反，大多数自身利益在其中的农民仍然每天与他们的动物互动沟通，形成对它们的依恋并关心动物的福祉。

  比如鲍勃，他知道每一头牛的名字，这一传统可以追溯到他祖父的时代，当时奶牛棚里每一根拴着牛的柱子上都挂着这只牛的名牌。鲍勃的父亲劳埃德有次数牛时，数着数着就沮丧着说："我讨厌这个！我不记得谁是谁！"命名传统传给了鲍勃和他的两个兄弟。

  "给牛起名字让我感觉和它们更亲近。"鲍勃告诉我。

  在大部分情况下，挤奶和我在科罗拉多州拉露娜看到的一样。与拉露娜不同的是，人们每完成一组奶牛的挤奶工作，谷仓门就会打开，放奶牛走出来，到一片郁郁葱葱的牧场上去。在访问过得克萨斯州、新墨西哥州、爱达荷州和科罗拉多州的封闭式奶牛场后，我希望接下来要参观的农场，不会出现牛奶盒、乳制品标签、广告和网站上标榜的场景，奶牛心满意足地在绿色牧场上放牧。但这正是我在"翡翠面纱"所看到的。

鲍勃又把一组奶牛接上多头的挤奶机，回头问我："你在农场工作的时候，给同一头奶牛接生过几头小牛？"我开始回忆，大概是六头？也许八头。

"六头以上。"我说。

鲍勃哼了一声，然后告诉我一些惊人的事。"我们奶牛一生中要生产10—11头小牛。"

这意味着鲍勃把他的一些牛养到至少12岁，这在乳制品业内前所未闻。他说他的奶牛平均年龄大约是六岁。

这意味着，鲍勃把他的牛养到远远超出商用牛应有的年龄，通常是因为屈服于对牛奶产量的巨大需求，一般来说这种情况下的牛要么残了，要么虚了，要么枯了，再也产不出奶了。鲍勃的畜群能长寿归因于多种因素。他说，牧草比饲料或其他草或干草的替代品更有营养（绿色饲料储存在密闭条件下，作为冬季的供给）。鲍勃不用玉米，他说"这不是牛该吃的"。

他说每天放牧有助于保持奶牛的体形，减少了腿脚疾病，有助于减少呼吸道和脑部疾病。鲍勃的牛还会得到一段充分的哺乳恢复期，这样它们就有足够的时间来恢复乳房的活力。

"我们不会让这些牛工作到死，我们会给它们一个长期的休整阶段。"他补充道。

最后，他对最高产量没有要求。"翡翠面纱"的奶牛每天生产5—11加仑牛奶，但平均不到6加仑。这比正常商业乳制品产量低20%左右。但这也降低了他的娟姗牛的压力，它们的繁殖力只是荷斯坦奶牛的三分之二。商用奶场的老板乔已经将每头牛每年的产奶量提高到接近28000磅，鲍勃的奶牛，产量大约只有一半。

鲍勃说，尽管如此，他农场的财务状况像以往一样良好。高需求和高价格是当今有机乳制品市场的特点。（到我写作本书时，全国有机黄油价格是无机的两倍，每加仑有机牛奶要高出70%，一块8盎司的天然奶酪要多花76%的钱才能买到。）

鲍勃从高价中直接获益。今年年初，"有机山谷"制定了牛奶价格，并与农民达成协议以此价格收购。所以，鲍勃根据自己对产品的预估，知道自己该怎么做，财务规划也是合理可靠的。

与此同时，传统的奶牛场老板，像乔，会受到大宗商品市场的摆布。我曾花时间研究了某年的乳品业，牛奶的"邮箱价"（mailbox price，即奶农收到的净价格）下降了9美元，从大约每磅25美元的历史纪录降到16美元。同时，相当于有机牛奶的牛奶邮箱价保持稳定的35美元；而39美元的"吃草奶牛的奶"，则由只吃有机草的牛产出。

有机市场供不应求，有机奶加工商必须竞争才能获得牛奶合同，并赢得致力于有机食品的农民的忠诚合作。因为"有机山谷"拥有比其他有机乳品生产商都多的农民成员，这就使它在制定有机牛奶的市场价格时更有话语权。在美国超过半数的有机奶农隶属于"有机山谷"，只有四分之一的奶农会把牛奶卖给地平线。（第三大生产商欧若拉自己生产牛奶。）为了保住市场份额，地平线就不能让竞争对手将更多奶农拉拢过去。

因此，"有机山谷"已成为像鲍勃这样的小型独立奶农事实上的保护者。一家典型的有机山谷奶牛场可挤奶的奶牛有65—70头。

即使一位有机奶农选择不将牛奶卖给"有机山谷"，他仍然接受由合作社成员制定的、大致相同的优质牛奶价格。这使得许多小型传统奶农愿意并且能够转换为"有机奶场"并留在合作社内,雷吉纳·贝德勒说。她的家族在佛蒙特州拥有一家有机奶牛场。

"有机农业通常为农民提供一个公平稳定的价格,它允许我们这样的农场茁壮成长,并为全国其他农场提供机会。"她说。

但基于封闭乳制品计划的大规模有机农场的存在,引发人们对有机农场未来的担忧,尤其是在小型、以放牧为基础的奶农中。2008年,"有机山谷"公开在得克萨斯州采购了一万头在封闭模式下饲养的奶牛产的奶,导致普通合作社成员的起义,董事会最终被迫取消了协议。

这起事件反映出有机农业运动的分裂。一些人认为应该支持小型家族农场,因为动物会在牧场里自然成长。另一些人认为,为了满足公众对健康乳品的需求,有机乳制品业需要采取大规模生产的方法,这有助于降低价格,使大众更能负担得起。"理想主义者憧憬日落时分农场里有十头牛在山上放牧,"地平线一名前高管说,"但是美国有2.8亿人。如果妈妈们和其他消费者关心的是无激素和抗生素,那我们会尽力满足要求。如果高尚的原因和可敬的意图能够产生利润,那么诚实是值得的。很久以前,他们说小规模农场如何美丽,但他们忘了告诉你,这并不盈利。"

鲍勃的情况不同。他表示,这无关紧要。

"重要的是要有快乐的牛,"他说,"如果一头牛最大程度上达到健康和满足,它就会产生利润。我不会从财政角度来管理我的农场,而是从牛的角度来看,因为我知道如果我照顾那些奶牛,那么它们不会亏待我。"

21世纪初始,有机产品势头强劲,作家迈克尔·波伦指出,很多人是"本地"农场直供食品运动的驱动力,有机产品在公众中的分裂对像鲍勃这样的农民具有长期影响。少数消费者推崇老派的

"真实天然",波伦称他们是"被外界引导、有社会意识的消费者,致力于主张'更好的食物,更好的地球'"。正是这些人创建和培育了有机市场。

但行业的发展越来越受到一大群"健康追寻者"的影响,这批人约占公众的20%,私下主要关注自己的动机和利益,以及健康,而不是地球的健康,或在乳制品行业里奶牛的健康。

如果没有中产阶级和上层阶级对政府施压迫使其采取行动,20世纪70年代为了获取更清洁的空气和水而进行的那场环境改革,可能不会再发生了。但利益不能脱离公众,毕竟我们都喝同样的水,呼吸同样的空气。

然而,在有机产品上,很容易出现"井水不犯河水"的立场。当大部分更有影响力的消费者不再关心整个食品系统的健康状况时(因为他们能负担得起有机食品),那么对该体系进行改革的压力就蒸发了。

发展大规模的有机农业,目的之一是旨在降低有机乳制品、农产品、水果、肉类等的价格,使其更"亲民"。它也许有违有机纯粹主义者发起运动的初衷,但支持者认为,更便宜的价格可以让大多数人享用物美价廉的食物。

我对什么是对社会更好的东西尽量不表态,但在这件事情上,我站在奶牛和有益于身心健康的产品一边。华盛顿州立大学对常规牛奶和有机牛奶的研究显示,有机奶对健康非常有好处,含有更高水平的有益蛋白质亚油酸和欧米伽-3脂肪酸,以及其他营养成分。这种加强的营养质量归因于有机奶牛对更新鲜饲料的大摄入量。此外,美国国立卫生研究院(NIH)得出结论,以有机乳制品为主的消费可通过降低当今人们不健康的欧米伽6和欧米伽3的比例来改善公众健康状况。

大多数有机小奶场（约三分之二）在整个生长季节利用牧场给牛提供超过一半的营养。但在扩大规模时，对依赖广阔牧场放牧的奶场来说，就不那么可行了。因此，饲料中就包含了更多的谷物（这也提高了牛的生产力），尽管是有机的。这种变化减少了饮食中更多由牧草传递的营养。因此，来自封闭式管理的有机奶场的牛奶很可能是劣质产品，这也是小农场有机奶拥护者长期谴责的。

如果到最后，大规模有机奶场交付的产品只略优于商业牛奶，还没为奶牛提供更好的环境，这值得吗？尽管消费者说有机产品的健康效益是他们购买的最重要原因，但大约三分之一的人说他们支持有机产品是因为它提高了动物的整体福利。

拜访鲍勃的农场时，我感到很满意，能买到他手中的有机奶，我觉得我花的钱很值得。几十年来，乳制品行业向我们推销的田园形象，都是在幸福农场家庭拥有的青翠牧场上吃草的奶牛。通过广告和推销，乳制品行业坚称，这是一头牛最自然的生活，也是我们作为消费者期望它们能过上的生活。但几十年来，传统乳制品行业以完全不同的方式稳步进入另一个方向，那就是将牛奶工厂伪装成农场。

为大众提供健康、营养、有机的乳制品，而不借助巨大的封闭式操作（这已经迫使成千上万的家庭放弃他们的传统乳制品生意），并不是不切实际的。毕竟，人们愿意花更多的钱购买有机奶，是因为相信这样可以回馈给奶牛，让农民更好地照顾它们的生活。

在我看来，知道这杯牛奶或那片切达干酪来自拥有名字的一头牛，这件事本身似乎就值得我们花这份钱。

第二十一章

哞星人的世界

> 外星生物学家观察地球的话,可能会认为在我们的生物圈中牛是主要物种。
>
> ——生物学家大卫·赖特·汉密尔顿(David Wright Hamilton)

1992年,中国的第一家麦当劳餐厅隆重开业,超过4万人在20台收银机后排队。多年来,北京的门店一直是地球上最繁忙的麦当劳。

因为麦当劳和肯德基(比麦当劳还早五年)的到来,快餐店像兔子一样在中国繁殖,在这里经营的西方快餐馆数量超过加拿大、俄罗斯和印度的总和。今天,中国的城市居民比美国人更常光临快餐店。

快餐的爆炸式增长,加上西式超市如沃尔玛和开市客的到来,给了并无乳制品传统的国家前所未有的牛肉和奶制品,令中国的乳品行业呈指数级增长。从1967年的50万头奶牛(麦当劳在美国开设第一家门店的日子)增至今天的1260多万头。中国现在是世界第三大乳品生产商,仅次于美国和印度,并且是世界上最大的乳品进口国。

中国蓬勃发展的乳制品行业代表牛接管全球的最后阶段。从近8500年前在土耳其被驯化,牛开始遍布全球,成为动物王国最具优势的物种(至少在群体数量上是这样)。现在地球上大约有14亿头牛,约五分之一专门用于生产奶制品。它们的重量总和是第二大物种——人类的两倍半还要多。如果继续下去,到2050年会再添加10亿头牛。

21世纪最大挑战之一是找出处理牛的方法。不夸张地说,牛和其他农场动物对人类是致命的威胁。充足的科学证据表明,我们对肉类和奶制品的偏好已经导致环境发生灾难性的后果。

牛吞噬了所有谷物的三分之一,喝掉了5%的淡水。残留的农药、除草剂、用来提高饲料作物产量的化肥,再加上成千上万头牛排泄的粪便,污染了水源、海洋和地下排水系统。

牛打嗝、放屁、排便导致全球变暖,一份被高度引用的联合国报告称,近10%的人为温室气体由牛产生。如果算上山羊、绵羊、猪和其他农场的动物的排放,我们的牲畜对全球变暖的"贡献"超过了飞机、火车、船和汽车。

在大多数情况下,乳制品科学家和商业乳品商认为可以在繁殖牲畜的同时不造成环境灾难。他们认为应当采取的战略是继续提高奶牛产出,并减少整体奶牛的数量,或者至少控制数量。宾夕法尼亚大学乳制品遗传学副教授查德·德肖(Chad Dechow)用一个浅显易懂的句子加以概括。

"一头高产奶牛将驱逐很多头没用的牛。"他说。

这里含有一种很难否认的逻辑。在德肖的设想中，未来的奶牛将越来越像1326-ET和新纪录保持者——一头叫"吉吉"（Gigi）的牛，就在我完成这本书之时，它将产奶纪录又提高了2吨。

在20世纪40年代，美国养的奶牛是今天的四倍。感谢所有农民在改善奶牛效率方面取得的进步，全国牛群产出了两倍于我父亲青年时代的牛奶。我重申一下，我们用四分之一的奶牛数量，产出了两倍的牛奶。

这显然对地球有益，更少的奶牛生产更多的牛奶意味着更少的排放、更少的饲料、更少的水，等等。远远不止这些。康奈尔大学的研究人员称，如今的高效奶牛每产出一加仑的牛奶，仅产生原来四分之一的粪便。也就是说，生产一加仑牛奶产生的甲烷仅为原来的一半。这些都是重要的数字，特别是在数量庞大的大型农场。

只要人类继续享用莱昂内尔·斯特恩伯格的烹饪杰作——芝士汉堡，以及其他乳制品美食，我们就需要更高效的牛。

但高产量对牛有什么影响呢？有可能我们已经达到生物可取的或可行的上限了吗？根据德肖的研究，基因组学科和生殖技术的进步使乳制品行业有方法令奶牛不仅更高产，而且更健壮。例如，评估1326-ET的人给它的整体形态和健美程度打分为"优秀"，全国只有不到1%的奶牛能获得如此杰出健康的标志。

同样，它的超级竞争对手吉吉，在全国荷斯坦奶牛大赛中获得第三名，这得益于它质量上乘的乳房——对奶农来说是至关重要的评测标准。"我们绝对保证它是一头真的奶牛——尽管它的宽度和长度、它的蹄和腿还有乳房完美得不真实，而且它真的很喜欢挤奶。"它的主人鲍勃·本克说。

德肖和乳品改良领域的人证明，不需要牺牲牛的健康就能达到极高的生产量。但有人质疑，将奶牛培育出世界级运动员般的体能和耐力，可能会将它们的生物和生理极限撑到最大。

在养育小牛的时期，母牛几乎需要深不可测的能量代谢才能产生大量牛奶（大部分奶牛在分娩后的4个月之内可以再妊娠，并可怀小牛9个月）。就人类而言，威斯康星大学兽医学院的乳品专家奈杰尔·库克（Nigel Cook）这么说："它们的代谢率相当于环法自行车赛上的阿姆斯特朗。"

但在环法赛结束后，阿姆斯特朗可以摆脱他的自行车去观光。而现代奶牛将保持这种增长速度超过一个挤奶季——通常持续10个月。一头牛的假期只有当它被允许挤干奶，然后准备生下一头小牛前的那两个月。所谓的休息也是相对的，它怀着的小牛，其出生体重（如果是荷斯坦牛）就将近40公斤。

产出大量的牛奶要完全将奶牛耗尽？在我看来，是的。约翰·韦伯斯特（John Webster）证实了我的想法，他是英格兰布里斯托尔大学畜牧学名誉教授，他告诉我："奶牛会比其他任何农场动物遇到更多异常的生理需求，它们是过劳妈妈的典范。"

生殖技术包括运送精液、胚胎移植、体外受精、克隆、基因组学——已经允许我们造出的牛具有难以置信的生产力。如果全球对乳制品和牛肉的需求继续增长，我们需要将更多德肖所说的"没用的牛"换成更高效的牛。

但不得不扪心自问的是，我们应该这样做吗？四十年前，奶牛的年纪通常能到两位数，而今天的商用牛很少活到5岁。这个系统的大部分奶牛是耗干的、瘸腿的，或仅在三个生产周期后生产力就下降了。

老话说，"天下没有免费的午餐"。我要补充一句，天下也没有免费的牛奶。现代奶牛巨大的生产力必须付出代价，却要由牛来买单。

越来越多的生物科学技术研究人员和企业家相信会有一个更好的解决方案。他们想抛弃牛（鸡和其他农场动物），以实验室培养的肉类和乳制品代替生物的赠予。如果这些梦想能够实现，在不久的将来，全世界可能吃的都是人工汉堡、热狗、奶昔、鸡块，等等。

2013年，研究人员在伦敦引起一场轩然大波，他们利用在实验室培养出的肌肉干细胞，烹饪出了第一个人工汉堡。在收集了大量新闻后，美食作家乔西·舍恩瓦尔德（Josh Schonwald），也是《明天的味道》（Taste of Tomorrow）的作者，进行了生物养殖肉饼的采样。他在观感和口感上都给了很高的评分。但他也承认，缺乏真肉的多汁和风味。

谷歌创始人谢尔盖·布林在背后给Mosa Meats提供资金，这是一家荷兰公司，主营人造肉饼，先期成本是33万美元。他承认，为将产品推向市场，仍有一段很长的路要走。但他觉得，汉堡的宣传取得了开门红。关于汉堡，这位互联网企业家和亿万富翁做出声明，如果我们要提高动物福祉，就需要在没有动物的条件下找到方法来创造动物蛋白。

"看看这些牛是如何被对待的，反正让我觉得不太舒服。"布林说。

虽然很多人深有同感，但严峻的事实是，除非或至少人造肉能达到美味的程度，如果不能比传统养殖的肉更好，人们可不会买账。但是，科学家和企业家支持的培养肉，似乎正逐渐满足人类对美味的肉血腥的欲望，而且没有带来对环境和动物福祉的消耗。

2016年，旧金山湾区的企业家创立了孟菲斯肉类公司（Memphis Meats），首次奉上实验室培育的肉丸子佐以意大利香草，在由员工、嘉宾和媒体组成的热切的观众面前现炒现卖。一位客人走到跟前。

"尝起来像肉丸，"《新闻周刊》(Newsweek)称，这名女子叫斯蒂芬妮，是孟菲斯肉类公司员工朋友的朋友。"能再多来点吗？"

这种肉一磅卖一万八千美元，而且没有免费样品。硅谷风险投资家到肉类产业巨头泰森食品公司（Tyson Food）都竞相降低成本，将产品推向市场。泰森最近承诺提供1.2亿美元来支持实验室肉类和奶制品的研究。

这并不是完全无私的。投资者认为生物养殖食品将为解决畜牧业最棘手的环境和动物福祉问题提供方案，但他们还预测到，这些新产品在全球的市场将价值数十亿美元。

类似目标激励着一群生物科技企业家努力推出乳制品。反文化实验室（Counter Culture Labs）是一家生物科学孵化实验室，其所在地前身是奥克兰一家重金属夜总会。"生物黑客"用酵母菌来制造牛奶蛋白，最终目标是制造真正的素食主义奶酪，这种合成产品无论外观还是味道与真奶酪都非常相似。

这并不是新技术，更像是老瓶装新酒。自从农业诞生以来，人类将碳水化合物喂给酵母，使之转化为深受喜爱的终端产品，比如葡萄酒和啤酒。唯一的区别在于，反文化实验室推出的生物工程酵母没有生产出酒精，而是生产出了牛奶蛋白。将牛体内用来产奶的基因代码插入酵母的DNA中——这种"生物入侵"实际上就是转基因。

另一家加州的公司"完美的一天"（Perfect Day）还研制出生物工程酵母细胞来生产牛奶蛋白质。与植物脂肪和糖类结合后，这种蛋白质牛奶很难与真牛奶区别开，据发明者说，更大的优势在于它不含乳糖、激素和抗生素。

当我与微生物学家、酵母专家马克·约翰斯顿分享生物工程牛奶的新闻时，他既对结果表示怀疑，又对其可能性表示好笑。但自从转基因酵母产生牛奶蛋白（可以从蔬菜来源中获得脂肪和糖等其他成分）被证明可行之后，他承认，这可能是一个好主意。

"养活细胞瓶里的酵母比养活谷仓里的牛更容易，这是肯定的！"他说。

然而创建实验室肉类和奶制品的生态文化障碍可能比文化障碍更容易克服。生态文化复制品可以大大减少动物的痛苦，解决与全球牧业相关的环境问题。他们还可以给全世界75亿人还有未来几十年将要诞生的数十亿人口提供更好的食品安全保障。

面对这些替代品，人们准备好了吗？正如我们已经看到的，消费者比较怀疑这些新生物科学技术的安全性。尽管基因改造并非生产实验室肉类所必需的，但它是生产实验室奶制品不可或缺的，而这些奶制品有可能在近期登陆杂货店。

到目前为止，媒体对这些生物养殖肉类和奶制品的想法非常友好。但是一旦产品上了商店的货架，批评者们是不是就会像对莎弗番茄那样横加指责？只有时间能告诉我们答案。

与此同时，我们如何对待这些牛呢？我曾认为，去拜访乳品专家、科学家、食品伦理学家尤其是奶农，将帮助我理出个答案。但我感觉自己离开时比刚来时更加疑惑了。

在奶牛场参观期间，我花了几个小时和哥伦比亚兽医胡安·维莱斯博士待在一起，他是欧若拉有机乳品场动物管理项目负责人。他的一番言论令我大吃一惊。他说他相信，我们未来很可能会将现在视为一个动物蛋白丰富的、绝大多数人都能负担得起的时代。

他说，与此同时，乳制品界需要破除的最大神话就是，大的总是坏的，小的总是好的。

"我们面临的最大挑战就是感知和现实之间的距离，"他告诉我，"我与动物维权人士交流过，他们告诉我，对他们来说最重要的是对准大型农场。"针对小型农场不会得到广泛认同。

"但事实是,你会发现无论农场是大是小,有机还是传统,优秀的奶牛都健康和拥有福祉。在所有系统里你都能发现令人不快的事情,这与个人管理有关。"

这正是我所发现的。

在我拜访杰克·塔克夫,看到令人愉快的微型奶场鹰峡谷农场之前,我跑去访问了位于华盛顿兰利的一位奶农。这位小奶场老板把他的两头牛养在公路边上破旧的谷仓里。我去那儿是为我的房东购买生奶,他是一位自然疗法医生,虔诚信奉这些东西。

当我从谷仓生锈发霉的冰箱里取奶罐时,我不仅震惊于畜棚不卫生的条件,牛站在高至小腿的粪便中,而且皮包骨似的营养不良。虽然我的医生朋友告诉我,我可以喝一加仑这样的牛奶,但我绝不会允许一滴那些肮脏的瓶子里的牛奶掉在我的茶里。

同样,在考察了得克萨斯潘汉德尔的克隆牛肉之后,我又去西部访问了柯里县(Curry County),这里拥有新墨西哥州32.2万头奶牛的五分之一。

我事先打了电话,想预约参观一家商业农场,此地12个奶牛场中任何一家都可以,但每一家都拒绝了我。打电话和发电子邮件给新墨西哥州的奶业协会也是徒劳的。出现障碍也在我的预料之内。2014年,"怜悯动物"机构秘密到访新墨西哥州查维斯县(Chaves County)的温彻斯特奶场,但结果并不怎么样。

录像显示,工人用链子击打、踢踹牛,用电棒"热射击"牛,拖着生病的牛去装卸。丹佛基地的奶普利乐食品公司(Leprino Foods),是必胜客、达美乐、棒约翰等店所用马苏里拉奶酪的制造商,已中断了与温彻斯特奶场的合同。该奶场随即解雇员工,将牛遣散至查维斯县其他奶场。

没有邀请函,我唯一能做的就是开车到一个奶牛场,看看能碰见些什么。结果触目惊心。沿着铺砌的县道,我来到一个占地面积近4000亩的综合奶场,挤满了荷斯坦奶牛。继续向北,还有另一个同等大小的牛饲养场。如果将拉露娜乳品场比作7-11便利店,那么这个聚集了牛群的复合奶场就是沃尔玛超市。在整整5平方公里内,我没看到一丁点儿绿色草叶。

沿着我行驶的柯里县公路,有三家独立的乳品企业。它们归不同的实体所有,但互相配合得就像男人的三件套西装。一端是正常的奶场,奶牛生产牛奶。另一端是奶牛饲养场,选出奶牛和被阉割的小公牛,用美联储的高能谷物饮食将它们养肥,出售给肉类加工厂。夹在中间的那家,即所谓的"定制小牛"或"小母牛培养者"公司,为其他奶场生产年轻的小母牛。它给我的印象最深刻。

我开着车经过一排又一排破旧的、比狗窝大一点的牛棚。每一间肮脏的小屋里是小型栅栏,里面圈着小牛犊,几乎无法转身。没有拉露娜那样的干草可以睡,小牛只能躺在自己的粪便中。

在一排小棚子里,我看到一群西班牙裔工人正在向一个农场卡车里装婴儿奶瓶。一人开车,其他三人匆忙进入牛棚,迅速把瓶子放进架子。他们嘴上蒙着手帕,挡住卡车扬起的团团粪土。他们和小牛之间没有交流,而且看不到成年母牛。然而,一看到这辆车子,饥饿的小牛就大声叫起来,仿佛在呼唤母亲。

之后,我在谷歌地图上定位到卫星图像,数了数成排的破旧小牛棚,共有7000个。

我的经验告诉我,农场规模不是一头牛的生活质量的决定因素。就此而言,使用原始、有机或传统的做法养奶牛都没有太大区别。赖莎·斯拉茨基,拉露娜两位挤山羊奶的前嬉皮士的女儿,她是正确的。最重要的是人的良知和同情。但这是一件很难贴上标签的事情。

第四部

马

马是一种美妙的生物。……只要它展示出自己的光彩，人们就会目不转睛而不知疲累地看着它。

——古希腊历史学家色诺芬（Xenophon）

第二十二章

马场时光

在马鞍上的日子,没有一个小时是虚度的。

——温斯顿·丘吉尔

故事从一匹叫"花生"的马说起。

35年前,我还是名科罗拉多学院的大一新生。我的荷兰室友亨尼邀请我参加一场校方资助的骑马活动。我觉得还挺有趣,于是就登记了。

5月的一个星期六早上,我们到达贝尔贝森牧场,这个老旧破败的牧场主人,是我们一位校友老先生。从车子后备厢取齐了行李后,牧场经理艾米·芬格迎接了我们。她带我们进入"牧场宿舍",这是一所百年老旧牧场住宅,由风吹日晒褪色的原木和满是裂缝的混凝土墙构成。我们把手提箱和背包甩在粗制的双层床上,然后慢吞吞地踱到铺着松木地板的餐厅,一个巨大的柴炉上热着早餐。

"这儿没有自来水,你们骑马之后可以在盆里洗手。水在那些壶里,"艾米指着地板上一个10加仑容量的容器说,"但要省着点儿用,水得从水槽里提。"

"这儿也没有电。我们用油灯照明,但请不要调灯芯。如果放置不合适,灯芯会在玻璃灯罩里产生烟雾和烟尘。"

简言之,贝尔贝森还停留在19世纪。就我个人而言,这些使骑马活动更加有趣——就像一趟回到过去的旅行,那时候马还是生活中的必要组成部分。

了解了基本情况后,我们走到粗粝的木制畜栏边,一群马披着马鞍站在那里。牧人负责人丹·维斯,戴着牛仔草帽,露出一圈金色卷发,身穿褪色的蓝色工作服,脚蹬匡威全明星款帆布鞋,给我们上了十分钟的骑术课,内容仅是最基础的知识,包括上马、转弯、小跑慢跑时的坐姿,以及最重要的步骤——勒马。这位20世纪的骑手按骑马能力将我们分成若干小组,并分配马匹,我被归在生手组里。他牵出一匹毛皮颜色像鹿的骟马,把缰绳递给我。

"它叫花生。"他说。

"嗨,花生。"我凑近看着它,用手顺着脖子抚摸。收紧缰绳后,丹将马镫翻转到我方便上下的位置。我抓住马鞍爬上去。丹调整了马镫后就离开了。我又抚摸了一阵花生的脖子,这时其他人也已经准备好了。丹敏捷地翻身上马,带领我们出了畜栏的门,来到小路上。

几里地外黄莺在鸣叫,真有几分山居岁月的意味。太阳温暖且不刺眼。此时我们眼中的桑格雷-德克里斯托岭简直够格登在《国家地理》的封面上。

我们沿着小径骑行五个小时,主要是漫步,虽然丹也给了我们小跑和慢跑的机会。他不提倡以首尾相接的队形骑马（虽然大多数观光牧场都会这样），而是鼓励我们分散开，并且让马回应我们手中的缰绳。然而，花生拒绝远离它的小伙伴阿尔弗雷德·帕克，那是一匹鼠灰色的马，以著名的科罗拉多"食人魔"命名。还好阿尔弗雷德驮着一位可爱又健谈的女学生，所以花生的黏腻行为也并不困扰我。

骑马是令人兴奋的，我深陷其中。我喜欢与马之间的关系，这完全不同于骑山地自行车或摩托车。这个位置非常奇妙，让你感觉自己很威武，像个君王，而不再是脚下芸芸众生中一个可怜而卑微的灵魂。

这一天结束的时候，我和花生已经绑在一起了。我喜欢它皮肤的感觉，汗水中泥土的气味，棕色眼睛中的温情。我念着要去感谢它驮我走了这么远，却不知道该怎么做。回到畜栏，我逗留了一会儿，在将缰绳交给丹之前又抚摸了花生一阵。

第二天分配马的时候，我请求与我的伙伴花生组队。我与马的感情在继续。这一天结束了，我双手搂住它的脖子，嗅着它身上的气味，摩挲它柔软的鼻子。离开牧场时我竟有些小小的伤感，因为我再也不能骑它了。

然而命运安排我又见到了花生。学校的布告栏里贴了一张公告，说贝尔贝森需要夏季牧马工。我致电艾米，申请加入。虽然没有牧马经验，但野外向导和急救培训的背景让我得到了这份工作。学期结束后，我搬到牧场，住在一间小小的、泥土地面的屋里，被戏称为"霍比特人的洞穴"。但幸好没人叫我"佛罗多"。晚上，老鼠在我的睡袋上窜过，冷风从墙缝里呼啸进来。但我很高兴。

我在农场工作了四个暑假，用赚来的钱完成了学业。最后，我从霍比特人的洞穴搬进有栅栏的房子，再搬进主屋（这里最高级的一间屋子)。我从初级牧人成长为高级牧人,从一个无知的"嫩"骑手成为一个羽翼渐丰的驯马师。这是一种截然不同的教育,却和我的专业研究一样,对我的未来很有价值。

"全身心投入"恰如其分地描述了这种经历。我经常在鞍上一待就是十个小时,一周工作六天,每天都要骑几种不同的马。我学到的第一件事是,花生并不"完美"。随着我的技巧飞速进步,我意识到它是迟钝的,至少不是那么敏捷。第一个月后,我们的感情已经冷却。我转向更好、更驯服的马,遵循着大部分骑手都熟悉的模式。我们总是在寻找下一匹马,一匹更好的马。

幸运的是,有许多马可供选择。贝尔贝森有65匹马,我像班主任了解班上每一名学生那样去逐一认识它们。每一匹马都有自己的优点和恶习。

比如圣达菲,是一匹英俊的栗色夸特马(Quarter Horse,又叫"四分之一英里马"),身上有一道火焰形白色花纹。表面上像模像样地站在畜栏里,但实际上它像专业试睡师一样懒。罗西塔全身雪白,有一半阿拉伯马血统,有着自己的小聪明:早间集合时它喜欢隐藏在树林里,这样就可以躲在牧场里休息一整天。

还有巴尼,一匹高大的老马,鹰钩鼻,已经骟过,灰色皮毛,戴着嚼子,知道怎么打开围栏大门,像匹种马一样保护自己的后宫。我钦佩它的智慧,但并不欣赏它粗鲁的行为,比如打桩一般剧烈颠簸地小跑,或是欺凌其他的马,特别是对花生的小伙伴阿尔弗雷德·帕克。

有些马是"老师眼中的优等生"。我最喜欢斯基特,它擅急速飞驰,从背部暗蓝棕色的毛皮上往下有一条黑色条纹。它非常好胜,不容自己被超越,是个竞速的好手。米斯蒂是一匹雌性栗色夸特马,眼神温和,态度顺从,任何步态都平滑流畅。它很适合在山中小路长时间骑乘，所以在做向导的时候，它一直是我的首选。

我最喜欢在黎明时分围拢马群。这是一个大多数人厌烦的工作，因为这意味着在黑暗、寒冷中以及有人煮好咖啡之前，就得起床。但我爱这种宁静，以及从被我驯服的马扩张的鼻孔中呼出的温暖气团。周遭静悄悄的，安静地慢跑在露水浸透的及膝高的牧草中，就像阳光直击白雪皑皑的山脉，用荷载彩弹的散弹枪给这黯淡的世界炸开了一片色彩。

我的牧羊犬"砰砰"把所有马赶成一大群，这场景每每令我肃然起敬。马蹄铁那令大地颤抖的力量让我陶醉。

农场从事的后续工作是照顾牛群和骑小马，后来我在《西部骑士》（Western Horseman）杂志做了18年的专栏作家和自由撰稿人。这些工作使我接触到世界上最好的马——体格健壮的切马和价值数十万美元的驭马；在全国总决赛上参加评比的阿拉伯马、竞技夸特马、欧洲进口的盛装舞步马、套牛马，还有纯种跳马。这些都太奢侈了，以至于从此一匹不那么杰出卓越的马已无法入我的眼。就像一旦开过法拉利，你就很难再回头去开现代了。

尽管从地球上最精良、最训练有素的马匹那里得到了一些惊艳的经历，我仍旧清晰地记得第一次骑上花生时，充其量只能算缓慢沉重行走的情形。那次是我最喜欢的一段骑乘记忆。我想我从那时起就一直在追逐这种感觉。

马会令人上瘾。几乎每一个我认识的牛仔都能回忆起开始沉迷于马的那么一个瞬间，这通常在他们职业生涯的早期。我们之所以坚持下去，就是为了可以再次与这样一个强大的、有感情的物种一起体验那优雅的时刻：它载着我们，像神祇一般，越过金色的牧场。

第二十三章

人马初识

> 如果上帝造了什么比马更美好的生灵,他一定自己留下了。
>
> ——佚名

我的驯马教育开始于科罗拉多州,纯属巧合,这里也是驯马的发源地。

5500万年前,落基山脉从平原上隆起,最早的马出现在现在的北美大平原。它们和我的澳大利亚牧羊犬差不多大小,大多数读者可以从生物课本中回忆起它们的名字——始祖马(*eohippus*)。

始祖马看起来不怎么像马,活得也不怎么像马。假设你碰巧见过始祖马,你可能会把它误认为一只外形奇特的狗。它长着拱形的背(与现代马相比)、较短的脸、圆鼻子,用脚垫而不是用蹄走路。它们适应了阴暗的森林生活，以水果和树叶为食。

那时比现在温暖得多，地表几乎完全覆盖着森林。北美属亚热带气候，棕榈树和无花果树向北生长至阿拉斯加。骆驼、犀牛、短吻鳄与始祖马共同繁荣，近2000万年间它们几乎没有变化。

大约从3800万年前开始，气候从桑拿浴变成了冰盒子。大片冰川覆盖两极，亚热带森林向南部消退，广阔的草原取而代之，出现在北美和欧亚大陆大部分地区。始祖马被迫开始进化。

幸运的是，马科动物（始祖马被认为是其中第一个成员）面对新环境是有备而来的。它们的后代移去草原，始祖马进化出铲形门牙来咬断草叶，还进化出粗糙、有棱的臼齿来磨碎草叶。这些牙齿不停地生长，还有坚硬的外层，对抗咀嚼草原沙土对牙齿的磨损。

在野外，为了甩掉食肉动物，它们的腿越来越长，呼吸系统更有效率，身体变得更大更强壮。它们的腿骨融合在一起，形成更强大的柱状腿骨，连同肌肉一起，能够更加高效、有力地后退和前进。最重要的是，马的祖先开始用足尖站立（为了提高速度而做的另一个调整），脚趾最终合并成一根有着坚硬的楔形趾甲的中趾——蹄。

我们能够了解这么多关于马的进化知识，原因是在美国西部都发现过马的祖先的化石。19世纪70年代，古生物学家奥赛内尔·查利斯·马什（Othniel Charles Marsh），积累了大量进化历程长达数百万年的马科动物化石。他把化石排列起来，展示了一个完整的进程，该进程始于小始祖马，止于相对庞大的现代马，即马属。这一结果是达尔文进化论的最佳证据。英国博物学家托马斯·赫胥黎自诩"达尔文的斗犬"，他热心倡导进化论，利用实证推进达尔文的理论。

美国自然历史博物馆的特展向数百万观众普及进化知识。作为生物演变的最佳实例，马什的马化石序列还出现在20世纪几乎每一本高中生物学教材中。

科学家继续发掘新的马化石，他们得出结论——进化中的情况通常比马什和赫胥黎的设想还要混乱，充斥着各种错误的开始和死胡同。在500万年前，北美栖息着12种不同的马，有大的，有小的，有的有蹄，有的有趾，有的住在森林里，还有的漫游在大平原上。但出于某种原因（可能与气候变化有关），大部分最终都灭绝了，只有一支存活了下来。

幸存的这支马属动物可以追溯到大约400万年前。现代马科动物都是它的后代，就像我们是智人的后代。

大约260万年前，冰河时代开始席卷北半球，早期的马开始往北美迁移，越过白令海峡，从现在的阿拉斯加到达西伯利亚。一些马向南扩散到亚洲、中东和北非，并演化成亚洲野驴和野生驴。另一些深入非洲，成为斑马。

但是有一群马继续向西迁移，遍布亚洲、中东和欧洲，进化成"真正的马"（*Equus ferus caballus*）。40万—50万年前，现代人来到欧亚大陆，邂逅了第一匹"真正的"马。当然，随着时间的推移，人、马双方会以各种错综复杂的方式交织在一起，塑造了人类和马的历史进程。

旧石器时代的人类猎杀开阔草原上的大型哺乳动物。然而，人类被束缚在森林边缘地带，因为在那里他们可以获取木柴和防风林。从森林边缘向外看，在开阔草原上迁移的动物，在石器时代人类视觉世界里（相当于史前的电视视窗），是最具吸引力的猎捕对象。

通过旧石器时代的洞穴艺术，我们知道马在猎人的思维和想象力中发挥了极大的作用。数万年来，旧石器时代艺术家的作品中，马的形象丰富且鲜明。

再没有比法国南部多尔多涅地区的拉斯科洞穴（Lascaux Cave）更能切实说明问题的了。洞窟内从四壁到洞顶绘制着600多幅壁画。其中364幅里有马。^{14}C测年将绘制日期定在大约1.7万年前。类似画作在更古老的洞穴壁画中已有发现，比如法国肖维岩洞穴（Chauvet Cave）3.35万年前的壁画。也就是说，马在人类脑海里已经存在相当长一段时间了。

多位艺术史学家和考古学家推测，许多动物绘画由萨满教巫医创作，是重要的宗教符号。但对自然历史学家、雕塑家R. 戴尔·格思里（R. Dale Gathrie）来说，在艺术中寻找宗教意义掩盖了更明显、更根本的东西，即原始人类以一种非常全面、亲密的方式认识和理解马。艺术家令人惊叹地准确描绘了包括马在内的所有动物，反映了这些动物观察员敏锐的观察力和理解力。

"旧石器时代艺术不仅展示了真实的粗犷感，而且反映出经验丰富的动物观察者、猎捕者、追踪者和崇拜者的敏感。在艺术作品中，我们看到动物吃、喝、哺乳、跪下、睡觉、休憩、清理毛皮、思考、移动、打扮、追求、交媾。"格思里在《旧石器时代艺术的本质》（*The Nature of Paleolithic Art*）中写道。

"这些欧亚大陆的猎人兼艺术家记录的哺乳动物行为，直到20世纪初才得以如此研究和说明，自然历史学家将这种对野生动物行为的观察提炼为动物行为学的进化学科。"他总结道。

当史前艺术家们拿起木炭或颜料开始画，他们并不只是想象一匹马的模糊概念，而是描绘出马生活的细枝末节。他们知道马在散步、小跑、疾驰的时候如何动作，种马在母马间如何表现，马的肌肉和肌腱在运动中如何运作，它的鬃毛怎样在微风中摇摆，冬天时皮毛的长度，种马在求偶时嘴唇的卷曲程度，马所做出动作的意图。穷尽一生去观察和积累的知识在营地和狩猎之中共享,数万年来代代相传。

　　看着这些古老的石器时代洞穴壁画,我们可以将其作为艺术和自然历史的杰作来欣赏。石器时代的人类与马有着一种深厚、亲密的关系,他们以身处现代世界的我们所无法想象的方式去认识马。

第二十四章

策马扬鞭

> 如果一匹马与马群失散,它就会狂蹬后蹄;如果一个人与伙伴失散,他就会策马扬鞭。
>
> ——哈萨克族谚语

科罗拉多到哈萨克斯坦是一段漫漫长路,但贝尔贝森牧场驯马的先祖已开始了在遥远地方的野外驯化的旅程。

在美洲经过近5000万年的进化,马灭绝了。根据最新的证据,最后一匹马灭亡于7600年前。大多数科学家认为,是气候变化和人类狩猎联手引发了马的灭绝。无论如何,它们将在5000多年的时间中无法返回美洲大陆,直到1519年西班牙探险家的到来。

因此,马的故事及其驯化从北美转移到欧亚草原。从亚洲的太平洋海岸延伸至匈牙利平原,是一望无际的大草原，既没有树，也没有灌木。草原为从北美迁移来的马提供了理想的环境，这里与北美西部的条件极为相似。欧亚草原最是广阔无垠，几乎占据地球陆地面积的五分之一。

大约5000年前，被称为波泰人（Botai）的狩猎采集部落居住在哈萨克斯坦北部草原地带。这是欧洲野马的故乡。

草原游牧狩猎采集者的生活中，人类总是追随大型野生动物群，就像现在因纽特人和萨米人追随驯鹿一样。他们成群结队地四处游走，在营地做短暂停留，再收拾行装继续前进。

但至少有一段时间，波泰人的生活是不同的。他们不再频繁迁徙，而是形成小型半永久性定居点。2006年，一组波泰人村庄遗址成为匹兹堡卡内基自然历史博物馆考古学家和驯马专家桑德拉·奥尔森（Sandra Olson）研究小组的重要研究课题。

波泰人的生活几乎完全依赖于马。30万片骨头碎片经复原后发现，其中90%以上属于马。骨头上的切痕表明马肉是人们的主要食物来源。更重要的是，在波泰人生活区域发现的这些骨头与在草原生活的野马不同。

据研究人员介绍，这些马比健壮的本地马"明显更苗条"，更像今天的驯化马。虽然还不清楚波泰人是否已开始选择育种，但这已经是最合理的解释了。马在波泰人手中已经经过一段时间的驯化了。

研究人员还发现马的牙齿上有痕迹，骨骼组织上还有损伤，这些现象都指向波泰人使用嚼子和缰绳控制动物的可能性。科学家们从遗迹中辨认出加工生牛皮的工具，也强化了这一观点。生牛皮是养马人常用的一种材料，几千年来他们创造了各种用具，比如足枷、马鞍、鞭子和套索。

此外，还发现了陶器碎片上的马奶脂肪残留物。直到今天，欧亚草原人民仍将发酵的马奶作为主要饮料。波泰人不可能从自由漫步的野生母马处挤奶。

在调查一个叫克拉斯雅尔（Krasnyi Yar）的波泰遗址时，该团队使用了磁传感器来定位栅栏的位置。在此范围内，土壤中包含异常高水平的氮和磷酸盐——这些正是科学家想要找到的富含磷肥的土壤。这些土壤以及一些圆形的圈，使我们几乎可以确定，这里曾是波泰人的畜栏。

很难说是波泰人或是其他一支草原文化驯养了马。最近的研究认为，至少有十几个区域都曾驯养马。毫无疑问，一旦其中一群草原人发现了养马的价值远大于追着马跑，这种意识就像燎原之火横扫欧亚草原。

没有流行起来的是永久定居。根据奥尔森的记述，后来该地区的人接受了放牧和牲畜饲养。从南方引入新家畜需要"更游牧"的生活方式，因为这些动物无法在哈萨克斯坦北部严冬零度以下的环境生存。为了获得更富足的羊毛毡和羊肉，再加上可制作奶酪和酸奶的牛奶，人们放弃了原有的家园。

伦敦国家历史博物馆动物部的朱丽叶·克拉顿-布劳克（Juliet Clutton-Brock），主张从狩猎到驯服牲畜存在过渡时期，"社会和文化行为中最重要的变化，贯穿整个人类历史"。

这种变化的根源是我们通常认为理所当然的东西：食物存储。在食物来源相对较少时喂饱整个群体，令群体在贫乏的冬季仍有余粮，作物和动物的驯化首次使这些成为可能。和作物一样，驯养动物是存储食物蛋白质以备不时之需的方式之一。深以为然的朱丽叶曾形象地将牲畜形容为"行走的食品柜"。

马不仅为游牧民族提供肉类和奶，马皮还可做衣服，骨头和牙齿可以制成针、锥子和饰物；筋和生皮可以制成鞭子，胃可用于储存携带液体，脂肪用于制作蜡烛、肥皂和药膏。他们甚至烧干马粪用于做饭和取暖（有时候你会吃惊地发现气味居然还不错）。草原上的马不仅仅是运输工具，它简直是个蹄子上的沃尔玛。

马的驯化，对欧亚草原部落的粉墨登场及其文明的发展起到了关键作用。马在很大程度上导致了战争，它们作为战士的身影，在草原文明超过一千年的历史中随处可见。

一个很好的论据是，游牧和田园生活为战士部落的发展和战争本身创造了条件。究其原因，本质上就是饲养成群的动物。牲畜容易被偷。你只要冲进来，打败它们的主人，就可以在主人眼皮底下带走你的战利品。

在草原游牧文化中，部落内和部落间的地位取决于拥有和扩大的牲畜群，以及扩张放牧的领土。狩猎采集社会的长处主要在于合作和共同分享以保持自身健康和家族规模，而游牧社会则提倡以动物的形式积累财富，囤积而不共享。而与外界战争是游牧氏族和部落获取财富的最有利方式。

一个部落一旦拥有大量牲畜，就必须不断防范外来攻击甚至内部叛乱。因此，统治草原的一个区域，要求骑士不仅是牲畜的饲养者，还得是骁勇善战、训练有素的忠诚战士。马一经驯化后，就成了草原部落的必需品，它们在战场上具有绝对优势，没有马的一方就会灭亡。因为游牧的生活方式取决于骑在马背上不断地旅行，所以大草原上的人们很快就成为地球上最有成就的骑手。

在古代和中世纪，游牧民族的勇士部落会定期来个突袭，入侵欧洲、中东和中国的农业文明。凭借精湛的马术和饲养马匹的能力，他们几乎总是能压倒性地打败敌人。这些部落包括斯基泰人、匈奴人、土耳其人和蒙古人，而他们的领袖亦名留青史。最著名的就是成吉思汗。

第二十五章

骑兵征服世界

> 蒙古人没有了马,就像鸟没有了翅膀。
>
> ——古谚语

如果你曾经驱车穿越怀俄明州广阔的东部,沿着80号州际公路来到科罗拉多北部边境,就可以看到蒙古的景色。但若要获得一个更精确的印象,你需要从脑海里抹去道路、输电线路、围栏、建筑和所有其他文明的迹象,只留下山脉、草原,还有难以置信的蓝天。

阿尔泰山脉从平原处隆起。冰峰最高处超越4200米,在蒙古和其北部邻国俄罗斯之间形成一个几乎无法通过的自然屏障。向南有同样强大的屏障——戈壁沙漠。

夹在山脉和沙漠之间的是蒙古草原,这片一望无垠的草海,面积相当于两个得克萨斯州。历史的黎明到来之前，游牧部落骑兵已经居于此地。即使在今天，三分之一的蒙古人仍然生活在这片土地上，作为牧民饲养马和其他牲畜，除了肉和奶，很少吃别的食物。他们居住的便携式帐篷（蒙语称为ger），通常被我们称为蒙古包。

如今，这些马背上的人存在于全球社会的边缘。但是在中世纪的一段时期，他们曾以世界上最伟大的征服者为首，组成一个庞大的帝国，这个首领就是成吉思汗。在他的领导下，蒙古人在25年里控制了许多的土地和人民，比罗马人在四个世纪里控制的还多。在鼎盛时期，蒙古帝国的版图从西伯利亚延伸到阿拉伯半岛，从日本海到多瑙河沿岸，统治着超过一亿的人口。

成吉思汗的权力和蒙古民族的能力与马密不可分。

成吉思汗崛起之前，蒙古人是不识字的，萨满教牧民不超过70万人。他们与其他部落住在一起，当时的草原几乎永远在动荡和交战中。各个部落的家族之间形成松散、不互信、经常起冲突的同盟关系。在大草原的范围内，敌对的宗族、部落和联盟会互相攻击和掠夺，以取得放牧土地、对手的贸易商品和牲畜，以及俘虏。

铁木真有一个特别艰辛的童年，即便用蒙古人最严酷的标准来衡量，也是非常艰难的。在他十岁时，敌对部落毒害了他的父亲。后来，铁木真一家被族人遗弃——谁也不想照顾孤儿寡母，而给自己造成负担。在一段时间内，他的母亲靠挖草根和捉昆虫来养活家庭。铁木真最终崛起，接管他的穷亲戚们，还杀死了一个挑战他权威的哥哥。

青少年时，他娶了孛儿帖。当她被绑架后，他在马背上花了6个月时间追踪掳走她的人，在此期间组成了一个联盟，实施精准的报复。他最终通过大胆突袭抢回新娘，并杀死绑架她的人及其家族。盟友见证了他的狡猾和勇气，很快他声名远扬。作为领袖，他开始有了一批追随者。

通过联盟、外交和军事力量，20年间追随他的队伍不断壮大。在他的带领下，原本敌对的蒙古部落和突厥部落最终统一，他的统治为蒙古带来了秩序、稳定与和平。1206年，部落统治者授予他"成吉思汗"尊号，成为蒙古民族的最高统治者。

要不是蒙古草原迎来了大量降雨，成吉思汗和蒙古人可能仍然处于历史的边缘，鲜少有人关注。

像广袤的美国西部，蒙古处于半干旱荒漠草原，降雨是零星、强烈且通常很短暂。但由于一些未知的原因，一段持续稳定的降雨恰逢可汗的崛起和权力的整合。1211年，蒙古帝国迎来一段为期15年的、史无前例的温暖潮湿天气。

降雨将棕色焦干的草原变为绿洲，牧场面积近30亿亩。长期异常温和有利的天气使蒙古人迅速繁殖牲畜用于军队，繁殖出来成百上千盈余的马，驮着战士们参加战斗。

"本来是干旱之地，然而不寻常的水分创造了不寻常的植物生产力，进而转化为'马力'（字面意思）。成吉思汗正好搭此东风。"树木年轮科学家艾米·海斯（Amy Hessl）说，她的研究为不寻常的天气模式带来一些新思路。

虽然无法估计在这些特别的高产年份里，蒙古草原持续产出了多少马，在与之同等面积的美国大平原，据说在被捕杀至几乎灭绝之前，曾栖息3000万—6000万北美野牛。所以，很可能蒙古人将牧群扩大到了数千万，源源不断供给的战马，数以百万计的绵羊、山羊和牛随军作为军粮储备。

1211年，成吉思汗的部队袭击金朝，取得了军事上的胜利，开始攻进中都（今北京），并控制了丝绸之路通过中国路段的贸易财富。因为所有的东西方贸易流都要取道这条路线，所以蒙古人就可以从商人那里获取大量财富，同时也提升话语权。

在接下来的几年里，他们几乎征服了全亚洲，然后向南进军波斯和中东，最终入侵东欧和中欧，直到无法找到足够的牧场喂养骑兵的马，才停止征服的脚步。

出生在马鞍上，适应寒冷草原的艰苦条件，蒙古人是当时公认最强大的勇士，甚至也许是历史上最伟大的勇士。成吉思汗的远征军几乎由全副武装的骑兵和弓箭手组成。这些骑兵可以围着敌人的部队疾驰。对手的长弓无法与他们简便、多功能的复合弓匹敌，这种弓在马背上就可以发射，力道足以穿透盔甲。

还没接近笨拙的步兵，飞驰的勇士就降下箭雨。敌人变成惊慌失措、受伤和意志消沉的混乱一团后，骑手们就将弓箭换成剑，跳下马来，在地面集结成部队，一举结束战斗。

当蒙古人接手一个城市，他们会立即杀了可能再次起来反抗的贵族和地主，把忠于他们统治的人安插在这些位置上。但他们会宽待老百姓，特别是商人和工匠。工匠对于接下来的战役是非常有价值的，蒙古人要利用他们制造攻占有围墙的城池的机器，这些东西草原军队从没做过。骑马的装甲兵和可以围攻城池的能力相结合，使蒙古人所向披靡。

他们最大的军事资产是强壮的蒙古草原本土小矮马。这种小而有力的矮马，很大优势在于运动能力。虽然不是战场上最快的马，但它们拥有超强的耐力，可以每天行军近120公里。

相较于敌人更大、更快、更精良的骑兵坐骑，耐力使蒙古马在战斗中更易逃生。它们也帮助成吉思汗在广大前线地区建立了优越的越野通信系统，当时所有的信息传递都靠骑马运送。通过在整个王国建立驿站，蒙古人拥有了"小马快递"系统，能够比任何敌人更加快速精准地沟通和协调进攻。

像许多欧洲品种一样，蒙古小矮马仅需要少量的水，而且没有粮食配给，它习惯了草原的恶劣气候。冬季气温下降到-40℃，小矮马就生长在严寒之地，刨雪觅食。这使得它们可以胜任冬季短期战役，这在蒙古人击败俄罗斯的过程中至关重要。一旦北方的河流冻结，蒙古指挥官就将冻河当成军队的高速公路。

据说，蒙古勇士可以用口哨调动马，它们会像狗一样跟着骑兵。每个战士都有自己的马群，三到二十匹不等，可以换着骑，每匹都精力充沛。这使得军队的小分队以出其不意的速度接近敌人。

蒙古士兵喜欢带着哺乳期的母马征战，马奶为他们提供食物。有时士兵实在没有食物了，就从马颈的静脉那里切一个小口取血来喝，此举震惊了敌人，也造就了他们令人闻风丧胆的"嗜血"野蛮人的名声。

据说成吉思汗曾经放言："在马背上很容易征服世界。"这很难反驳。以征服的土地面积而论，成吉思汗是有史以来最伟大的领袖，他的帝国面积是亚历山大大帝的四倍。

历史为我们描绘了成吉思汗和蒙古人的"黑暗面"，但这"坏名声"并不全是真的。有一个问题是，蒙古人基本上是文盲，所以他们的历史从未站在胜利者角度被讲述，而是通过被征服者的言语而流传。成吉思汗虽然施行了改革，创建了蒙古语言的书写系统，但他不允许任何关于他一生的记述流传。

在他死后，有人以他为中心写了一部蒙古帝国的"秘"史。这部对他的成长经历和性格提出有力见解的著作几个世纪以来一直佚失，20世纪才被追回并翻译。当时，世界已经形成的对他的印象很大程度上基于各国所写的历史，而可汗不仅在军事上打败了他们，而且羞辱了他们。

许多史书中记载的野蛮可汗当然有夸张的成分；他的战术之

一就是散布蒙古人极端暴力的传说，以此恐吓敌人，这样根本用不着战斗，敌人就会投降。可汗允许每个即将攻击的城市可以选择投降，并承诺投降的人民都可逃过一劫。

《成吉思汗与今日世界之形成》（Genghis Khan and the Making of the Modern World）的作者，历史学家杰克·威泽弗德（Jack Weatherford）声称可汗的军队杀了数千万人，这种说法有可能夸大了"大约十倍"。

从积极的一面来看，可汗在平定中世纪时的旧世界方面做出了贡献，终结了中世纪的经济停滞，推动开启了新时代。他创立了一套严格的法律，在领土内强制实施。该法律极为严格且得到了有效的执行，就算一个女人头顶着一块黄金，都可以在国境内安全抵达任意目的地。

与可汗的国家不同，旧世界里的孤立王国之间往往彼此冲突。但在蒙古的领导下，以前断开的文明聚集在一起，形成一个大陆贸易网络。可汗控制了丝绸之路，特意减少了大量的税收和"鼓励"中间商，解放了贸易人，并保证了横贯大陆的旅行更安全、更有利可图。像马可·波罗这样的贸易人利用这个安全维护良好的道路旅行，将地中海的海上城市与中国联系了起来。

在众多的贸易项目中，丝绸之路的商队携带来自亚洲的香料和丝绸、来自伊朗的地毯和皮革制品，还有来自欧洲、中东和远东的银、布和亚麻。

智慧随着商品旅行。欧洲采用了来自中国的商业行为，比如汇票（这样就不需要携带沉重的硬币进行长距离跋涉）、银行存款和保险。伊斯兰的天文学、数学和科学传播到了非洲、东亚和欧洲。中华文明的两大产物——造纸和印刷，同样广泛传播。

成吉思汗在整个帝国实行宗教宽容政策，确保每个人——穆斯林、基督徒、犹太人和佛教徒都可以通行无阻。

今天，蒙古仍然是一个以马匹为生活中心的国家。蒙古马自成吉思汗时代起基本上保持不变，仍是敦实的身体、短腿、大且粗犷的头部。与欧洲那些富丽堂皇、"温血"纯种马相比，这些矮种马毫不起眼，也不具备中东阿拉伯马优雅的美感。不过，它们保留了惊人的耐力、强壮的身体和生存能力，是史无前例的征战强国的助推器。

蒙古大草原上的牧民培养的马群数量超过300万。它们和牧民家庭一起移动，没有围栏的阻挡，一年到头都住在户外，在严冬酷暑中生存，特别是在南部沙漠附近地区。具有讽刺意味的是，蒙古草原最近的干旱迫使许多蒙古人放弃游牧生活，搬到最大的城市中心——乌兰巴托。

但即便在那里，蒙古人从未远离他们的马术传统（赛马是最受欢迎的运动）和昔日帝国的伟大遗产。游客到达乌兰巴托，降落的机场叫成吉思汗国际机场，城市里有成吉思汗大街通向成吉思汗公园，城市外有一座40米高的成吉思汗雕像。他眺望着蒙古草原，当然，他骑在一匹马上。

第二十六章

阿拉伯马,从繁育到贪欲

> 假如你眼中只有绝美的斑纹和四肢,那么你将捕捉不到它真正的美。
>
> ——诗人穆泰纳比(Al-Mutanabbi)

我父亲还在世的时候,我们一起参加德尔玛举办的一年一度的阿拉伯马展。在20世纪80年代,德尔玛阿拉伯马展是最高级的奢华娱乐盛会,吸引了来自加州南部各地(包括好莱坞)的富人和名人。

当看惯尘土飞扬的体育场和低成本的县集市,我们发现阿拉伯马展的场景奢侈而豪华。在一排牲畜棚小隔间的尽头,有为驯马人和育种人提供的时尚贵宾接待区,装饰得好像售楼处样板间,这里还为客人提供开胃菜,香槟都是用水晶杯盛装。晚上,在北郡马场以及拉霍亚附近的豪宅里，有专为选秀参与者及其客户举办的私人派对。

骑手的着装都无可挑剔。英国骑手都穿着优雅的骑士夹克和靴子，马具都用最好的欧洲皮革，头戴天鹅绒的骑行头盔或时尚礼帽。盛装西部骑士的一双靴子基本等于我两个月的工资，优质的海狸皮帽子用堪比皮衣品质的毛皮制成，骑坐的马鞍用纯银装饰。最令人印象深刻的是那些穿着极富程式化风格阿拉伯服装的参赛者。

马被煞费苦心地沐浴和打理，它们的鬃毛和尾巴像丝绸般光滑，白色的马还会被漂白（去掉沐浴的痕迹）。马夫擦洗、打磨和抛光蹄子，令其呈现漆皮光泽。马脸上的胡须被修剪，婴儿油使口鼻处反光得就像湿海豹皮。马的皮毛闪闪发亮，像手工打蜡的奔驰车，这都得益于喷洒在它们皮毛上的"Show Sheen"牌喷雾。

这一切都很梦幻，仿佛马不是来自阿拉伯的沙漠，而是来自迪士尼的魔法王国。然而它就是这么梦幻。很快我就会讲到美丽、财富和贪婪是如何笼罩在阿拉伯马这个品种之上的。但首先，关于这种出类拔萃的马，我先说历史背景。

阿拉伯马是一个古老的品种，几乎和蒙古马一样古老。虽然养马人都认为蒙古马是原始的，但阿拉伯马被广泛誉为最优雅的品种。简言之，一个是吉普，另一个是捷豹。

深受喜爱的童话故事《黑美人》（*Black Beauty*）的作者安妮·休厄尔（Anne Sewell）这样描述阿拉伯马：

> 它们是小型马，完美的身体结构使它们看起来更雄壮。耳朵小，略尖，和眼睛一样分在头两侧。脖子细长，线条流畅地连着短且宽的背部，甩着华贵的尾巴。即使在步行时，它们似乎也在飞，蹄子几乎刚碰到地面就又抬起了。

纵观历史，阿拉伯马一直受到欣赏、赞誉，各国养马人都对其垂涎，不仅因为它们的美丽，而且因为它们的速度、敏捷性和非凡的耐力，以及骨骼结构和身体力量。它们也以温柔的性情和对训练的渴望而闻名。综合上述种种，阿拉伯马几乎对所有骑乘马品种的祖先都有所贡献，从来自欧洲的优雅的"温血"马到赛级纯种马和美国夸特马，还有西班牙品种，比如安达卢西亚马。它们还被用于改良澳大利亚丛林马、日本本土马，甚至佩尔什驮马。

阿拉伯马是如何进化出异常特征的呢？气候和文化扮演了重要角色。近4000年前，阿拉伯半岛的游牧民族贝都因人（Bedouin）开始使用中东的本地马。为了适应水草稀缺的干旱沙漠，他们需要身轻、食量小的马，在供给少得可怜的时候也能存活。据说在穿越沙漠时如果水和草都没有，贝都因人会用骆驼奶和海枣喂养马匹。

贝都因人经常在烈日下长途跋涉。为了适应沙漠的极端环境，马进化出很薄的皮肤，血管非常接近皮肤表层。贝都因人的马不仅需要很有耐力，而且必须组成铁蹄部队，因为部落之间的战争是很常见的。与这样的环境相匹配的马，有着深厚的胸肌、开阔的鼻翼、超大号的气管，更易呼吸透气。甚至宽阔的前额都能帮助提高呼吸能力。

恶劣的条件和持续的战争淘汰了贝都因人马群中的老弱病残。他们并没有将马养得暴躁或难以管理，恰恰相反，贝都因人允许马自然愉快地依性情繁殖。当受到沙尘暴、捕猎者或袭击的威胁时，贝都因人将他们最好的母马藏在帐篷中保护起来。因此，这些马必然很温柔，对人类有感情。即使在今天，阿拉伯马仍是为数不多的，在人类面前表现得像个孩子的品种之一。

阿拉伯马可能是历史最悠久的"纯种"马，从这个意义上讲，贝都因人不允许自己的马与外边的马繁殖。他们保护马群血统的纯正性，因为他们认为马是由真主安拉所造，安拉抄起南方的风，塑造成一匹马。

虽然他们没有书写谱系（贝都因人没有文字），但是他们仍然保持追述马的家谱的习惯。贝都因人可以像背诵自己的祖先一样背诵一匹马的祖先。

贝都因人保护马的血统不受外界影响的欲望非常强烈。他们坚信哪怕一滴外来的血液都将损害品种，要竭尽全力保护品种纯度。有则传奇逸事，说在攻击敌人的营地之前，贝都因人要将母马下面缝合，以防多情的种马与之交配。尽管这听上去不大可能，但显示出了文化上盛行的一种心态。

战争成为阿拉伯马早期传播的起因。土耳其人起源于欧亚大草原，他们入侵中东，捕捉贝都因人的马。他们对马的品质很有见地，放弃了自己的马，开始繁殖沙漠马。这些土耳其马成为喷泉，世界上大部分阿拉伯马从此开始涌现。

在中世纪，成千上万的阿拉伯人、土耳其人和摩尔人指挥阿拉伯马骑兵队横扫欧洲。撤退后，他们留下一片废墟，还有一些马匹。这些马成为西班牙殖民者征服新大陆的种源畜群。西班牙马在殖民活动中经过野外自由培育，成为美国西部的野马。这是阿拉伯马血缘的另一分支。

由于经常与土耳其征战，波兰军队俘虏了他们优良的阿拉伯马匹，并用于骑兵。18世纪战争结束后，他们彻底搜查奥斯曼帝国的种马，以求骑兵马的育种。许多王室庄园培育阿拉伯种马，为波兰贵族供应马匹，使波兰成为欧洲第一个重要的纯种阿拉伯马育种中心。

土耳其人经常将阿拉伯马作为礼物送给外国统治者和政要。1878年，作为土耳其苏丹赠送的礼物，美国总统尤利西斯·格兰特

（Ulysses Grant）接收第一批阿拉伯马进入美国。更家喻户晓的是17世纪末到18世纪初，土耳其人赠予英格兰的三匹马，成为英格兰纯种赛马的种源。由于纯种马为美国夸特马提供了主要基因，因此可以说，阿拉伯马也为它发挥了巨大的作用。

英国最著名的繁育者是"柯拉贝特阿拉伯马马房"（Crabbet Arabian Stud），1877年由布朗特夫妇创立。布朗特的初衷是为他们的纯种计划购入一匹种马，并前往阿拉伯寻找。当他们被这个品种迷住后，他们认为自己达成了目标，找到了当今世上最好的本土马，并以最纯粹、最真实的形式来保护马。20世纪20—40年代，柯拉贝特种马成为最具影响力的品种。

第二次世界大战之后，美国的经济繁荣与好莱坞的西部牛仔片碰撞，大众产生了骑马休闲的兴趣。美国夸特马满足了大部分人的需求，这是一个相对年轻的品种，在西部农场广泛使用。但是对于那些寻求异国风情、高雅脱俗骑乘体验的人，阿拉伯马正中下怀。

由于最初美国没有饲养者，马在很大程度上来自海外。富裕的美国人愿意支付比欧洲人更高的价格，所以阿拉伯马，比如柯拉贝特种马的饲养者，在美国人中寻找愿意为高品质马支付高价的买家，这些就形成了他们自己繁育计划的基础。

下面，我们来罗列一些疯狂举动。

1980年，曾经的电影演员和加州州长里根成为美国总统。在现实生活和电影里，他都爱牛仔形象和马；作为总统，他也经常送给外国政要牛仔帽。他最喜欢的马叫阿拉曼，一半阿拉伯马血统，一半纯血马血统，是墨西哥总统送他的礼物。

里根执政生涯中的第一波举措，就是通过为企业创造税收优惠来刺激经济。虽然可能是无意的，但里根巧妙地把养马变成了避税的天堂。一夜之间，养马成为百万富翁们最喜欢的爱好，他们视阿拉伯马为掌上明珠。

20世纪80年代,阿拉伯马非常适合美国人的口味。它们是值得炫耀的、价值连城的、时尚高雅的进口货。虽然一些人参与进来是诚心诚意想骑,但更多人投资于马是为了获得利益和声望。

"这有点像艺术品市场。马的增值像法国印象派油画一样快。"一名马匹买手说,"我在波兰花9000美元买了一匹母马,转手就卖了45万美元,它生的小母马卖了17.5万美元。六个月后,买了我的小母马的人,在拍卖中以68万美元的价格又把它卖掉了。"

"你看,到处都是钱,钱,钱。"阿拉伯马训练师吉姆·布卢姆菲尔德(Jim Bloomfield)说。

名人的参与更添魅力,他们开始投资马,参加拍卖,有时还会骑出来秀一秀。在拍卖会上,买家可能会坐在博·德里克、保罗·西蒙、斯蒂芬妮·鲍威尔或杰基·奥纳西斯的旁边。票房的保证帕特里克·斯威兹和歌手韦恩·牛顿,多年来一直参与马的品种活动,他们都在某一品种马市上保有资深而持久的位置。

阿拉伯马的拍卖价格足以彰显其魅力,成为盛会最大亮点。烟雾机、灯光秀、锯木屑跑道,以及"沙滩男孩"和"指针姐妹"这样的大牌艺人都成了家常便饭。在一次拍卖会上,鲍勃·霍普(Bob Hope)打趣道:"你还能在哪儿坐着看美国富豪买阿拉伯马?"

亚利桑那州斯科特代尔是最大、最著名的马展发源地,这里也成为过度拍卖的震中。例如,一家拍卖公司为了重拾19世纪波兰在冬天举办的"波兰掌声拍卖",甚至建造了一个街景。作为波兰政府的官方代理,该拍卖公司以1080万美元的价格出售了19匹马,平均每匹58.4万美元。

作为比较,阿拉伯马的最高销售价格在1968年是2.5万美元;1984年,有一匹俄罗斯种马名叫"阿卜杜拉",转手的价格为320万美元。同年在斯科特代尔，一匹名叫"爱情魔药"的母马售价高达250万美元。而它必须生10匹小马驹，每匹以25万美元的价格卖出，才可收回投资。讽刺的是，后来证明，这匹母马无法生育。

同时，在斯科特代尔卖出的顶级阿拉伯马的平均价格从1975年的3万美元攀升至1985年的近100万美元——翻了将近16倍。为套牢投资者的需求，实现这些天文数字般的金额，马这个行业的从业人员开始研讨避税方案。

他们的呼声是这样的：马，像奶牛一样，受到年龄的限制，三到五年内逐渐会贬值。养马的费用100%勾销。卖掉一匹马所得的任何利润，并不是作为收入征税，而是作为资本收益征税，前提是你至少拥有这匹马两年。

这是什么意思呢？如果你以10万美元买了一匹活泼的小母马，在重要赛事中赢得了几条丝带，然后以60万美元的价格卖掉它，你可以获得50万美元的资本收益，减去22%的高额销售佣金（这是通常没有提及的一个细节），其余的部分只有20%会被征税，而80%的资本收入属于免税收入。

但资深阿拉伯马教练迈克·布卢姆菲尔德给出的解释，令人意外。

"母马必须怀驹。一匹生不出小马驹的母马毫无价值。你都没什么可贬值的，也没有资本收益。如果你卖没怀驹的母马，它就没资格被划为资本收益。"他说。

"这就是人繁衍万物的原因。"

因为受欢迎的种马每年可以服务一百匹母马，所以市场对母马的需求远不止如此。事实上，母马对投资是如此不可或缺，以至于种马的主人开始为存活的小母马提供担保：如果你的马没有生出小母马，你会得到种马一次免费受孕的机会。

赢得比赛是交易的一个重要部分。为了提高一匹马的价格，实现资本收益，一旦马赢得了冠军，则育种者受益无穷，尤其是在最盛大、最著名的赛事上，如阿拉伯马国内赛和斯科特代尔秀。驯马师承受着巨大的压力，为只手遮天的客户提供服务，而不能凌驾于游戏规则之上。

如果一匹马的尾巴没有像喷泉一样悬垂着，那不是问题，可以把生姜挂在马尾里。皮毛的颜色有点黯淡？有一种粉末，可以刷到皮毛上，只要不被发现。情况愈演愈烈。虽然贝都因人以住在自己帐篷内冷静守礼的马为傲，但比赛裁判想看到的却是火爆的沙漠猛兽激情四射，哪怕差一点，都无法吸引他们的目光。教练会利用任何东西，比如灭火器，或将一点儿可卡因粉末吹进马的大鼻孔，令它腾跃。客户对此宁愿睁一只眼闭一只眼，只要能赢得丝带回家。

不幸的是，20世纪80年代早期，阿拉伯马产业的人群中，真正了解马的少之又少。对他们来说，马厩中的阿拉伯马就像车库里停着的劳斯莱斯，或者是数百万美元的房子附带的车库，是成功和权力的象征。但他们习惯于发号施令，却很少了解如何养出真正的好马，所以常常被迫接受育种意见。

繁育的走向受到各种因素影响：全国冠军奖，一窍不通的老板，还有《阿拉伯马时代》（*Arabian Horse Times*）华而不实的营销广告。人们争相追捧他人的成功。著名的阿拉伯马教练唐纳德·韦伯（Donald Webb）讲了个关于一匹特别受欢迎的种马的故事。这匹在旧金山牛宫（San Francisco Cow Palace）取得冠军的马，是俱乐部的顶梁柱。人们千方百计地去借种，并接受生出来的小马驹需要做跟腱手术的后果。

"深谙育种经验的人，不会让许多这样的后代产生。"韦伯说。

这些繁育活动导致阿拉伯马的数量飙升。1982—1986年，在阿拉伯马协会（AHA）注册的马超过10万匹，超过在该俱乐部前65年注册的所有马匹的数量。同样的事情多多少少也发生在其他品种身上。夸特马的注册数量从1977年的不到9.5万匹上升到1985年的16.8万匹——增加了56%。在同一时期，纯血马增加了原来的三分之一。但是没有看到在阿拉伯马市场顶峰时期发生的价格跃升。

1986年《体育画报》体育记者E. M. 斯威夫特将迅速而蓬勃发展的阿拉伯马市场与1634年笼罩荷兰的郁金香狂热进行了比较。在市场泡沫中，郁金香成为奢侈品，价格呈螺旋式上升。在1637年市场的高峰，一些单球郁金香球茎的价格是一名熟练工匠年收入的十倍以上。而1984年，种马阿卜杜拉的价格为320万美元，几乎是一名护士或机械师一年工资的150倍。

不可避免的是，郁金香热和阿拉伯马热都崩溃了。1986年，税法得到修改，修复了资本循环中的漏洞，包括与马有关的一切事务。几乎一夜之间，人们纷纷从阿拉伯马育种业上撤资。

"真是立竿见影。以前一匹马可以带来100万利润，但从资产增值税修改的那刻起，同一匹马你能获得5万美元就很幸运了。"迈克·布鲁姆菲尔德说，"一切都土崩瓦解了。"

就像450年前郁金香狂热崩溃一样，行情暴跌。唯一的区别是，美丽的马不像郁金香，它们仍然必须得到喂养和照顾。查理尼·伯恩斯坦（Charlene Burnstein）是一位阿拉伯马繁育者，他设法度过了动荡时期，但20世纪80年代末期的黑暗岁月至今仍历历在目。

"很多马死在墨西哥和法国……不幸的是，并不是作为骑乘马。拖车装满马离开斯科特代尔的大型农场去墨西哥。如果它们不被拖车拉走，就得在田里饿死。"

80年代末，分散销售取代私人拍卖，阿拉伯马育种者举白旗投降。一个农场有1000多匹马，只卖了83匹，其余则被运到当时蓬勃发展的马肉加工厂。我与一位"杀手级买家"去内布拉斯加州的工厂，那里论磅卖马。我们搭乘的卡车上还有好几匹阿拉伯马。

尽管市场顶端最先遭受打击，且最严重，但一直受蒙骗而去投资的普通人也成为受害者。我的邻居是科罗拉多一名个体卡车司机。他和他妻子将100万美元投资在一匹阿拉伯种马和三匹母马上。当市场崩溃时，他不能卖掉马，他甚至从来没有骑过。最后这些马只能在他的地里吃松树皮。

经历了20世纪80年代的狂躁后，阿拉伯马协会并未复兴。今天注册的数据仍然没有超过里根就职前的数字。我认为这种衰退不是什么坏事。

当数百名阿拉伯马的主人跳船时，他们留下忠诚的骑手来收拾残局。那些能够灵活应对和幸免于难的人从头开始，等待反弹。较小的市场和现实价值的回归，使得育种家开始关注如何繁育更好的骑乘马。

繁荣一度掩盖了阿拉伯马作为骑乘马所拥有的强大能力，就像现在一样，这种能力才是该品种的核心价值。但即使在阿拉伯马狂热的高峰时期，超过80%的马售价仍低于5000美元，有的更低。

今天，阿拉伯马协会仍然吹捧沙漠马的历史和美丽，但刻意回避该品种在80年代市场的浮华和魅力。我去年浏览该协会的网站，弹出的第一张图片是一个小女孩坐在一匹马上，她的父亲在旁边给予鼓励。看起来不像是摆拍，两个人也不是明星模特。他们的衣着像是来自西部服装店的普通货，而并非内曼·马库斯的奢侈品。

就在几年前，我撰写了关于布莱纳·史蒂文森（Bryna Stevenson）的故事，她在14岁时成为有史以来最年轻的骑手，赢得了欧道明耐力赛（Old Dominion Endurance Race）。这是一项100英里赛事，在弗吉尼亚州奥克尼外谢南多厄河谷和蓝岭山脉举办。她的阿拉伯马"麦迪"，没用美发剂和睫毛膏打扮，也没有花多少钱——这匹比赛中表现最优秀的马，只花了布莱纳550美元。

第二十七章

典型美国马

> 世界上最好的动物是在爱中被孕育的，或是出于对繁育本身的爱，或是出于喜欢照顾它们，总之并不是纯粹为了盈利。
>
> ——匿名牧羊犬繁育者

如果马也有高级中学，美国夸特马将不可避免地在年度比赛中赢得"最受欢迎"和"运动健将"称号。

夸特马流行起来后，再没有其他品种可以与之抗衡。美国夸特马协会（AQHA）是世界上最大的马注册机构，拥有280万匹马。人们骑着夸特马走在小径、牧场和运动场上，穿越美国、西欧、南美、澳大利亚，在以色列、日本和沙特阿拉伯的某些地区，夸特马甚至定居了下来。

说到热爱运动，该品种保持着四分之一英里

赛的最快纪录，这也是"夸特马"（Quarter）这一名字的来历。在竞技活动中，这是最受欢迎的一项赛事，其他还有套绳索和绕桶，夸特马擅长各种西部表演赛。

夸特马的魅力在于，它是美国牛仔和老西部之间的纽带。尽管美国夸特马协会20世纪中叶才成立，典型的夸特型马也称为"畜马"，在漫长的得克萨斯州牛力驱动时代，因应人们对结实、识路、能赶牛的马的需要发展而来。从1866年开始，得克萨斯人开始围捕数百万野生长角牛，并驱赶它们向北追逐堪萨斯州的水草。一路上农场主开始繁殖会赶牛的马，并投入使用。

尽管许多血统混杂在一起，才形成夸特马现有的品种，但其中最强的一支血脉来自一匹肯塔基州马，它由一位名叫米德尔顿·佩里（Middleton Perry）的人于1845年带到得克萨斯州。这匹马人称"钢尘"（Steel Dust），虽然看起来是一匹牧场工作用种马，却因赢得短道比赛而名声大噪。它获得的最高赞誉是在得克萨斯州科林县举办的短途竞速赛中，击败了被吹得天花乱坠的对手，一匹名叫"蒙茅斯"（Monmouth）的马。

身为一个王者，"钢尘"繁衍出一支血脉，这些马不仅以它们的速度，更以敏捷性和"对牛敏感"而家喻户晓。"钢尘马"所处时代正值得克萨斯州大规模的养牛业日益兴盛，这类马得到牛仔们的高度赞扬。很多大型得克萨斯州牧场都订立了"钢尘马"的育种计划，连同其他几种夸特型马一并繁育，它们中一些名字被记录在案——夏伊洛（Shiloh）、老冷甲板（Old Cold Deck）、旅行者（Traveler）、彼得麦丘（Peter McCue）。

1936年，《西部骑士》杂志在加利福尼亚州闪亮登场。该杂志在农场间广为流传，很快成为交流中心。畜马育种者、驯马师和其他业内人士可以与整个西部的马爱好者沟通联系。加上牛仔电影、广播戏剧和书籍如《牧牛小马斯摩奇》(Smoky the Cow Horse),都培养了战后西部畜马市场。得克萨斯州夸特马育种者摩拳擦掌准备做得风生水起。

1940年,一批有影响力的、富有的得克萨斯州牧场主在餐桌上成立了美国夸特马协会。他们的目标是维护和发展"钢尘"一系的马。他们决定,获得第一个注册荣誉的马必须是在1941年沃思堡西南博览会和丰腴牲畜秀(Fat Stock Show)上种马类的获胜者。

当一匹来自南得克萨斯州国王牧场、有着优秀的身材比例和肌肉的种马进入秀场,裁判吉姆·明尼克转头对裁判罗伯特·邓哈特说:"你觉得这个大块头怎么样,鲍勃?"

当最后一匹马加入环形队列,裁判终止了展示,并宣布国王牧场成为赢家。随着蓝丝带而来的荣誉是成为第一匹在美国夸特马协会注册的马。好笑的是,这匹卓越的马,名字却叫"温皮"(Wimpy,懦弱之意)。

在阿马里洛(Amarillo)参观了美国夸特马博物馆,并了解了该品种的早期历史后,我离开小镇去看看现存的温皮的后代。它的主人是阿尔文和贝姬·富尔茨夫妇,它有一个更适合传奇动物的名字:金属猫(Metallic Cat)。

这匹马出生于2005年,成名于一次截牛比赛。该项赛事要回溯到美国老西部,当时在开阔的乡村和畜栏牧牛,饲养场地就需要排序。骑手维持着牛群的分组和停留,牛仔和他的马需要蹑手蹑脚地进入一群奶牛中,将被选中的那头牛平稳地带到开阔地带。通常,牛意识到自己落单时,出于本能,它会为了回归牛群而与马发生冲突。

为了防止这一举动,一匹运动能力强、擅于预测牛的行为的马,必须学会应对牛的每一次示弱和躲避。这是一匹罕见的马,天生具有敏捷的赶牛本能，所以好的"截牛马"是一笔特别珍贵的财富。自然，一个拥有优秀截牛马的牧场主很想能够炫耀自己马的才能，因而竞技场上的截牛比赛应运而生。

2008年，"金属猫"赢得了美国国家截牛马协会（NCHA）面向未来锦标赛（Open Futurity Championship）冠军，这是一项最负盛名的荣誉赛事。此类赛事，主要是测试年轻马匹的能力，并为业内顶尖育种者和驯马师提供展示平台。奖金接近20万美元，还不包括额外奖励，比如新的拖车、优胜纪念鞍座、金银皮带扣等。

取得胜利后，"金属猫"在2009年一系列比赛中获胜，职业生涯收入高达637711美元，并赢得了"年度赛马"头衔。以四岁高龄从育种马厩退役，"金属猫"在2010年该赛会首届投票中被推举入选名马堂。

我访问富尔茨牧场的目的是记录一个真正马场的日常生活。木材溪（Timber Creek）兽医医院的兽医格雷格·维奈克拉森邀请我随同他和他的几名马匹繁育工作组成员，完成每周"收集"种马的任务。

我曾见过很多令人印象深刻的牧场，财产价值数百万。富尔茨牧场自然跻身前五名之列。小木屋类型的住宅式建筑值得畅销的西部生活类杂志如《日落》（*Sunset*）或《得克萨斯州月刊》（*Texas Monthly*）刊载整版照片。大树排列在平坦的车道两边，两旁是翡翠色的苜蓿田野和牧场，许多马匹在草地上悠闲地吃草。

"金属猫"的昵称是"丹佛"，它是这片1200多亩绿洲的最高统治者。从日出到日落，育种农场围绕着照顾它的健康和幸福而运转。育种经理塔拉·萨吉尔在早上7点，给它粮食和干草。在炎热的日子里，它拥有一个装有空调的马厩，但如果天气不那么闷热，萨吉尔会让它在70亩的围场里自由活动，大嚼自家园子里产的苜蓿

"丹佛干草"。围场两侧养着丰满的母马,那是它的后宫,通常一侧八匹。小马驹与母马待在一起。

"它看到孩子很高兴,所以我们也试着就近养育小马驹们。"萨吉尔说。

在收集材料的日子里,维奈克拉森和他的组员大约10点到达。种马负责人牵着丹佛,将它领到繁育谷仓,在这里它将被几匹性感的母马"挑逗"。足够兴奋后,它会被带到另一个房间,那里安装了一个模型,可以事后存放精液。

之后,丹佛回到牧场和它的后宫佳丽度过一个悠闲的下午。繁殖季节在冬末,最繁忙的时间是2月和3月。一年的大部分时间里,丹佛都在竞技场练习时充当助理,或由教练本·海特骑着去牧牛。

作为一匹引人注目的马,丹佛红色的皮毛上白色的小斑点使它看起来像覆盖着雪霜。尾巴和鬃毛的颜色相撞——暗姜黄色夹杂着几绺白色和银色,具有令所有比弗利山庄染发师嫉妒的效果。它的脸是铁锈色的,额头正中有一道闪电形状的白毛。

用闪电来形容它的反应能力是恰如其分的。这匹马的运动生涯中,它的移动速度堪比NBA超级明星斯蒂芬·库里。看它和奶牛周旋,就好像在看一对舞者跳一曲完美无缺的探戈。在参加的12场秀中,它从未失掉牛群中的任何一头,这是史无前例的壮举。

我登门拜访时,丹佛看起来只是一匹闲适、随遇而安的马。种马通常是桀骜不驯的,喜欢尥蹶子、踢踏、甩头、猛扯马笼头上的缰绳。而丹佛娴熟高效地完成整个采集过程,20分钟后就出门在它的牧场上心满意足地吃草了。

维奈克拉森的团队快速测试、准备和打包精液,以便运输。他们准备特殊的冷藏保温瓶,这样联邦快递可以迅速将宝贵的精液吸管快递给农场里等待的母马。最理想的状态是,精液能在24小时内到达目的地,这是人工授精的最佳时段。

我去的那天,丹佛有16个客户。每繁殖一次赚1万美元,这一次采集就为公司赚16万美元。金属猫公司的建立是为了令家庭资产免遭诉讼,而诉讼就像高收入的马育种活动里的谷仓蝇一样普遍。

自2013年以来,"金属猫"每年令大约300匹母马受孕,每年约赚300万美元——大约是美国顶尖的1%的马的十倍。我见到它时它已经12岁,可以再继续繁殖十年。之后,靠冷冻精液,它还可以延长自己的职业生涯。

当然,这是有利于富尔茨家族的,但对夸特马来说未必是好事。

在秀场马世界的各个环节,参与者都自然而然被像金属猫这样的胜者的血统所吸引。这些超级血统产生数百甚至数千的后代。比起不那么受欢迎的血统生出来的小马驹,更多的受欢迎血统的小马驹跑来跑去,它们中一些马驹就更有机会也成为大赢家和受欢迎的种马。这使得基因库不断萎缩,越来越多的马血缘关系亲密。

雪上加霜的是常见的行为——"双重繁殖",血缘近的母马和种马,也许是兄弟姐妹或表兄弟姐妹,用于交配以获得双倍所需基因。

明尼苏达大学在许多项目上将夸特马的遗传亲缘关系做了比对,包括截牛、赛跑、拉缰绳(一种马类选美比赛,有点像狗的形体选秀)。研究发现截牛马的遗传多样性最低,且近亲繁殖率最高。

从狗身上我们了解到,无论乡巴佬还是欧洲皇室,太多的近亲繁殖会导致不健康的基因突变以更高的速率传递。我们认为的近亲繁殖通常指的是直系家庭成员间,如兄弟姐妹和双亲,但当繁殖池高度集中时,也会产生同样的效果。

不出意料,这情况正发生在截牛马身上。2004年,加州大学戴维斯分校的临床兽医,创造了缩写为"HERDA"的名词,来描述在50匹具有表演类血统的夸特马身上发现的严重皮肤病。基因突变导致这些马的皮肤胶原纤维减弱。

可以想象一下,胶原蛋白是各层皮肤之间的黏合剂,还起到把皮肤固定在身体上的作用。在拥有两组HERDA基因的马身上,这种"胶水"非常劣质。它们有着极其虚弱和脆弱的皮肤,极易撕裂且极不易愈合。最糟糕的情况是皮肤剥离,马会开始脱皮。

疾病的症状早期通常不显现,直到小马长到两岁,可以投入训练了才开始发作。通常,鞍或肚带会导致难以愈合的皮肤溃疡,或因愈合不佳留下可怕的伤疤。新的受损面积不断出现。由于无法治愈,兽医别无选择,只能实行安乐死。

加州大学戴维斯分校的研究人员使用谱系和基因分型,将HERDA突变追溯到20世纪40年代极有影响力的一匹种马,名叫"波科·布诺"(Poco Bueno)。这匹马属于E.保罗·瓦戈纳(E. Paul Waggoner,美国夸特马协会的元老之一),它是几项重大赛事的总冠军种马,其中就包括丹佛国家西部牛仔节。

作为一匹截牛马,在结束了辉煌的职业生涯后,波科·布诺又以种马身份维持生计,生下400多匹注册后代。许多"波科"小马驹成长为优秀的截牛马和广受好评的种马、母马,为基因库做出杰出贡献,选秀夸特马的每一代都保有"波科"的血统。

随着时间的流逝,"高贵血统"效应继续发挥作用,截牛马的基因液浓度越来越高。但是由于HERDA的隐性特质,只有父母双方都是携带者,当且仅当婴儿从双亲处都继承了HERDA基因时,症状才会显现。据统计,该疾病发病率只有四分之一,所以许多母马的主人根本没见过这种疾病,也就不足以怀疑马的基因链。

"金属猫"也获得了波科·布诺卓越的截牛天赋,故而也属于

HERDA基因载体之一。20世纪80年代有一匹叫"聪明的小列纳"的截牛名马，其双亲都具有波科·布诺的血统，它也是波科·布诺的后代。

至于HERDA基因的存在，"金属猫"的主人不会广而告之，也不会避而不谈。须知，从事高端育种业务的人和一帮爱打官司的人试图掩盖这一事实，即种马作为载体的突变测试结果呈阳性，很可能会成为日后在法庭上付出昂贵代价的风险。此外，HERDA现在是如此普遍，以至于截牛马的育种者在评估预备种马时都要询问一下。

感谢加州大学戴维斯分校的研究，现在可以测试母马的隐性基因。任何一位拥有携带HERDA基因母马的马主都会明智地避免将其与"金属猫"交配，或与任何其他携带突变基因副本的拥有截牛血缘的种马交配。如果人们有意识并做了测试，HERDA就是一个很容易规避的错误。

仍然有这么多夸特马带有HERDA隐性基因，随着传宗接代，粗心大意或不了解情况的人在增加，特别是现在疾病已经泄露到其他品种。花马和阿帕卢萨马也携带HERDA基因，而在与截牛运动有关的马身上也变得普遍起来，如控牛马和缰绳马。

很不幸，显性父系繁殖引起的遗传疾病传播这一模式，似乎是总在重演的悲剧。

早在20世纪70年代，一匹夸特马像彗星撞地球般在选秀场脱颖而出。在31次缰绳比赛中，它赢得了31条蓝丝带，使自己的名字载入史册——"铭记"（Impressive）。

缰绳马，顾名思义，只用一根缰绳来展示。裁判对马的评价依据是马的理想体形，类似"世界先生"选秀比赛。"铭记"就像年轻的施瓦辛格，有着肌肉发达的身体、出众的身材比例，魅力经久不散。裁判们都为这匹柏拉图式的夸特马倾倒。

作为繁殖用种马,"铭记"证明了自己名副其实,它的后代中出了一个又一个冠军。许多后代拥有同样标准的体格,而且也都成为杰出育种者。1992年,美国夸特马协会排名前15位的缰绳马中,有13匹马是"铭记"的后裔。当时估计有5.5万匹夸特马、花马和阿帕卢萨马拥有"铭记"的血统。

但是,这个本应是成功的故事,却变了味儿,用一位著名夸特马教练的话形容,"这是有史以来对马业最具破坏性的事件。"

几年内,随着"铭记"声名鹊起,人们开始注意到它的后代会出现一种奇怪的肌肉抽搐现象,这常常使它们无法动弹。发作强度和持续时间每次都不同,从短暂、不严重的到漫长、痛苦的都有,导致颤抖、战栗、虚弱和崩溃。

有时,后腿肌肉瘫痪,马会像狗那样坐着,无法支撑自己的体重。还有时,上呼吸道瘫痪导致马喘息沉重和呼吸困难。偶尔,马还会死于心脏衰竭或呼吸系统瘫痪。

由于"铭记"出现在每一个受折磨的马的谱系中,所以很容易追溯到问题的源头。尽管这种疾病的学名是"高钾型周期性麻痹"(HYPP),但人们一般称之为"铭记综合征"。

原因之一是"铭记"及其后代如此出众是因为它们的肌肉,即便是在不受刺激的时候,也仍处于过度活跃状态。这导致异常的肌肉发育——马拥有健美运动员般的肌肉,却从未真正去过健身房。这使得它们更容易"适应"比赛,给予它们裁判所青睐的悦目体形。

尽管证据直指"铭记"是疾病的唯一来源,但无法明确证实。缺乏证据,加上业界许多最富有的育种者都拥有"铭记"的后代,这让饲养者们不愿成为第一个公开牵涉到此事的人。

缺乏公开就意味着许多人无意中继续繁殖"铭记"的后代,尽管小马驹有周期性麻痹的风险。之后,加州大学戴维斯分校设计了一个测试,确定了繁殖动物周期性麻痹的基因,因此为了消除对其来源的任何怀疑,研究团队和协会顶住了压力,拒绝透露"铭记"是源头。没有人想打开潘多拉的盒子,毕竟那可能会导致金融和法律问题。

当然,最终,重磅证据和损害程度太过巨大使得事实不容否认。测试可以让育种者发现他们的牲畜是否带有周期性麻痹基因突变。大多数人利用这些信息,在繁育时避开缺陷。但只是大多数人,并不是所有人。

"直到开始赔钱,人们才认真起来;人们不想要携带周期性麻痹基因的马了,这才停止繁育。"科罗拉多州立大学马遗传学教授斯蒂芬·科尔曼(Stephen Coleman)告诉我。

"侥幸心理仍然存在,有些人愿意冒这个险。他们以为,也许会得到很多匹有缺陷的马,但怎么也会得到一匹真正杰出的选秀马。"

换句话说,是有政治参与其中的。而且,遗传学不能解决政治问题。

就像HERDA,"铭记综合征"在美国马群中仍然普遍存在。但因为它是一个显性而非隐性特征,对协会来说,这就容易被发现并消除。

"他们(协会)可以解决周期性麻痹。他们了解马有这种情况,因为这是一种显性性状。他们会说,我们停止注册携带周期性麻痹的马。但事实并非如此。"科尔曼总结道。所以,狼狈为奸还在上演。

选秀马业强调,年轻马匹加速了遗传疾病的传播。因为新一代进入繁殖种群太快。例如,"金属猫"四岁就被遴选为种马。因此,一匹受欢迎的种马,在发现问题前可以繁殖出成百上千的后代。

在马术比赛中,奖金最多的是"未来赛",发生在马的三岁季。美国的"未来赛"包括截牛赛、驭奶牛赛、缰绳赛和桶赛。然而,他们开始于英国纯种马比赛行业,是一种证明马的运动潜力和价值可用于繁殖的手段。最著名的是肯塔基赛马,那是三岁赛马的试验场。

选秀马的竞赛项目(上述4项)都紧跟"未来"概念,这是因为它们能让观众、育种者和参与者看到有前途的马时感到兴奋。马的主人会提前下注,赌他们的马成为赢家。赢得一个主要的国家级赛事,即便一匹马不再参加其他竞赛,也将确保它拥有更长且利润丰厚的种马职业生涯。

有着近200万美元支出的"国家截牛马未来赛",就是这种赛事。"金属猫"是史上收入最高的截牛马,这匹冠军种马就是以获得此项赛事冠军为基点,开启了盈利数百万美元的育种事业。

但是相对于每一匹成功的"金属猫",都会有一千匹马进入同样的未来赛而在结束的那一刻仍默默无闻。一些马会在其他比赛中挽回一点自尊——安慰赛,为4—6岁的马举办,赏金最多时只有未来赛冠军的三分之一。

为赢得主要的未来赛,驯马师通常在马2岁时就开始进行戴着马鞍的训练。一些马18个月大就开始接受训练,被骑乘。批评者认为大多数马在身心上还没有准备好接受这种程度的压力。批评者之一是兽医学博士罗伯特·米勒(Robert Miller),是我在《西部牛仔》杂志社的同事。

"半个世纪前,我还是个牛仔,小马驹一般4岁或更大些才开始工作,偶尔有那么一匹,可能3岁开始工作。除非意外事故,不然这些农场马在二十几岁时仍然能打着响鼻工作。"他说。

"今天，我们有各种各样的未来赛——缰绳赛、截牛赛、桶赛，等等。我试过很多次让马场主延缓艰苦的训练，给小马一个成熟的机会。但大多时候，我都被无视了。"

马从年幼时就开始了职业生涯，竞争的压力最终使马生命透支或受伤。有一次，我带西蒙尼·温德勒（一名德裔英国盛装舞步驯马师）去看未来赛。盛装舞步是最高水平的驭马术。

一看到马，这位驯马师立刻注意到这些马中有多少存在残废的迹象。她估计高达三分之一。

"这些马多大？你说3岁？对于这种强度的工作，它们都太年轻了。对这些马来说，骑手们都太大个了，也太胖了。它们不能承受这些人的体重，我猜他们至少重100公斤。"她轻蔑地说。

"这可真残忍。"

雷宁（Reining）被称为西部骑术里的盛装舞步。杰克·巴雷特比利，前夸特马销售代理，在美国空军学院管理马厩，他的妻子安，是FEI（一项国际赛事，以奥林匹克级别监督驯马和盛装舞步）高规格盛装舞步的裁判。他表示："套索就像幼教，而盛装舞步就像获得博士学位。"

在FEI，盛装舞步马直到6岁才开始舞台生涯，通常9岁之前不考虑参加竞赛。在高级别的夸特马性能赛事中（截牛和套索），最好的马会在6岁时退役。而金属猫在它3岁的未来赛赛季结束时，退役成为种马。

由于他们极其强调年轻和运动，甚至在大型未来赛起起落落中，绝大多数马都只是陪练。

我曾与一位职业生涯收入超过300万美元的套索马的教练攀谈，他告诉我，他和他的助理教练团队通常会在80—100匹马中培养预备马去参加国家套索马协会未来赛。他把培养范围缩小到只有3匹，参加每年12月举行的国家级赛事，其余的通常出售给业余骑手或转给初级培训师。由于供大于求，为这些马找买家始终是个问题。

相比之下，一匹盛装舞步马必须培养十多年，才有可能在它20岁出头时开始竞赛生涯。换句话说，重点是质量，而不是数量。在大多数情况下，盛装舞步的育种由国家品种协会决定。例如，在德国，国家种马机构的马术专家会给一匹马做检查，确定它是否可以用于繁殖。协会有第一选择权，为国家种马机构买进最好的马。这样，他们不仅可以控制质量，而且可以繁育出更好的马而不是单纯为了竞赛夺冠的马，比如长寿的、没有已知疾病的，以及全身健康的。

美国马并非如此。任何繁殖者都可以繁殖，健康标准也很低。这样会而且已经导致马像"铭记"一样，对整个种群的健康产生负面影响。

例如，在雷宁赛上，历史上第二匹创纪录的一流种马是在美国夸特马协会注册的花马。虽然这匹种马现已作古，但它的后代在竞技场上赢得900万美元不止。可是，身为未来赛水平赛事的冠军，以及未来赛冠军的生产者，众所周知，这匹种马所生的马是聋的。

在身体尤其是脸上出现大量白色色素沉淀的家养动物中，耳聋是常见特征。例如，如果两只带有云石色基因的澳大利亚牧羊犬交配，生出的一窝小狗里可能会有一到两只脸上有过度白色色素沉着，并伴随耳聋。长着白色耳朵的斑点狗也经常出现问题。许多美国花马亦如此，它们是夸特马五颜六色的表亲。问题的原因尚不清楚，但应与内耳缺乏色素沉着有关。

"耳朵毛发的色素细胞是它们正常工作所必需的。"埃里森·斯图尔特（Allison Stewart）博士说，她是亚拉巴马州奥本大学的临床研究员，开发出一种方法测试马是否耳聋。她说，携带隐性基因的两个个体繁殖并不一定导致耳聋，这一切取决于每匹马在发育过程中颜色的随机迁移。她认为这不是独立的基因性状，而与负责着色的许多基因有关。

耳聋在赛场上可能是个优势，因为失聪的马听不到声音，不受噪声干扰。在一场重要的雷宁赛上，一匹失聪的马正在表演时，火灾警报忽然响起。观众纷纷奔向出口，马却毫不退缩。

在美国国家西部骑术（NRHA）未来赛上，我和黛安娜·鲍尔斯聊天，她有一匹失聪的母马，名叫"印度公主"。黛安娜告诉我，这匹马对谷仓的噪声没反应，但会被光线的变化或影子吓到。家燕令它烦躁不安。

"很明显，它是个聋子。在这个世界上，失聪是如此普遍，我一点都不担心。这几乎是这类育种的商标了。"她告诉我说。

由于失聪的马无法听到语音提示，这就需要一位非常有经验的教练，能灵活熟练地与之进行肢体交流。甚至每天都待在马鞍上的专家，仍然在努力学习一些例如不用喊"哇！"的命令就能让马停止动作的技巧。

黛安娜说，一些人抱怨与这种种马交配有时会导致后代失聪。但失聪马表现良好，能赚很多钱。对从事相关运动的社会上层大多数富人来说，这就足够了。

但这很困扰戴安娜的马术教练迪恩·布朗，他不得不一吐为快。

"失聪马的职业生涯普遍较短，它们真的不适合非职业骑手。所以，我特别同意那些人对马失聪的担心。"他告诉我。

"我很高兴有很多听力正常的马来中和。如果有太多失聪马在我们的基因池，将对遗传有害。虽然它们华丽、漂亮，但这绝不是你想看到的基因库。"他总结道。

尽管如此，由于流行种马的效应和这匹马后代的成功，竞赛型赛马的后代身上仍带有这种特性。

虽然大部分用于秀场的马，公众似乎认为它们是完美的，却总令我不那么舒服。我承认一匹失聪的马几乎可以像一匹拥有正常听力的马一样在这个世界上生活。耳聋当然不会损害对手和主人赚钱的机会，甚至可能还会有所帮助。

但是，我仍然觉得不妥。

在我看来，回避已知的健康基因问题似乎已违背了美国夸特马协会成立时的使命宣言：记录和保存美国夸特马的血统，同时保持品种的完整性，维护马的福祉。

但这里是美国，是自由、民主的家园，更是自由市场经济的国度。市场有风险，购物须谨慎。

结　语

它们和我们

　　关于狗、猫、牛和马的历史，有什么不自然之处吗？当然，我们也参与其中。

　　近40亿年来，自然一手掌握生物的生死。当气候变得温暖或寒冷，当食品变得丰富或稀缺，当新的掠食者出现，病原体进化，总有一些幸运的个体，其特质使他们适应环境并与时俱进。而无法适应者则走向灭绝。

　　1.2万年前，一群聪明的、具有高度适应性的灵长类动物改变了大自然的进程。从第一次种植种子的那一刻起，我们就开始通过选择自己想要的赢家和输家来愚弄大自然母亲。

　　首先，选择是被动的。我们的定居给荒野带来一种新的、不自然的环境。对于大多数动物，这种环境是不舒服的、不适宜于居住的，但有少数动物适应了人类造就的世界。它们成为我们的同伴。

　　这种安排被证明是互利的。动物面临资源的

减少，尤其是食物。我们也保护它们的后代不被食肉动物吃掉，使它们比野生同行在生殖上更有优势。作为回报，我们获得了同伴、食物、农业劳动力、交通代步工具、纺织品、害虫控制，等等。我们通过积极参与选择动物交配来改进和打磨这些利好之处。

从大局看，这对驯养动物来说是个不错的交易。从农业的黎明到现在，人类已增加逾倍，从700万到超过70亿。我们所养的动物的数量和我们一起激增。根据捷克裔加拿大环境科学家瓦茨拉夫·斯米尔（Vaclav Smil）的研究，人类、人类的宠物和牲畜占陆地脊椎动物加起来（或曰"动物总量"）的97%。野生动物只占3%，且这一数字还在萎缩。

据世界野生动物基金会统计，每年大约有1万种脊椎动物、昆虫和植物从地球上消失，灭绝速度前所未有。但到目前为止，我们还没有失去过任何一个驯化物种。

当我行驶在美国西部，从反光镜里只看到经过的数百万英亩农田——我们不再生活在一个自然世界中。相反，我们居住在一个巨大的农场里，其中充满了我们发现的最有用的植物和动物。世界上一半以上的土地现在被用于农业，大约70%的土地用于种植牲畜饲料，供给我们自己和我们的宠物。

从这个角度来看，动物离开荒野是做出了一个很好的选择。它们对我们的价值确保了它们的生存。但是在个人层面，我有令人担忧的理由。

数量太多就是理由之一。动物已经多到人类照管不过来了。猫尤其面临着数量过剩的危机。仅在美国，就有数百万野猫。它们的生活充满了危险，包括饥饿、被捕食、交通事故、故意虐待、被忽视、暴露于极端天气、狂犬病等致命的传染病。

除了生活艰难之外，野猫对许多种类的野生动物施加了生存压力,尤其是鸟类。尽管对它们每年杀死的动物数量的推测都大相径庭,但几乎无人反对猫非凡的狩猎能力给一些挣扎在灭绝边缘的鸟类增添了压力。

我们的动物收容所里充斥着猫,收容所工作人员不得不每年对数百万猫施行安乐死,才能腾出空间。但许多社区对野猫实行设陷阱、阉割、接种疫苗、TNR等措施,这就为大规模灭绝提供了一个可行的替代方案。2017年,对208个TNR猫救援和灭菌项目的全国性调查显示,TNR措施介入后,野生小猫的出生率下降了72%。

野猫救援组织收集的数据还显示,TNR组织在过去五年里处理的野猫比前二十年处理的都多。截至2017年,这项措施的响应者给130万只猫做了绝育手术,并将它们放回栖息地。动物收容所行业博客"动物不下线"的编辑——梅里特·克利夫顿说,若包括在调查中的其他TNR项目成果,这一数字可能会提高到360多万。这是真正的进步。

更令人感到鼓舞的是,经过多年对数百万狗施行安乐死,狗在美国数量过剩的情况似乎有所缓解了。人们在动物收容所、动物福利团体、养犬俱乐部和兽医教育公众关于宠物绝育的重要性这几个方面所做出的努力取得了巨大成功。根据美国人道协会提供的资料,90%的美国家庭所养的狗做了绝育。高绝育率使收容所里被安乐死的狗直线减少,只有20世纪70年代的十分之一。

此外,史无前例的大比例人群(尤其是黄金一代)采用领养或救助的方式来养宠物。最终导致可收养的狗和人们想养宠物的需求之间出现了平衡。

社会和经济力量直接和间接地影响着动物种群。橄榄球四分卫迈克尔·维克在2007年被指控斗狗,无意间令斗牛犬在美国越来越流行。今天,过度繁殖导致每年数百万只斗牛犬在收容所被杀害。

公共教育、诊所的免费节育手术，和在某些情况下，强制绝育法控制斗犬品种的繁育，加快了这种危机结束的进程。

在乳制品行业，胡乱繁育的主要原因之一是自由市场。一旦牛奶在全球市场供过于求，价格就会下降到令生产者入不敷出的水平。在萧条时期，奶农经常歇业，采取的措施如自杀般绝望。正如农民乔·斯拉茨基指出，牛的问题在于，你不能像关掉比萨烤箱那样关掉它们。

自由市场体系促进美国大型工厂化农场的发展，现在有些牛奶厂拥有3万多头奶牛。但越过国境线，在加拿大，小型家庭农场仍然普遍存在。原因在于，加拿大使用配额制度调节牛奶的供应。根据每人的配额，农民只能生产一定量的牛奶，这有助于保持供需平衡。

在奶制品上，加拿大人比美国人花费更多，但是他们的农场为奶牛和乳制品家庭提供了更健康的条件。同样，美国的有机乳制品行业在独特的市场环境下运营，"牛奶卡特尔"（"有机山谷"价格联盟）设定市场价，确保其成员得到一个不错的价格。

在畜牧业上，一系列滥用均源于自由市场体系，迫使生产者要么扩大规模，要么放弃。至少在奶牛方面，加拿大通过供应策略，证明更好、更人性化的方法是可能的——美国曾经也用过这种策略，可惜后来放弃了。现在是恢复这些政策的时候了。

从长远来看，我们可能无法维持全世界牛的数量。一位有机乳品生产商指出，我们很可能已经身处祖父母深情回忆动物食品普遍存在的时代。

然而这种情况下，之前回避的类似实验室的衍生动物蛋白就有了用武之地。无疑需要时间和营销来克服消费者不愿接受诸如实验室肉和人造奶的心理。初期，也许第三世界国家的人们最有可能接受，毕竟那里的某些人还存在温饱问题。但现在，环境和人文利益不再基于繁育数以亿计的牲畜，再加上为人类消耗贡献更多农作物的益处，我们将无可避免地过渡到动物蛋白质这个美丽新世界。

至于马业市场，我们看到20世纪80年代的避税政策导致人们繁育出数百万种不必要的马。阿拉伯马的价值在繁荣时期飙升，在萧条期间下降，就是个很好的例子，但里根时代的投资热潮同样刺激了夸特马和竞赛纯血马的繁荣和萧条。当避税政策被废除，人们将这些不必要的马贱卖给屠宰场。

可悲的是，今天，市场仍然推动人们过度繁育马。赛马和选秀马产业，专注于"未来"赛事，激励人们过度繁育。大型未来赛季结束后，少数马如截牛马之王"金属猫"成为大赢家。这些马将继续繁衍成百上千的后代。那些未能在关键比赛中胜出的马会在一夜之间失去经济价值。就像奥运会上的花样滑冰选手，这些精英运动员的职业生涯都是在一些短暂的表演时刻成就辉煌或戛然而止的。

赛事强调马的年轻，导致了加速的繁殖周期和快速的更新换代。因为未来赛只奖励一定年龄的马，所以马主人几乎没有动力让老马参与竞争。为吸收过剩的老马，选秀马协会需要不断添加新的业余骑手和马主。每当经济下滑或营销工作稍有不足，过剩的马就会被抓走屠杀。

遗憾的是，在美国，阻止马屠宰行业的努力并无成效。相反，不必要的马现在被运到加拿大或墨西哥的加工厂，数千公里的跋涉为它们生命的最后旅程增加了痛苦。

硬币的另一面是"大赢家"。截牛马之王"金属猫"只是其中一个例子。大多数马的成功背后，都跟着一个疯狂的想要繁殖马成为赢家的马主人。

"受欢迎的种马"效应在动物育种界十分猖獗。人们选择品种时只局限于少数高级动物，那么结果就是大大缩小了基因库。大多数人都知道，血缘紧密的动物近亲繁殖（比如儿子与母亲交配），容易导致遗传疾病，会带来悲剧性的后果。但很多人没有意识到，建立一个局限的基因库，一个谱系的双方都有同一匹种马的基因，同样是近亲繁殖的一种形式。

这正是在夸特马界辉煌的"铭记"和著名的选秀马之王"波科·布诺"身上实实在在发生的故事。这两匹受欢迎的种马携带有缺陷的基因，会导致严重、致命的疾病。"波科·布诺"的名字出现在几乎每一匹截牛夸特马的血统谱系里，这些马普遍发生无法治愈的皮肤病。

从"铭记"这个案例看，至少可以通过重要马匹的注册迅速采取行动停止繁殖，防止疾病的传播。相反，人们选择了掩盖真相和保护富有、强大的马主利益。今天，成千上万的马携带着"铭记综合征"的基因。

类似问题也发生在澳大利亚牧羊犬身上，导致我的狗科纳从一条选秀犬特定的血统中继承了癫痫的基因。一些我不愿指名道姓的人，让疾病传播。这些人也再三考虑过进一步繁育的事，他们可能也忍受着看到动物遭罪时的心碎。但话又说回来，也许并非如此。在许多情况下，对选秀界的高层人士来说，金钱和丝带比道德和良心更有发言权。

现代育种技术加剧了流行种马问题。人工授精、运输精液、胚胎移植和其他技术让人们繁殖出数字惊人的动物。截牛马种马"金属猫"可能在有生之年繁育了成千上万的后代，还有公牛"奇迹"，大概繁衍了50万头奶牛，这仅仅是两个例子。半个世纪以前，这些还是天文数字，是互联网和"隔日达"业务彻底改变了动物育种。

在我看来，为了主人好，也为了动物好，动物品种协会应该限制任何一个极受欢迎的雄性所产生后代的数量。具体是多少需要设立合理的限制。在纯种马界，维持这个限制要求饲养者让母马与种马自然交配，这一举措可以自然限制种马的交配。值得注意的是，近亲繁殖程度（称为"近亲繁殖系数"）在纯种赛马身上已被证明比选秀血统的夸特马要低得多。

不管别人有什么问题，但我是最不想反对纯种或纯种育种行为的人。纯种育种的目标是确立稳定的、可预测的特征，并遗传给子孙后代。近亲繁殖、异型杂交、"让最好的与最好的"进行选择性交配、挑选个体、选择优良性状，这些都是在开发动物以满足人类特定需求的交易中使用的手段。

没有纯种育种，我们就不会拥有阿拉伯马的特殊品质，并在此基础上培育出几十个品种的马。没有纯种育种，我们就不会有吃苦耐劳、极为聪明的边境牧羊犬；我们就不会有可爱的威尔士犬或暹罗猫，或娟姗奶牛，或任何其他令人着迷的、有着特殊形态的家养动物。

几乎所有的狗、马、牛，以及一定比例的猫，都是纯种血统的产物。杂交马、奶牛和所谓"设计出来的狗"必须以纯种的父母开始。在纯种动物上钻牛角尖的人可能无法接受这一现实。

每个纯种动物都是一个独特的生理和行为特征的组合，使自身适合某些特定生物龛。在很多情况下，人们穷尽一生时间或一代又一代致力于培育和发展他们认为具有重要品质的品种。对这样的人来说，开发和维护一个品种是一种艺术形式。

就像雕塑家的手塑造了黏土的形状，人类塑造了动物的价值。这已经进行了几千年，可以追溯到我们最古老的文明。价值观良好时，结果往往也是好的。但当价值观恶化，动物就会遭殃。

育种者和消费者越来越意识到，我们与家畜的关系需要找回平衡。要想使一切走上正轨，就要求我们在动物繁育上设立和保持高伦理和道德标准，而且要善待我们所养的动物。

附 一位面包师对宠物动物饲养者的十二条建议

（改编自美国防止虐待动物协会的建议）

1. 对你们繁殖的动物要负终身责任。
2. 集中精力在一个品种或少量品种上。
3. 加入育种俱乐部和参与比赛，与育种社区建立联系，并拓宽该品种动物的历史、健康和遗传专门知识。
4. 筛选有遗传疾病的种畜，从育种计划里去掉受影响的动物，对买家披露健康问题。
5. 了解遗传学和与近亲交配相关的问题，在育种计划中运用这些知识。
6. 不要养太多动物，以免超出你所能提供的高水平护理能力，包括有质量的餐食、能自然运动和锻炼的充足空间、对极热和极冷情况的应对，以及常规的兽医护理。
7. 限制某一个体后代的生产数量。
8. 筛选潜在买家，确保宠物拥有高质量的终身居住家庭；对马来说，要确保新主人具备照顾马的手段和技术。
9. 从育种计划里剔除极具攻击性的个体和有行为问题的个体，这些问题无法通过训练解决。
10. 繁殖频率要基于母亲的年龄、健康和复原能力，避免用非常年轻或年老的动物进行繁殖。
11. 确保幼崽清洁、温暖、食物充足，接受专业的兽医护理，并一直与母亲待在一起直到断奶。小狗和小猫的社会化始于三周大时。
12. 确保动物在8—10周后再被安置。
13. 在任何时间发现问题，及时撤销繁育计划。

致　谢

这本书得到了很多人的帮助！我想表达对每一个人的感谢，如有疏漏，万望海涵。

我想先对一开始就支持这本书的人表示感谢。玛丽切·费尔·切斯顿、温迪·厄灵格、玛莎·厄灵格、迈克尔·迪约安娜、维多利亚·贝里斯和贾维斯·欧文斯。对于瓶颈期里的那些长谈，我深表感激。没有你们我不可能做得到！

感谢我的编辑戴博·德雷克和路易莎·佩克的建议、专业知识和鼓励。也感谢特斯勒代理机构（Tessler Literary Agency）我的经纪人米歇尔·特斯勒，以及佩格萨斯出版社（Pegasus Books）的各位。

接下来，是那些幕后英雄，即赞助我做研究和游学的，尤其是保罗·"保罗"·罗莎、帕蒂·科尔伯特、卡罗琳·基，以及雷蒙一家。

再来，是所有科学家、记者、动物养育者，

以及其他与我分享见解的人。梅里特·克利夫顿，你的帮助非常宝贵。特别感谢哈特纳格尔家族，尤其是卡罗尔·安、珍妮·乔伊、欧尼和伊莱恩。

此外，还要感谢罕布什尔学院教授雷蒙德·考宾格、皇家不列颠哥伦比亚博物馆的苏珊·克罗克福德、加州大学戴维斯分校的本·萨克斯和凯特·赫尔利、作家马克·德尔、作家洛林·契托克、澳牧饲养者劳里·汤普森、澳大利亚牧羊犬健康与遗传学研究所的C.A.夏普、WAIF的卡罗尔·巴恩斯和莎丽·毕毕奇、美国人道协会的特蕾西·瑞斯、美国国家人类基因组研究所的伊莱恩·奥斯特兰德，还有"达克斯顿的朋友"（Daxton's Friends）的杰夫·博哈特。

不要忘记猫的救援人员，以及TNR的先驱贝基·罗宾逊、露易丝·霍尔顿和斯塔西·勒巴伦，他们的行动拯救了成千上万只猫的生命，还有T.I.C.A.荣誉退休的猫选秀裁判帕特·哈丁。

在牛的世界，特别感谢"翡翠面纱"的鲍勃·班森、鹰峡谷农场的杰克·塔克夫和亚历克西斯·马洪，还有拉露娜奶场的乔·斯拉茨基、苏珊·摩尔和他们的女儿赖莎·斯拉茨基。还有西部乳业协会的比尔·基廷、"苹果疤"农场的约翰·贝克曼、西得克萨斯州农工大学的泰·劳伦斯、兽医格雷格·维纳克拉森、《遗传学》杂志的研究人员和编辑马克·约翰斯顿，还有聚宝盆研究所的马克·卡斯泰乐。

养马人帮了我很大的忙。我要特别感谢约翰·格洛尼给我安排住宿。还有国家西部骑术协会的黛安娜·鲍尔斯。此外，这些年来帮助过我的人，包括《西部养马人》的编辑帕特里夏·克洛斯、加里·沃希斯、弗兰·史密斯、兰迪·威特和朱莉·索森，NRHA Reiner的员工卡罗尔·特里摩尔、巴奇·哈里斯、贾娜·汤玛森和已故的凯西·斯旺，以及我多年来合作过的出版公司的所有人。

最后，感谢所有为众筹活动提供资金的人：韦恩·伍顿、苏珊·"斯凯"·韦伯、玛丽·贝思·特奥格伦、苏拉雅·范·奥斯滕、詹妮弗·奈斯、克莱尔·梅德、吉尔·梅德、格里格斯·欧文、海蒂·吉尔德斯立夫、盖尔·莱利、彼得·海勒、迈克彼得一家、迪尔德丽·沙利文、吉娜·摩根、比利·杰克和安妮·巴雷特、艾瑞·艾德灵顿、妮可·罗莎、戴夫和玛丽莲·舒尔茨、安德鲁·罗斯、凯瑟琳·伯恩斯、马特·德比、苏珊娜·希利、柯克·弗朗西斯、戴夫·阿尔维祖、安吉拉·豪恩布鲁克、安妮塔和鲍勃·胡克、卡尔和希尔施旺、吉恩·克莱恩、保罗·哈斯班德、西蒙尼·温德尔、莱斯利·劳伦斯、克里夫·桑德林、史蒂夫和弗朗西斯卡·罗瑟、珍·威尔斯、威廉·费舍尔、莱斯利·沃尔肯、帕姆·柯林斯·普鲁特、洛里·帕萨罗、梅里特·阿特伍德、托尼·哈米尔和简·贝尔。

新知文库

01 《证据：历史上最具争议的法医学案例》[美]科林·埃文斯 著 毕小青 译
02 《香料传奇：一部由诱惑衍生的历史》[澳]杰克·特纳 著 周子平 译
03 《查理曼大帝的桌布：一部开胃的宴会史》[英]尼科拉·弗莱彻 著 李响 译
04 《改变西方世界的26个字母》[英]约翰·曼 著 江正文 译
05 《破解古埃及：一场激烈的智力竞争》[英]莱斯利·罗伊·亚京斯 著 黄中宪 译
06 《狗智慧：它们在想什么》[加]斯坦利·科伦 著 江天帆、马云霏 译
07 《狗故事：人类历史上狗的爪印》[加]斯坦利·科伦 著 江天帆 译
08 《血液的故事》[美]比尔·海斯 著 郎可华 译 张铁梅 校
09 《君主制的历史》[美]布伦达·拉尔夫·刘易斯 著 荣予、方力维 译
10 《人类基因的历史地图》[美]史蒂夫·奥尔森 著 霍达文 译
11 《隐疾：名人与人格障碍》[德]博尔温·班德洛 著 麦湛雄 译
12 《逼近的瘟疫》[美]劳里·加勒特 著 杨岐鸣、杨宁 译
13 《颜色的故事》[英]维多利亚·芬利 著 姚芸竹 译
14 《我不是杀人犯》[法]弗雷德里克·肖索依 著 孟晖 译
15 《说谎：揭穿商业、政治与婚姻中的骗局》[美]保罗·埃克曼 著 邓伯宸 译 徐国强 校
16 《蛛丝马迹：犯罪现场专家讲述的故事》[美]康妮·弗莱彻 著 毕小青 译
17 《战争的果实：军事冲突如何加速科技创新》[美]迈克尔·怀特 著 卢欣渝 译
18 《最早发现北美洲的中国移民》[加]保罗·夏亚松 著 暴永宁 译
19 《私密的神话：梦之解析》[英]安东尼·史蒂文斯 著 薛绚 译
20 《生物武器：从国家赞助的研制计划到当代生物恐怖活动》[美]珍妮·吉耶曼 著 周子平 译
21 《疯狂实验史》[瑞士]雷托·U. 施奈德 著 许阳 译
22 《智商测试：一段闪光的历史，一个失色的点子》[美]斯蒂芬·默多克 著 卢欣渝 译
23 《第三帝国的艺术博物馆：希特勒与"林茨特别任务"》[德]哈恩斯-克里斯蒂安·罗尔 著 孙书柱、刘英兰 译

24 《茶:嗜好、开拓与帝国》[英]罗伊·莫克塞姆 著　毕小青 译
25 《路西法效应:好人是如何变成恶魔的》[美]菲利普·津巴多 著　孙佩妏、陈雅馨 译
26 《阿司匹林传奇》[英]迪尔米德·杰弗里斯 著　暴永宁、王惠 译
27 《美味欺诈:食品造假与打假的历史》[英]比·威尔逊 著　周继岚 译
28 《英国人的言行潜规则》[英]凯特·福克斯 著　姚芸竹 译
29 《战争的文化》[以]马丁·范克勒韦尔德 著　李阳 译
30 《大背叛:科学中的欺诈》[美]霍勒斯·弗里兰·贾德森 著　张铁梅、徐国强 译
31 《多重宇宙:一个世界太少了?》[德]托比阿斯·胡阿特、马克斯·劳讷 著　车云 译
32 《现代医学的偶然发现》[美]默顿·迈耶斯 著　周子平 译
33 《咖啡机中的间谍:个人隐私的终结》[英]吉隆·奥哈拉、奈杰尔·沙德博尔特 著　毕小青 译
34 《洞穴奇案》[美]彼得·萨伯 著　陈福勇、张世泰 译
35 《权力的餐桌:从古希腊宴会到爱丽舍宫》[法]让－马克·阿尔贝 著　刘可有、刘惠杰 译
36 《致命元素:毒药的历史》[英]约翰·埃姆斯利 著　毕小青 译
37 《神祇、陵墓与学者:考古学传奇》[德]C.W.策拉姆 著　张芸、孟薇 译
38 《谋杀手段:用刑侦科学破解致命罪案》[德]马克·贝内克 著　李响 译
39 《为什么不杀光?种族大屠杀的反思》[美]丹尼尔·希罗、克拉克·麦考利 著　薛绚 译
40 《伊索尔德的魔汤:春药的文化史》[德]克劳迪娅·米勒－埃贝林、克里斯蒂安·拉奇 著　王泰智、沈惠珠 译
41 《错引耶稣:〈圣经〉传抄、更改的内幕》[美]巴特·埃尔曼 著　黄恩邻 译
42 《百变小红帽:一则童话中的性、道德及演变》[美]凯瑟琳·奥兰丝汀 著　杨淑智 译
43 《穆斯林发现欧洲:天下大国的视野转换》[英]伯纳德·刘易斯 著　李中文 译
44 《烟火撩人:香烟的历史》[法]迪迪埃·努里松 著　陈睿、李欣 译
45 《菜单中的秘密:爱丽舍宫的飨宴》[日]西川惠 著　尤可欣 译
46 《气候创造历史》[瑞士]许靖华 著　甘锡安 译
47 《特权:哈佛与统治阶层的教育》[美]罗斯·格雷戈里·多塞特 著　珍栎 译
48 《死亡晚餐派对:真实医学探案故事集》[美]乔纳森·埃德罗 著　江孟蓉 译
49 《重返人类演化现场》[美]奇普·沃尔特 著　蔡承志 译

50 《破窗效应：失序世界的关键影响力》［美］乔治·凯林、凯瑟琳·科尔斯 著　陈智文 译

51 《违童之愿：冷战时期美国儿童医学实验秘史》［美］艾伦·M.霍恩布鲁姆、朱迪斯·L.纽曼、格雷戈里·J.多贝尔 著　丁立松 译

52 《活着有多久：关于死亡的科学和哲学》［加］理查德·贝利沃、丹尼斯·金格拉斯 著　白紫阳 译

53 《疯狂实验史Ⅱ》［瑞士］雷托·U.施奈德 著　郭鑫、姚敏多 译

54 《猿形毕露：从猩猩看人类的权力、暴力、爱与性》［美］弗朗斯·德瓦尔 著　陈信宏 译

55 《正常的另一面：美貌、信任与养育的生物学》［美］乔丹·斯莫勒 著　郑嬿 译

56 《奇妙的尘埃》［美］汉娜·霍姆斯 著　陈芝仪 译

57 《卡路里与束身衣：跨越两千年的节食史》［英］路易丝·福克斯克罗夫特 著　王以勤 译

58 《哈希的故事：世界上最具暴利的毒品业内幕》［英］温斯利·克拉克森 著　珍栎 译

59 《黑色盛宴：嗜血动物的奇异生活》［美］比尔·舒特 著　帕特里曼·J.温 绘图　赵越 译

60 《城市的故事》［美］约翰·里德 著　郝笑丛 译

61 《树荫的温柔：亘古人类激情之源》［法］阿兰·科尔班 著　苜蓿 译

62 《水果猎人：关于自然、冒险、商业与痴迷的故事》［加］亚当·李斯·格尔纳 著　于是 译

63 《囚徒、情人与间谍：古今隐形墨水的故事》［美］克里斯蒂·马克拉奇斯 著　张哲、师小涵 译

64 《欧洲王室另类史》［美］迈克尔·法夸尔 著　康怡 译

65 《致命药瘾：让人沉迷的食品和药物》［美］辛西娅·库恩等 著　林慧珍、关莹 译

66 《拉丁文帝国》［法］弗朗索瓦·瓦克 著　陈绮文 译

67 《欲望之石：权力、谎言与爱情交织的钻石梦》［美］汤姆·佐尔纳 著　麦慧芬 译

68 《女人的起源》［英］伊莲·摩根 著　刘筠 译

69 《蒙娜丽莎传奇：新发现破解终极谜团》［美］让-皮埃尔·伊斯鲍茨、克里斯托弗·希斯·布朗 著　陈薇薇 译

70 《无人读过的书：哥白尼〈天体运行论〉追寻记》［美］欧文·金格里奇 著　王今、徐国强 译

71 《人类时代：被我们改变的世界》［美］黛安娜·阿克曼 著　伍秋玉、澄影、王丹 译

72 《大气：万物的起源》［英］加布里埃尔·沃克 著　蔡承志 译

73 《碳时代：文明与毁灭》［美］埃里克·罗斯顿 著　吴妍仪 译

74 《一念之差：关于风险的故事与数字》[英]迈克尔·布拉斯兰德、戴维·施皮格哈尔特 著 威治 译

75 《脂肪：文化与物质性》[美]克里斯托弗·E.福思、艾莉森·利奇 编著 李黎、丁立松 译

76 《笑的科学：解开笑与幽默感背后的大脑谜团》[美]斯科特·威姆斯 著 刘书维 译

77 《黑丝路：从里海到伦敦的石油溯源之旅》[英]詹姆斯·马里奥特、米卡·米尼奥－帕卢埃洛 著 黄煜文 译

78 《通向世界尽头：跨西伯利亚大铁路的故事》[英]克里斯蒂安·沃尔玛 著 李阳 译

79 《生命的关键决定：从医生做主到患者赋权》[美]彼得·于贝尔 著 张琼懿 译

80 《艺术侦探：找寻失踪艺术瑰宝的故事》[英]菲利普·莫尔德 著 李欣 译

81 《共病时代：动物疾病与人类健康的惊人联系》[美]芭芭拉·纳特森－霍洛威茨、凯瑟琳·鲍尔斯 著 陈筱婉 译

82 《巴黎浪漫吗？——关于法国人的传闻与真相》[英]皮乌·玛丽·伊特韦尔 著 李阳 译

83 《时尚与恋物主义：紧身褡、束腰术及其他体形塑造法》[美]戴维·孔兹 著 珍栎 译

84 《上穹碧落：热气球的故事》[英]理查德·霍姆斯 著 暴永宁 译

85 《贵族：历史与传承》[法]埃里克·芒雄－里高 著 彭禄娴 译

86 《纸影寻踪：旷世发明的传奇之旅》[英]亚历山大·门罗 著 史先涛 译

87 《吃的大冒险：烹饪猎人笔记》[美]罗布·沃乐什 著 薛绚 译

88 《南极洲：一片神秘的大陆》[英]加布里埃尔·沃克 著 蒋功艳、岳玉庆 译

89 《民间传说与日本人的心灵》[日]河合隼雄 著 范作申 译

90 《象牙维京人：刘易斯棋中的北欧历史与神话》[美]南希·玛丽·布朗 著 赵越 译

91 《食物的心机：过敏的历史》[英]马修·史密斯 著 伊玉岩 译

92 《当世界又老又穷：全球老龄化大冲击》[美]泰德·菲什曼 著 黄煜文 译

93 《神话与日本人的心灵》[日]河合隼雄 著 王华 译

94 《度量世界：探索绝对度量衡体系的历史》[美]罗伯特·P.克里斯 著 卢欣渝 译

95 《绿色宝藏：英国皇家植物园史话》[英]凯茜·威利斯、卡罗琳·弗里 著 珍栎 译

96 《牛顿与伪币制造者：科学巨匠鲜为人知的侦探生涯》[美]托马斯·利文森 著 周子平 译

97 《音乐如何可能？》[法]弗朗西斯·沃尔夫 著 白紫阳 译

98 《改变世界的七种花》[英]詹妮弗·波特 著 赵丽洁、刘佳 译

99 《伦敦的崛起：五个人重塑一座城》[英]利奥·霍利斯 著 宋美莹 译

100 《来自中国的礼物：大熊猫与人类相遇的一百年》[英]亨利·尼科尔斯 著 黄建强 译

101 《筷子：饮食与文化》[美]王晴佳 著 汪精玲 译

102 《天生恶魔？：纽伦堡审判与罗夏墨迹测验》[美]乔尔·迪姆斯代尔 著 史先涛 译

103 《告别伊甸园：多偶制怎样改变了我们的生活》[美]戴维·巴拉什 著 吴宝沛 译

104 《第一口：饮食习惯的真相》[英]比·威尔逊 著 唐海娇 译

105 《蜂房：蜜蜂与人类的故事》[英]比·威尔逊 著 暴永宁 译

106 《过敏大流行：微生物的消失与免疫系统的永恒之战》[美]莫伊塞斯·贝拉克斯-曼诺夫 著 李黎、丁立松 译

107 《饭局的起源：我们为什么喜欢分享食物》[英]马丁·琼斯 著 陈雪香 译 方辉 审校

108 《金钱的智慧》[法]帕斯卡尔·布吕克内 著 张叶 陈雪乔 译 张新木 校

109 《杀人执照：情报机构的暗杀行动》[德]埃格蒙特·科赫 著 张芸、孔令逊 译

110 《圣安布罗焦的修女们：一个真实的故事》[德]胡贝特·沃尔夫 著 徐逸群 译

111 《细菌》[德]汉诺·夏里修斯 里夏德·弗里贝 著 许嫚红 译

112 《千丝万缕：头发的隐秘生活》[英]爱玛·塔罗 著 郑嬿 译

113 《香水史诗》[法]伊丽莎白·德·费多 著 彭禄娴 译

114 《微生物改变命运：人类超级有机体的健康革命》[美]罗德尼·迪塔特 著 李秦川 译

115 《离开荒野：狗猫牛马的驯养史》[美]加文·艾林格 著 赵越 译